交通运输专业能力评价教材

高速公路应急救援员

（基础知识）

交通运输部职业资格中心　组织编写

人民交通出版社

北　京

内 容 提 要

高速公路应急救援员专业能力评价教材由交通运输部职业资格中心组织编写，分为基础知识和专业实务两册。本书为基础知识册，共十二章，主要包含职业与职业道德基本知识、高速公路应急救援概论、高速公路应急救援装备基础知识、高速公路应急救援组织、危险化学品基础知识、心理健康、安全生产管理、法律法规知识等内容。

该套教材不仅可作为高速公路应急救援员专业能力评价教材，也可作为公路运营单位相关从业人员和相关院校师生强化职业技能、掌握行业最新动态的教材。

图书在版编目（CIP）数据

高速公路应急救援员．基础知识／交通运输部职业资格中心组织编写．— 北京：人民交通出版社股份有限公司，2025.9．—（交通运输专业能力评价教材）．
ISBN 978-7-114-20742-6

Ⅰ．U491.3

中国国家版本馆 CIP 数据核字第 2025VE9922 号

交通运输专业能力评价教材

书　　名：**高速公路应急救援员**（基础知识）
著 作 者：交通运输部职业资格中心
责任编辑：李　农　石　遥　刘永超
责任校对：赵媛媛　魏佳宁
责任印制：张　凯
出版发行：人民交通出版社
地　　址：（100011）北京市朝阳区安定门外外馆斜街 3 号
网　　址：http://www.ccpcl.com.cn
销售电话：（010）85285857
总 经 销：人民交通出版社发行部
经　　销：各地新华书店
印　　刷：北京市密东印刷有限公司
开　　本：787×1092　1/16
印　　张：17
字　　数：410 千
版　　次：2025 年 9 月　第 1 版
印　　次：2025 年 9 月　第 1 次印刷
书　　号：ISBN 978-7-114-20742-6
定　　价：78.00 元

《高速公路应急救援员(基础知识)》

编 写 人 员

主　　编:王福恒　孙　海(江苏宁沪高速公路股份有限公司)

副 主 编:吴增涛　鲁植雄　胡　琰　邱念领

成　　员:边　伟　马　双　陈云江　邵　莉　朱志伟

刘　奇　张　韡　汪　峰　杨登松　张　栋

李　红　孟　伟　杨赛克　刘小俊　周春言

李　旗　李显聪　范晓燕　吴　静　刘　荣

审 定 人 员

主　　审:张　杰　孙　海　顾德军

成　　员:郭凯兵　屈国强　李　镇　刘婷婷　申伟志

廖广宇　唐仕政　张宏春

前言

为满足交通强国建设对交通技术技能人才的需要，保障高速公路应急救援服务质量，不断提高高速公路应急救援从业人员专业能力评价工作的专业性、针对性和实效性，交通运输部职业资格中心依据《高速公路应急救援员职业标准》，组织编写了《高速公路应急救援员(基础知识)》和《高速公路应急救援员(专业实务)》两本教材。

《高速公路应急救援员(基础知识)》有以下三个特点：**一是兼备全面性和层次性**。教材在全面涵盖《高速公路应急救援员职业标准》要求的基础上，分级分类讲解了职业道德、汽车基础、危化品常识及应急救援理论和装备等知识板块，内容完整，层次分明。**二是突出实用性和创新性**。教材围绕各项业务，深度解析了大量高速公路应急救援领域创新实例，旨在鼓励读者将创新思维与实际工作深度融合，持续提高创新解决复杂业务问题的能力。**三是突出时效性和前瞻性**。教材系统介绍了国内外高速公路应急救援的最新发展趋势，并且前瞻性引入了远程应急指挥、绿色救援实践以及新技术新装备创新应用等前沿内容，引导读者积极把握未来技术创新与应用方向，持续推动行业高质量发展。

《高速公路应急救援员(基础知识)》共有十二章。其中，第一章由王福恒、吴增涛、陈云江编写；第二章由汪峰、马双、李红、李旗编写；第三章由朱志伟、鲁植雄、边伟、杨赛克编写；第四章由胡琰、边伟、刘小俊编写；第五章由杨登松、张栋、邱念领编写；第六章由鲁植雄、边伟、胡琰编写；第七章由胡琰、邵莉、张栋、周春言编写；第八章由范晓燕、吴静、刘荣编写；第九章由张韡、吴增涛编写；第十章由邵莉、孙海编写；第十一章由邱念领、刘奇、孟伟、李显聪编写；第十二章由吴增涛、孙海编写。本教材由王福恒、孙海、吴增涛统稿。

《高速公路应急救援员(基础知识)》在编写和审定过程中，得到了江苏交通控股有限公司、河南交通投资集团有限公司、甘肃省高速公路运营服务中心、中交资产管理有限公司、中铁交通投资集团有限公司、中铁建公路运营有限公司、江西省交通投资集团有限责任公司、广东省交通集团有限公司、新疆交通投资(集团)有限责任公司、江苏宁沪高速公路股份有限公司、山东高速股份有限公司、山东沂蒙交通投资发展集团有限公司、四川路桥建设集团股份有限公司、郑州市交通协会、长安大学、内蒙古科技大学、南京农业大学、山东交通学院、河南工程学院、哈尔滨铁道职业技术学院、南京交通职业技术学院、江苏省交通技师学院、湖南交通职业技术学院、云南交通职业技术学院、江苏省医学会、江苏省护理学会、江苏省口腔医院等单位的大力支持,在此表示感谢!

本书在编写过程中,虽经反复推敲,仍难免存在纰漏,敬请广大读者批评指正。

交通运输部职业资格中心

2025 年 8 月

目录 〉〉〉

第一章

职业与职业道德基本知识

本章主要介绍职业与职业道德有关知识。

第一节　职业基本知识

一、职业的概念

职业是指从业人员为了获取主要生活来源所从事的社会工作类别。

二、职业的特征

职业具备下列特征：

(1)目的性：职业活动以获取现金或实物等报酬为目的。

(2)社会性：职业是从业人员在特定社会生活环境中所从事的一种与其他社会成员相互关联、相互服务的社会活动。

(3)稳定性：职业在一定的历史时期内形成，并具有较长生命周期。

(4)规范性：职业活动必须符合国家法律和社会道德规范。

(5)群体性：职业必须具有一定的从业人数。

三、职业的分类

职业分类是指以工作性质的同一性和相似性为基本原则，对社会职业进行的系统划分与归类。职业分类作为制定职业标准的依据，是促进人力资源科学化、规范化管理的重要基础性工作。

《中华人民共和国职业分类大典(2022 年版)》(以下简称《大典》)是我国职业分类的成果形式和载体，对人力资源市场建设、职业教育培训、就业创业、国民经济信息统计和人口普查等起着规范和引领作用。

根据《大典》，职业共分为八大类：

第一大类:党的机关、国家机关、群众团体和社会组织、企事业单位负责人。
第二大类:专业技术人员。
第三大类:办事人员和有关人员。
第四大类:社会生产服务和生活服务人员。
第五大类:农、林、牧、渔业生产及辅助人员。
第六大类:生产制造及有关人员。
第七大类:军队人员。
第八大类:不便分类的其他从业人员。

与历次职业分类相比,《大典》具体包含大、中、小类及职业数量具体见表1-1。

职业分类及数量统计表 表1-1

类别	1999年版大典	2015年版大典	2022年版大典
大类	8	8	8
中类	66	75	79
小类	413	434	450
细类(职业)	1838	1481	1639

四、高速公路应急救援员职业

1. 职业定义

根据《高速公路应急救援员职业标准》,高速公路应急救援员是指在高速公路上专门从事应急救援工作的专业人员。

2. 主要工作内容

根据《高速公路应急救援员职业标准》,高速公路应急救援员主要工作内容为:当高速公路上发生交通事故或其他突发事件时,迅速响应并采取必要的救援措施,以减少人员伤亡和财产损失,并尽快恢复交通秩序。

第二节 职业道德基本知识

一、职业道德的含义

职业道德是从业者在职业活动中应该遵循的符合自身职业特点的职业行为规范,是人们通过学习与实践养成的优良职业品质,它涉及从业人员与服务对象、职业与职工、职业与职业之间的关系。

职业道德行为规范是根据职业特点确定的,它是指导和评价人们职业行为善恶的准则。每一个从业者既有共同遵守的职业道德基本规范,又有自身行业特征的职业道德规范,如教师的有教无类,法官的秉公执法,官员的公正廉洁,商人的诚实守信,工人的质量与安全,医生的救死扶伤等，都反映出自身的行业道德特点。

职业道德品质是通过知识学习和社会实践，在社会和职业环境的影响下逐渐养成的，它是将从业者向善发展的职业道德意识、意志、情感、理想、信念、观念（即精神）固化的结果。这种优良的职业道德品质又是通过从业者的职业活动以正确评价、选择和指导自身或他人的职业行为，达到协调人与人之间、职业与职业之间的关系，使之和谐健康发展。

二、职业道德的特征

职业道德主要有以下七个方面的特征：

一是职业性。职业道德必须通过从业者在职业活动中来体现。职业道德主要体现在从事工作的人群中。有职业活动，就会有职业道德问题。

二是普遍性。职业道德的普遍性首先是由其职业性决定的。从事职业的人群众多，范围广大，这就决定了职业道德必然带有普遍性。职业道德有其从业者必须共同遵守的基本行为规范。

三是自律性。即职业道德具有自我约束、控制的特征。从业者通过对职业道德的学习和实践，产生职业道德的意识、觉悟、良心、意志、信念、理想，形成良好的职业道德品质以后，又会在工作中产生行为上的条件反射，形成选择有利于社会、有利于集体的行为的高度自觉，这种自觉就是通过职业道德意识、觉悟、信念、意志、良心的自我约束控制来实现的。这也是职业道德与法律、纪律的区别之所在。因为法律、纪律是通过命令或强制的方式来实现对公民的行为约束的，而自我约束控制职业行为的这种自律性乃是职业道德的显著特征。

四是他律性。即职业道德具有舆论影响的特征。从业人员在职业生涯中，随时都受到所从事职业领域的职业道德舆论的影响。实践证明，创造良好的职业道德社会氛围、职业环境，并通过职业道德舆论的宣传、监督，可以有效地促进人们自觉遵守职业道德，实现互相。

五是鲜明的行业性和多样性。职业道德是与社会职业分工紧密联系的，各行各业都有适合自身行业特点的职业道德规范。例如，从事信息安全职业的人员以确保信息安全为己任是其主要的职业道德规范，教师是以其有教无类、为人师表、教书育人的高度示范性为其主要行为规范，产业工人是以注重产品质量和效益为其主要行为规范，从事服务业的人员是以其热情周到的服务为其主要行为规范。正因为职业道德具有多行业性，因而就表现出形式的多样性。

六是继承性和相对稳定性。职业道德反映职业关系时往往与社会风俗、民族传统相联系，许多职业道德跨越了国界和历史时代作为人类职业精神文明传承了下来，如“诚信”“敬业乐业”“互助与协作”“公平”等，这就是它的继承性。从业者通过学习和修养，一经形成良好的职业道德品质，这种“品质”一般就不会轻易改变，它会自觉或不自觉地指导自己的职业行为，并影响他人的职业行为，这就是它的相对稳定性。

七是很强的实践性。一个从业者的职业道德知识、情感、意志、信念、觉悟、良心、行为规范等都必须通过职业的实践活动，在自己的职业行为中表现出来，并且接受行业职业道德的评价和自我评价，使职业道德成为理论与实践紧密结合的整体。因此，我们学习职业道德，是为了更好地践行职业道德。

三、职业道德的作用

职业道德在道德体系中占有重要地位,建立和完善科学的职业道德体系,在全社会从业者中开展职业道德教育,培养良好的职业道德品质,其意义重大,作用明显。以下仅列举几个方面的作用。

1. 规范全社会职业秩序和劳动者的职业行为

职业道德的主体是职业道德规范,这是协调劳动者之间关系、个人与集体关系、单位与个人关系的准则,也是规范劳动者的职业行为准则,职业道德正是通过这种准则来调节职业活动中各种关系、利益和矛盾,维护职业活动秩序的。因此,职业道德可以起到规范职业秩序和劳动者职业行为的作用。

2. 提高劳动的质量、效益和确保职业安全卫生

职业道德规范明确要求劳动者提升产品和服务质量,注重信誉,文明生产,并保障职业安全卫生。若每位劳动者均能践行这些规范,在工作中不断增强责任意识,自觉抵制掺杂使假、玩忽职守、忽视安全及忽视服务质量等行为,将显著提升劳动生产率,推动生产力快速发展。

3. 提高劳动者的职业素质

劳动者的职业素质主要包括德育素质(思想政治素质与职业道德素质)、基本文化素质、专业知识和技术技能素质、身心健康素质。坚持德、智、体、美全面发展,德育为先。而职业道德素质在德育素质中也是非常重要的,劳动者在职业生涯中要始终把职业道德修养放在重要位置,培养职业道德的自觉意识,提高职业道德的觉悟,以形成自觉遵守职业道德行为规范的观念和品质,这样有利于专业知识技能的提高和身心的健康,最终达到自身职业素质的全面提高。

4. 促进企业文化建设

职业道德是企业文化的重要组成部分,先进的企业文化是把企业职工的思想和职业道德教育放在重要位置。营造企业良好的职业道德氛围可以增强企业凝聚力,提高企业的综合竞争力,提高产品质量、服务质量,降低产品成本,提高劳动生产率和经济效益,增强企业的组织纪律性,促进企业技术进步和产品创新,有利于塑造企业的良好形象。因此,职业道德教育在促进企业文化建设方面起到了重要作用。

5. 促进社会良好道德风尚的形成

良好的社会主义道德风尚离不开职业道德建设,良好的职业道德促进良好的社会道德风尚的形成。如雷锋的全心全意为人民服务的精神,许振超的爱岗敬业、忠于职守、对技术精益求精的精神等等,这些高尚的职业道德精神激励着广大人民群众在自己的工作岗位上为社会作贡献,对整个社会形成良好道德风尚起到了极好的示范作用等等。

四、职业道德与其他道德规范的关系

1. 社会公德与职业道德的关系

(1)两种道德规范产生的生活领域不同,因而调节人们的利益关系的范围也不同,但它们又是互相影响、互相渗透的。社会公德尽管是在人们社会公共生活领域中适用,但是待人接物的文明礼貌、帮助同事、爱护公物与保护环境、遵纪守法等社会公德规范要求在职业活动中也同样适用。

(2)两种道德规范的社会作用是互为基础、互相促进的。社会公德的良好环境和正面效果,首先为职业劳动者从事职业活动提供基础条件,能使人心情愉快地进入劳动场所,开展职业活动;良好的职业道德水平,又能促使公共生活中人们的利益关系得到良好的调节和处理,促进和推动社会公德风尚的好转。

(3)两种道德规范都能在维护群众利益、保持社会稳定方面发挥作用,都是公民个人道德修养和社会文明程度的重要标志。对于公民个人来说,讲究社会公德和模范遵守职业道德规范是一致的。

2. 家庭美德与职业道德的关系

(1)家庭美德与职业道德是互相影响、互为促进的。一方面是人在家庭生活的时间比较长,从事职业劳动之前和退休以后,绝大多数时间是在家庭亲人中间生活,家庭美德为职业道德的培养打下了基础;另一方面是两种道德都以社会主义人道主义为基础,在规范内容上有一些交叉和渗透,职业道德素养又反过来推动着人的家庭美德的完善。

(2)就道德风貌表现水平和道德教养程度来讲,家庭美德与职业道德在形成人的道德品质方面是融为一体的。也就是说,一个人在处理家庭成员间利益问题时有道德水平,他在职业劳动岗位上也一定会有良好的职业道德;反过来说也是一样的。

3. 职业道德与个人品德的关系

(1)个人品德要通过职业道德行为来体现。个人品德的形成离不开人的社会生活实践,人在社会、在职场、在家庭的道德行为所表现的社会公德、职业道德、家庭美德都能体现出个人的品德。例如从业者在职场中艰苦奋斗、清正廉洁、作风正派,这也反映了其个人品德的高尚。

(2)职业道德的提升要通过个人品德的修炼来实现。只有把每个人的品德都培养好、修炼好,职场中良好职业道德才能形成和实现。

总而言之,职业道德与个人品德是互相影响、互相促进的关系。

五、高速公路应急救援员职业道德及行为规范

根据《高速公路应急救援员职业标准》,高速公路应急救援员应遵守如下职业道德及行为规范:

(1)应具有遵纪守法、诚实守信、忠诚可靠、救死扶伤、尊重生命、严守纪律、廉洁奉公、乐于奉献的职业道德。

(2)应遵守爱岗敬业、团结协作、严谨求实、勤奋钻研、勇于创新的职业行为规范。

(3)应熟悉相关的法律、法规,尊重科学、精益求精、保证成果质量。

(4)应严格保守国家秘密和他人的商业、技术秘密,应保护被救对象隐私。

(5)应具有终身学习和奉献社会的精神。

第二章 道路交通概论

本章主要讲述道路的基础知识,包括道路的含义、分类、公路的等级,道路交通设施等内容。

第一节　道路的分类与特征

一、道路的含义及分类

(一)道路的含义

道路,从词义上讲就是供各种无轨车辆和行人通行的基础设施。《中华人民共和国道路交通安全法》中所指的道路,是指公安交通管理部门依法进行管控的空间。

(二)道路的分类

道路分为公路和城市道路。

1. 公路

公路是连接城市与城市之间、城市与乡村之间、乡村与乡村之间、工矿基地之间,按照国家技术标准修建的,由公路主管部门验收认可的道路。公路主要供汽车行驶,具备一定技术和设施的道路,不包括田间或农村自然形成的小道。

2. 城市道路

城市道路是指城市规划红线以内的车行道、人行道、广场、停车场等供市区内车辆行驶、行人通行和车辆停放的场所,以及已经规划的红线范围内的道路建设用地。城市道路最基本的功能就是提供通行空间,根据在城市道路网中所担任的主要任务和角色的不同,一般道路具有两大功能,即交通功能(机动性)和接入功能(可达性)。

(三)公路的等级

1. 公路的行政等级

根据《公路路线标识规则和国道编号》(GB/T 917—2017),公路按行政等级可分为国道、省道、县道、乡道、村道和专用公路六个等级。其中,国道包括国家高速公路和普通国道;省道包括省级高速公路和普通省道。

(1)国道(字母标识符:G)。国道是指在国家干线公路网中,具有全国性的政治、经济和国防意义的主要干线公路,包括重要的国际公路,国防公路,连接首都与各省、自治区、直辖市首府的公路,连接各大经济中心、港站枢纽、商品生产基地和战略要地的公路。国道中跨省的高速公路由交通运输部批准的专门机构负责修建、养护和管理。

(2)省道(字母标识符:S)。省道是指具有全省(自治区、直辖市)政治、经济意义,并由省(自治区、直辖市)公路主管部门负责修建、养护和管理的干线公路。

(3)县道(字母标识符:X)。县道是指具有全县政治、经济意义,连接县城和县内主要乡(镇)、主要商品生产和集散地的公路,以及不属于国道、省道的县际公路。县道由县、市公路主管部门负责修建、养护和管理。

(4)乡道(字母标识符:Y)。乡道是指主要为乡(镇)村经济、文化、行政服务的公路,以及不属于县道以上公路的乡与乡之间及乡与外部联络的公路。乡道由乡(镇)人民政府负责修建、养护和管理。

(5)村道(字母标识符:C)。村道是指直接为农村生产、生活服务,不属于乡道及以上公路的建制村与建制村之间和建制村与外部联络的主要公路。

(6)专用公路(字母标识符:Z)。专用公路是指专供或主要供厂矿、林区、农场、油田、旅游区、军事要地等与外部联系的公路。专用公路一般由专用单位负责修建、养护和管理,也可委托当地公路部门修建、养护和管理。

一般把国道和省道称为干线公路,县道、乡道和村道称为支线公路。

2. 公路的技术等级

根据《公路路线标识规则和国道编号》(GB/T 917—2017),公路按使用任务、功能和适应的交通量可分为高速公路、一级公路、二级公路、三级公路、四级公路五个等级。其中,高速公路以外的其他公路称为普通公路。

(1)高速公路:专供汽车分方向、分车道行驶,全部控制出入的多车道公路。高速公路的年平均日设计交通量宜在 15000 辆小客车以上。

(2)一级公路:供汽车分方向、分车道行驶,可根据需要控制出入的多车道公路。一级公路的年平均日设计交通量宜在 15000 辆小客车以上。

(3)二级公路:供汽车行驶的双车道公路。二级公路的年平均日设计交通量宜为 5000 ~ 15000 辆小客车。

(4)三级公路:供汽车、非汽车交通混合行驶的双车道公路。三级公路的年平均日设计交通量宜为 2000 ~ 6000 辆小客车。

(5)四级公路:供汽车、非汽车交通混合行驶的双车道或单车道公路。双车道四级公路年平均日设计交通量宜在2000辆小客车以下;单车道四级公路年平均日设计交通量宜在400辆小客车以下。

二、道路的特征

(一)道路的基本构成

道路的组成一般包括路基、路面、桥涵、排水系统、隧道、防护工程、附属设施等。

1.路基

路基是指按照路线位置和一定技术要求修筑的作为路面基础的带状构造物。路基必须具有足够的强度和稳定性,在车辆的动力作用下,不得发生过大的弹塑性变形。路基边坡应长期稳定,不发生崩塌。

2.路面

路面是指在路基的顶面用多种材料或混合料分层铺筑而成的层状结构物。路面按荷载作用下路面的工作特征分为:柔性路面,如沥青混凝土路面、泥结碎石路面;刚性路面,如混凝土路面;半刚性路面,如用石灰或水泥稳定土或石灰炉渣等材料建成的路面。

3.桥涵

桥涵是指公(铁)路上用来跨越河流、湖泊、山谷、线路等的建筑物。它的作用主要是为了使路基不受水流冲刷或者侵袭,跨越障碍物使路基连贯,跨越相交的河流、道路保证通航、通车、行走,以及为了农田灌溉、动物迁徙等。

4.排水系统

公路排水系统是指由一系列拦截、疏干或排除危及公路的地面水和地下水的设施,结合沿线条件进行合理规划设计而形成的完整、畅通的排水体系。公路地面排水设施有边沟、截水沟、排水沟、跌水和急流槽等,公路地下排水设施主要有暗管、渗沟、渗水涵洞和渗井等。

5.隧道

隧道是埋置于地层内的工程建筑物,是人类利用地下空间的一种形式。隧道可分为交通隧道、水工隧道、市政隧道、矿山隧道等。

6.防护工程

防护工程是指为防止降水或水流侵蚀、冲刷以及温度、湿度变化的风化作用造成路基及其边坡失稳的工程措施。包括路基坡面防护,常用的措施有种草、栽植灌木、抹面、喷浆、圬工铺筑等,用以防治土质和风化岩石路基边坡的冲刷和碎裂与剥落,并可起到美化路容和协调自然环境的作用,在雨量集中或汇水面积较大时,还需同排水设施相配合。

7.道路附属设施

道路附属设施是指为保护、养护公路和保障公路安全畅通所设置的公路防护、排水、养护、管理、服务、交通安全、渡运、监控、通信、收费等设施、设备以及专用建筑物、构筑物等。

(二)道路的基本参数

1. 纵坡

为了适应地面起伏较大或道路互通,道路往往需要设有纵向斜坡,同时要限制坡长。

2. 车道净高

为了保证车辆的运行,公路上在一定的高度范围内不允许有障碍物,这叫作净高。高速公路及一、二级公路车道净高为5.0m,三、四级公路为4.5m。

3. 分隔带

分隔带分为中间带、快慢车辆分隔带、行人和车辆分隔带。中间带是设置在高速公路、一级公路和城市道路中间,用于分隔上下行车辆的交通设施,由两条左侧路缘带和中央隔离带组成。快慢车辆隔离带是一种将机动车与非机动车分开的交通设施,由路缘带和两侧的隔离带组成。

4. 平面线形

道路线形是道路中线的立体形状。道路中线在水平面上的投影称为水平线,也叫平面线形。它一般由直线、圆曲线及缓和曲线组成。直线是常用的道路线形,它具有良好的视距和平稳的行驶条件,但长直线道路容易造成驾驶员疲劳。当道路方向发生变化时,一般用圆曲线连接两条直线。为了减少离心力突然变化的冲击,常在直线与圆形曲线之间添加缓和曲线,使离心力逐渐增大,从而使汽车运行平稳舒适。

5. 车道宽度

汽车车道宽度以设计车速作为选择依据。

第二节　道路交通设施

一、道路交通设施的含义与类型

(一)道路交通设施的含义

道路交通设施是指为保证道路交通安全、畅通、有序、节能、低污染而在道路用地空间上设置的交通工程设施,是道路沿线交通安全、管理、服务、环境保护等设施的总称。道路交通设施是道路的重要组成部分,是充分发挥道路经济效益、保障安全出行的必要配套设施,也是道路现代化和智能化的标志之一。

(二)道路交通设施的类型

从功能上可以将道路交通设施分为交通安全设施、交通管理设施、交通服务设施。

1. 交通安全设施

交通安全设施是指为保障行车和行人的安全,充分发挥道路的作用,在道路沿线所设置的设施的总称。交通安全设施包括交通标志、交通标线、护栏和栏杆、视线诱导设施、隔离栅、防落网、防眩设施、避险车道以及其他交通安全设施。

交通安全设施属于道路的基础设施,对减轻事故的严重度,排除各种纵、横向干扰,提供路侧保护和视线诱导,防止眩光对驾驶人视觉性能的伤害,改善道路景观等起着重要的作用。

2. 交通管理设施

交通管理设施为道路使用者提供全天候、多方位的管理信息和服务,是一种重要的道路交通管理与控制途径。交通安全管理设施的作用主要体现在以下三个方面:

(1)引导和指示作用。为交通参与者的交通行为进行指示和引导,提示路况,指引道路使用方法,对交通参与者进行必要的保护,防止或减轻交通伤亡,保障人身财产安全并实现人员物资的有效运送。

(2)辅助执法作用。具体地、形象地向交通参与者提示其行为的规范,告知其道路使用条件,肯定正确的交通行为,防止并纠正错误的交通行为,也为执法人员在维护社会治安秩序、执行交通法规、处理交通违法行为和肇事过程中提供法律依据。

(3)交通组织的调整作用。交通信号灯和交通标志可以对混合交通进行疏导和分流,并可以提供交通情报,科学地调整交通流量,使交通秩序有条不紊。

3. 交通服务设施

交通服务设施包括沿途休息设施、服务区、车辆维修站、加油站、停车区和客运汽车停靠站及交通事故应急服务设施等,为长途行驶的驾乘人员提供必要的休息场所与服务项目。

二、交通安全设施

交通安全设施主要包括:交通标志、交通标线(含突起路标)、护栏和栏杆、视线诱导设施、隔离栅、防落网、防眩设施、避险车道和其他交通安全设施。其他交通安全设施有防风栅、防雪栅、积雪标杆、限高架、减速丘、凸面镜等。

(一)交通标志

交通标志是以颜色、形状、字符、图形等向道路使用者传递交通控制、引导信息。交通标志按其作用分为主标志和辅助标志两大类。

主标志包括:

(1)禁令标志:禁止或限制道路使用者交通行为的标志;

(2)指示标志:指示道路使用者应遵循的标志;

(3)警告标志:警告道路使用者注意道路、交通的标志;

(4)指路标志:传递道路方向、地点、距离信息的标志;

(5)旅游区标志:提供旅游景点方向、距离的标志;

(6)告示标志:告知路外设施、安全行驶信息以及其他信息的标志。

辅助标志是设于主标志下方,对其辅助说明的标志。

道路交通标志按显示位置分类,分为路侧标志和路上方标志。

道路交通标志按版面内容显示方式分类,分为静态标志和可变信息标志。

道路交通标志按光学特性分类,分为逆反射标志、照明标志和发光标志三种,其中照明标志按光源安装位置又分为内部照明标志和外部照明标志。

道路交通标志按设置的时效分类,分为永久性标志和临时性标志。由于施工作业或交通事故管理导致道路使用条件改变的区域,所使用的道路交通标志是临时性标志。

道路交通标志按标志传递信息的强制性程度分类,分为必须遵守标志和非必须遵守标志。

1. 禁令标志(图 2-1)

禁令标志的颜色,除个别标志外,为白底、红圈、红杠、黑图形。

禁令标志的形状为圆形,但“停车让行标志”为八角形,“减速让行标志”为顶角向下的倒等边三角形。

禁令标志的尺寸应根据设计速度确定,可考虑设置路段的运行速度进行调整。设置在胡同、隔离带的禁令标志,设置空间受限制时,如果采用柱式标志可采用最小值。圆形禁令标志的外径最小不应小于 50cm,三角形禁令标志的边长最小不应小于 60cm,八角形外径最小不应小于 50cm。

禁令标志和指示标志应设置在禁止、限制或遵循开始的位置。部分禁令标志开始路段的路口前适当位置宜设置相应的指路标志提示,使被禁止、限制车辆能够提前采取行动。

对于车辆如未提前绕行则无法通行的禁令标志设置的路段,应在进入禁令路段的路口前或适当位置设置相应的预告或绕行标志。

除特别说明外,禁令标志上不允许附加图形、文字。

图 2-1 禁令标志

2. 指示标志(图 2-2)

指示标志的颜色,除个别标志外,为蓝底、白图形。

指示标志的形状分为圆形、长方形和正方形。

指示标志各部分尺寸应根据道路设计速度确定,可考虑设置路段的运行速度进行调整。

图 2-2　指示标志

有时间、车种等规定时，指示标志应用辅助标志说明。除特别说明外，指示标志上不允许附加图形。附加图形时，原指示标志的图形位置不变。

3. 警告标志（图 2-3）

警告标志的颜色为黄底、黑边、黑图形。“注意信号灯”标志的图形为红、黄、绿、黑四色。“叉形符号”“斜杠符号”为白底、红图形。

警告标志的形状为等边三角形或矩形，三角形的顶角朝上。

警告标志的边长、边宽一般应根据设计速度确定，可考虑设置路段的运行速度进行调整。设置在胡同、隔离带的警告标志，设置空间受限制时，如果采用柱式标志可采用最小值，三角形的边长最小值不应小于 60cm。

图 2-3　警告标志

4. 指路标志(图 2-4)

指路标志的颜色,除特别说明外,一般道路指路标志为蓝底、白图形、白边框、蓝色衬边;高速公路和城市快速路指路标志为绿底、白图形、白边框、绿色衬边。

指路标志的形状,除个别标志外,为长方形和正方形。

指路标志的大小,除另有规定外,应根据字数、文字高度及排列情况确定。

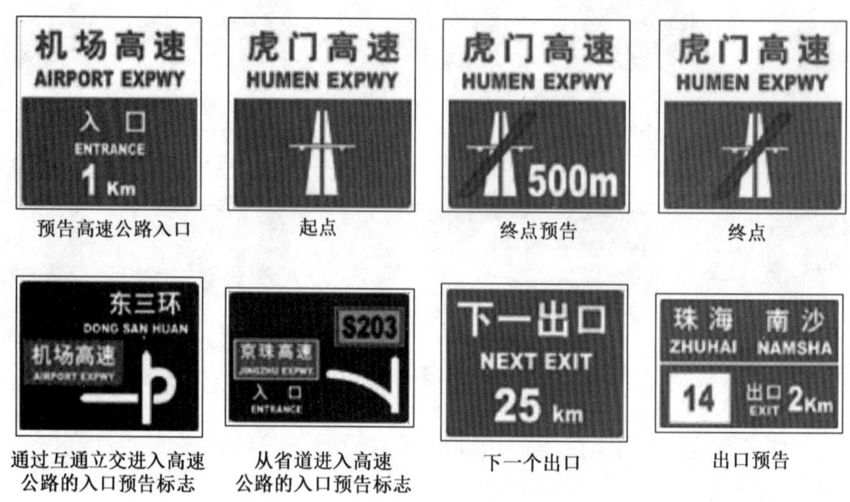

图 2-4 指路标志

5. 旅游区标志(图 2-5)

旅游区标志是为吸引和指引人们从高速公路或其他道路上前往邻近的旅游区,在通往旅游景点的路口设置的标志,使旅游者能方便地识别通往旅游区的方向和距离,了解旅游项目的类别。旅游区标志分为指引标志和旅游符号标志两大类。

旅游区标志的颜色为棕底、白字(图形)、白边框、棕色衬边。

旅游区标志的形状为矩形。

旅游指引标志尺寸由字高、字数和图形确定。旅游符号标志尺寸一般宜采用60cm×60cm。

图 2-5 旅游区标志

6. 告示标志(图 2-6)

告示标志一般为白底、黑字、黑图形、黑边框,版面中的图形标识如果需要可采用彩色图案。

告示标志的设置不应影响警告、禁令、指示和指路标志的设置和视认。

告示标志和警告、禁令、指示和指路标志设置在同一位置时,禁止并设在一根立柱上,需设置在警告、禁令、指示和指路标志的外侧。

图 2-6　告示标志

7. 辅助标志(图 2-7)

辅助标志是附设在主标志下(警告标志、禁令标志、指示标志和指路标志),起辅助说明作用的标志,不单独设立。其辅助标志的颜色为白底、黑字(图形)、黑边框、白色衬边。辅助标志的形状为矩形。

学 校

7:30 - 10:00

200m↑

公共汽车除外

100m
7:30 - 18:30

图 2-7　辅助标志

8. 作业区标志(图 2-8)

作业区标志是用以通告道路交通阻断、绕行等情况。设在道路施工、养护等路段前适当位置。用于作业区的标志为警告标志、禁令标志、指示标志及指路标志,其中警告标志为橙底、黑图形,指路标志为在已有的指路标志上增加橙色绕行箭头或者为橙底、黑图形。

作业区标志应和其他作业区交通安全设施配合使用。

图 2-8　作业区标志

交通标志的支撑方式可分为柱式、悬臂式、门架式和附着式四种。各种标志一般应设在公路右侧,在同一点需要设置两种以上的标志时,可以合并安装在一根立柱上,但最多不应超过4种。

(二)交通标线

道路交通标线是由施划或安装于路面上的各种线条、箭头、文字、立面标记、突起路标等构成的交通设施,向道路使用者传递有关道路交通的规则、警告、指引等信息,可以与标志配合使用,也可以单独使用。

交通标线按功能分为指示标线、禁止标线和警告标线;按设置方式分为纵向标线、横向标线、其他标线;按形态分为线条、字符、突起路标、轮廓标。标线的颜色有白色、黄色、蓝色和橙色,路面图形标记可用红色或黑色的图案或文字。

1. 指示标线

指示标线(图2-9)是指示车行道、行驶方向、路面边缘、人行道、停车位、停靠站及减速丘等的标线。分为纵向标线(如行车道中线、车道分界线、路缘线等)横向标线(如人行道横线、距离确认线等),以及其他标线(如高速公路出入口标线、停车位标线、导向箭头等)。

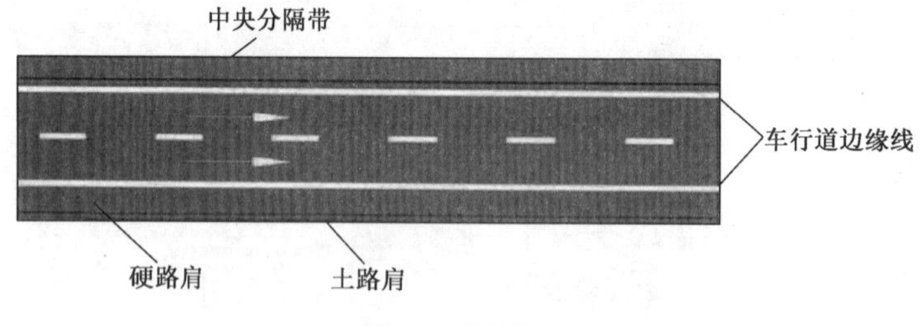

图2-9　指示标线

2. 禁止标线

禁止标线(图2-10)是告示道路交通的遵行、禁止、限制等特殊规定,车辆驾驶员及行人须严格遵守的标线。分为纵向禁止标线(如禁止超车线、禁止变换车道线、禁止路边停车线等)、横向禁止标线(如停车线、停车让行线、减速让行线等),以及其他禁止标线(如非机动车禁驶区标线、导流线、网状线、专用车道线和禁止掉头线)。

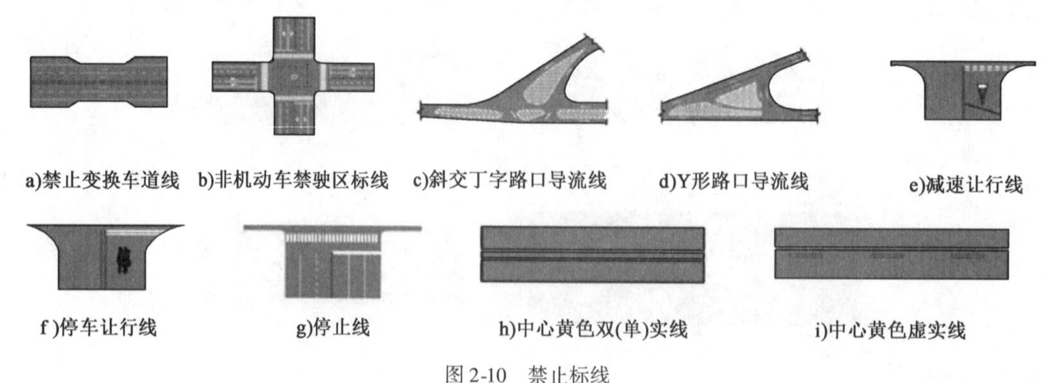

图2-10　禁止标线

3. 警告标线

警告标线(图 2-11)是促使车辆驾驶员及行人了解道路上的特殊情况,提高警觉,准备防范应变措施的标线。分为纵向警告标线(如车行道宽度渐变段标线、路面障碍物标线和铁路平交道口标线等)、横向警告标线(如减速标线、减速车道线等),以及其他警告标线(如立面标记)。

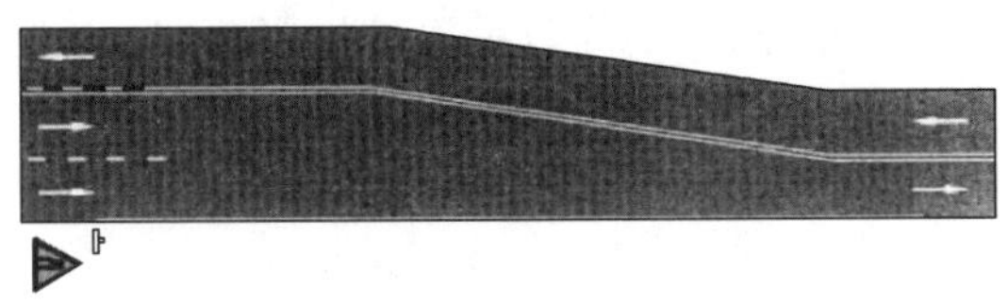

图 2-11 警告标线

突起路标(路纽)是固定于路面上起标线作用的突起标记块,用以标记车行道分界线、车行道边缘线,进出口匝道、导流标线等。一般与路面标线配合使用,其颜色与标线颜色一致;也可单独使用,但不宜替代右侧车行道边缘线。对突起路标的要求是反光亮度大,视线诱导效果高,施工容易,耐久性好。

(三)安全护栏

安全护栏是指设置的在道路沿线路肩外侧、中央分隔带等位置,通过自身变形或车辆爬高来吸收碰撞能量,防止失控车辆越出路外或穿越中央分隔带,促使失控车辆恢复到正常行驶方向的安全设施。

按构造形式,护栏可分为半刚性护栏(如波形钢板护栏)、刚性护栏(如钢筋混凝土防撞护栏)、柔性护栏(如缆索护栏);按设置位置可分为路侧护栏、中央分隔带护栏、桥梁护栏、缓冲设施等。

1. 波形钢板护栏

波形钢板护栏是一种以波纹状钢板相互拼接,并由钢立柱支撑而组成的连续梁柱式护栏结构,具有一定的刚度和柔性。其特点是利用土基、立柱、波形梁的变形来吸收失控车辆的碰撞能量,并使其改变方向,恢复到正常的行驶方向,避免越出路外或穿越中央分隔带闯入对面行车道。波形钢板护栏防撞等级最高可达七级(HB),在公路工程路基段应用广泛。

2. 钢筋混凝土防撞护栏

钢筋混凝土防撞护栏通常简称为混凝土护栏,是一种以一定断面结构形式,在一定长度范围内连续设置的混凝土墙式结构物。其特点是:失控车辆碰撞过程中的能量主要是依靠汽车沿护栏坡面爬高和转向来吸收,使失控车辆恢复到正常的行驶方向,从而减少碰撞车辆的损失和保护车上人员的安全。钢筋混凝土防撞护栏防撞等级最高可达八级(HA),在公路工程路基挡墙段和桥梁上应用较多。

3. 缆索护栏

缆索护栏是一种以数根施加初张力的钢丝绳固定于立柱上组成的、具有较大缓冲能力的韧性护栏结构,主要依靠缆索的拉应力来抵抗车辆的碰撞,从而吸收碰撞能量。路侧缆索护栏防撞等级最高可达三级(A),可应用于一般公路和高速公路事故严重程度较低路段。

4. 桥梁护栏

桥梁护栏指设置于桥梁上具有防撞功能的护栏结构,桥梁护栏不仅要有足够高度阻挡车辆越过,也应阻止车辆向护栏方向倾翻或下穿,同时护栏高度还应给道路使用者心理安全感。桥梁护栏防撞等级最高可达八级(HA)。选取桥梁护栏材料时,主要考虑极限强度、延展性、耐久性、养护频率、更换方便性以及长期性能等因素,一般选用钢材、铝合金或钢筋混凝土等材料制成,它不同于一般公路桥梁的人行护栏(常称为桥梁栏杆,由立柱和扶手组成,结构简单,仅有保障行人安全的作用)。

5. 缓冲设施

缓冲设施分为防撞垫或防撞端头,设置在公路净区宽度内的路侧护栏上游端部,车辆碰撞时可得到缓冲、减速并安全停止,或者将其导向正确的行驶方向。一般柔性护栏和半刚性护栏设置防撞端头,刚性护栏设置防撞垫。

(四)隔离栅

隔离栅是阻止行人、动物进入公路,防止非法侵占公路用地的防护设施。有金属网型、刺钢丝型和常青绿篱等多种结构形式,主要由立柱、斜撑、金属网、连接件和基础等组成。

常用的金属网有钢板网、刺铁丝、电焊网和编织网,立柱有钢管、型钢和钢筋混凝土。立柱可直接打入土中或埋置于混凝土基础内。

(五)防落网

防落网是为了阻止落物、落石等进入公路用地范围或公路建筑限界以内的设施。一般用低碳钢丝、铝镁合金丝等编织焊接而成,主要有防落物网、防落石网。

(六)防眩设施

防眩设施是指防止夜间行车受对向车辆前照灯强光产生眩目,改善夜间行车条件而设置在中央分隔带内的一种构造物。主要有防眩板、防眩网和植树防眩等形式。

(七)视线诱导设施

视线诱导设施是对公路沿线的路线走向、构造物、行车隐患路段、交叉等的分布进行提示,对驾驶人员进行主动引导的一种交通安全设施。它包括轮廓标、合流诱导标、线形诱导标、隧道轮廓标、示警桩、示警墩、道口标柱等设施。视线诱导设施选型,应综合考虑使用效果、经济性、耐久性等。

(八)避险车道

避险车道是指在长陡下坡路段行车道外侧增设的供速度失控(制动失灵)车辆驶离正线安全减速的专用车道。避险车道主要由引道、制动床、救援车道等构成。避险车道应设置交通标志、标线、轮廓标等交通安全设施，宜设置照明、监控等管理设施。避险车道应设置完备的排水系统；制动床基底表面应设置横坡、横向排水管和纵向排水沟，基底和制动床集料之间应铺装土工布或块石路面。

(九)其他交通安全设施

其他交通安全设施主要有防风栅、防雪栅、积雪标杆、限高架、减速丘、凸面镜等设施。

三、服务设施

服务设施包括服务区、停车区和客运汽车停靠站。服务区、停车区的位置应根据区域路网、建设条件、景观和环保要求等规划和布设。客运汽车停靠站的位置宜根据地区公路规划、公路沿线城镇分布、出行需求布设。

高速公路服务区应设置停车场、加油站、车辆维修站、公共厕所、室内外休息区、餐饮、商品零售点等设施。根据公路环境和需求可设置人员住宿、车辆加水等设施。作为干线的一级、二级公路服务区宜设置停车场、加油站、公共厕所、室外休息点等设施，有条件时可设置餐饮、商品零售点、车辆加水等设施。

停车区应设置停车场、公共厕所、室外休息区等设施。

客运汽车停靠站应设置车辆停靠和乘客候车设施，可与服务区结合设置。

四、管理设施

管理设施包括监控、收费、通信、供配电、照明和管理养护等设施。

(一)监控设施

监控设施是道路监视系统和控制系统的总称，硬件设备包括信息采集设施、控制设施、监视设施、情报设施、传输设施、显示设施以及控制中心等。它应当具备以下三方面功能：第一，信息采集，即实时采集道路交通状态，包括视频信息、交通信息、气象信息、交通异常事件信息等；第二，信息的分析处理功能，包括对交通运行状态正常与否的判断、交通异常事件严重程度的确认、交通异常状态的预测，对已经发生或可能发生的异常事件处置方案的确定等；第三，信息提供功能，包括为公路上行驶着的驾驶人员提供道路状况信息，对行驶车辆发出限制、劝诱、建议性指令，为交通事故和其他异常事件的处理部门提供处置指令，向信息媒体或社会提供更广泛应用的公路交通信息。

(二)收费设施

为偿还道路工程建设贷款、筹集道路运营养护费用或以道路建设作为商业投资目的，对过往车辆征收通行费的道路，称为收费道路。一般按道路的长度、性质，过往车辆的类型，地区属性等对车辆进行收费，并在适当的位置设置收费站。在公路和城市道路上，用于收取过往车辆通行费的一切交通设施，统称为道路收费设施，包括土建工程和机电工程设施。

(三)通信设施

公路通信设施是为公路运营管理、监控、收费系统提供数据、话音和图像等信息传输的交通设施,包括通信系统和通信管道。公路通信系统包括光纤、光传输设备、程控交换设备、无线电(或集群调度)通信设备、路侧紧急电话等。目前,公路通信的传输主要依靠光纤传输系统、计算机网络传输系统、微波以及公共通信网。

(四)供配电、照明设施

供配电设施是为监控系统、收费系统、通信系统、隧道机电设施、服务设施、养护管理设施及道路照明等公路沿线设施提供能源的系统。

公路照明设施是指为公路及其附属设施设置的照明,用于提高夜间车辆行驶和行人行走的安全性,公路照明是防止夜间交通事故最为有效的手段之一。

(五)管理养护设施

根据公路管理需求的不同,分别设置管理中心、管理分中心、管理站(所)、养护工区、道班房等。

第三章

汽车基础知识

本章主要介绍了汽车的不同分类;汽车性能、尺寸、质量等相关参数与指标;国产汽车产品型号编制规则;汽车总体构造等内容。

第一节　汽车分类与总体结构

一、汽车的含义

根据国家标准《汽车、挂车及汽车列车的术语和定义　第1部分:类型》(GB/T 3730.1—2022),汽车的定义是:由动力驱动、具有四个或四个以上车轮的非轨道承载的车辆,包括与电力线相连的车辆(如无轨电车),主要用于:载运人员和/或货物(物品);牵引载运人员和/或货物(物品)的车辆或特殊用途的车辆;专项作业或专门用途。

基于上述汽车定义,汽车产品应具备以下特征:

(1)车辆自身配备动力装置,并依靠该动力装置驱动运行。

(2)具有四个或四个以上车轮,且车轮不依赖轨道运行。

(3)动力能源在运行过程中不依靠地面轨道获取。

(4)车辆的主要用途是载送人员或货物,或是牵引载送人员和货物的车辆,抑或是满足其他特殊用途。

二、汽车的分类

汽车的种类繁多,其分类方法亦很多,主要分类方法有:按国家标准分类、按动力装置类型分类、按公安机关管理分类、按发动机布置分类、按驱动方式进行分类、按发动机位置和驱动方式分类、按行驶道路条件分类、按行驶机构的特征分类等。其中,按国家标准分类应用较广。

汽车按用途不同分,可分为乘用车和商用车两大类。

(一)乘用车的类型

乘用车是指在其设计和技术特性上主要用于载运乘客及其随身行李和/或临时物品的汽

车,包括驾驶员座位在内最多不超过9个座位。它也可以牵引一辆挂车。乘用车共分为普通乘用车、活顶乘用车、高级乘用车、小型乘用车、敞篷车、舱背乘用车、旅行车、多用途乘用车、短头乘用车、越野乘用车、专用乘用车等11种(图3-1)。其中,普通乘用车、活顶乘用车、高级乘用车、小型乘用车、敞篷车、舱背乘用车等6种乘用车俗称轿车。

a)普通乘用车　b)活顶乘用车　c)高级乘用车　d)小型乘用车

e)敞篷车　f)舱背乘用车　g)旅行车　h)多用途乘用车

i)短头乘用车　j)越野乘用车　k)专用乘用车

图3-1　乘用车

(二)商用车的类型

商用车是指在设计和技术特性上用于运送人员和货物的汽车,并且可以牵引挂车,分为客车、货车、半挂牵引汽车3类。

1.客车的类型

客车是指在设计和技术特性上用于载运乘客及其随身行李的商用汽车,包括驾驶员座位在内座位数超过9座。客车有单层的或双层的,也可牵引一辆挂车。客车分为8大类,如表3-1和图3-2所示。

客车的类型和定义　表3-1

序号	客车类型	定义
1	小型客车	用于载运乘客,除驾驶员座位外,座位数为10~16座的客车
2	城市客车	一种为城市内运输而设计和装备的客车。这种汽车设有座椅及站立乘客的位置,并有足够的空间供频繁停站时乘客上下车走动用
3	长途客车	一种为城间运输而设计和装备的客车。这种汽车没有专供乘客站立的位置,但在其通道内可载运短途站立的乘客
4	旅游客车	一种为旅游而设计和装备的客车。这种汽车的布置要确保乘客的舒适性,不载运站立的乘客
5	铰接客车	一种由两节刚性车厢铰接组成的客车。在这种汽车上,两节车厢是相通的,乘客可通过铰接部分在两节车厢之间自由走动。这种汽车可以按小型客车、城市客车、长途客车和旅游客车进行装备。两节刚性车厢永久联结,只有在工厂车间使用专用的设施才能将其拆开

续上表

序号	客车类型	定义
6	无轨电车	一种经架线由电力驱动的客车。这种电车可指定用作多种用途，并按城市客车、长途客车和铰接客车进行装备
7	越野客车	在其设计上所有车轮同时驱动（包括一个驱动轴可以脱开的车辆）或其几何特性（接近角、离去角、纵向通过角，最小离地间隙）、技术特性（驱动轴数、差速锁止机构或其他形式机构）和它的性能（爬坡度）允许在非道路上行驶的一种汽车
8	专用客车	在其设计和技术特性上只适用于需经特殊布置安排后才能载运人员的汽车

a)小型客车

b)城市客车

c)长途客车

d)旅游客车

e)铰接客车

f)无轨电车

g)越野客车

h)专用客车

图 3-2　客车的类型

2. 半挂牵引汽车的类型

半挂牵引汽车是指装备有特殊装置用于牵引半挂车的商用汽车，如图 3-3 所示。

图 3-3　半挂牵引汽车

3. 货车的类型

货车是指一种主要为载运货物而设计和装备的商用汽车，它能否牵引一辆挂车均可。货车分为 8 种类型，其定义如表 3-2 和图 3-4 所示。

货车的分类与定义 表3-2

序号	货车	定义
1	普通货车	一种在敞开(平板式)或封闭(厢式)载货空间内载运货物的货车
2	多用途货车	在其设计和结构上主要用于载运货物,但在驾驶员座椅后带有固定或折叠式座椅,可运载3个以上的乘客的货车
3	全挂牵引汽车	一种牵引杆式挂车的货车。它本身可在附属的载运平台上运载货物
4	越野货车	在其设计上所有车轮同时驱动(包括一个驱动轴可以脱开的汽车)或其几何特性(接近角、离去角、纵向通过角,最小离地间隙)、技术特性(驱动轴数、差速锁止机构或其他形式的机构)和它的性能(爬坡度)允许在非道路上行驶的一种汽车
5	专用作业车	在其设计和技术特性上用于特殊工作的货车。例如:消防车、救险车、垃圾车、应急车、街道清洗车、扫雪车、清洁车等
6	专用货车	在其设计和技术特性上用于运输特殊物品的货车。例如:罐式车、乘用车运输车、集装箱运输车等
7	低速货车	即"原四轮农用运输车",最高设计车速小于70km/h的,具有四个车轮的货车
8	三轮汽车	即原"三轮农用运输车",最高设计车速小于等于50km/h的,具有三个车轮的货车

a)普通货车 b)多用途货车 c)全挂牵引汽车 d)越野货车

e)专用作业车 f)专用货车 g)低速货车 h)三轮汽车

图3-4 货车的类型

三、专项作业车的类型

专项作业车又称为"专用作业车",是指装置有专用设备或器具,在设计和制造上用于专项作业的汽车,如汽车起重机、消防车、混凝土泵车、清障车、高空作业车、扫路车、吸污车、钻机车、仪器车、检测车、监测车、电源车、通信车、电视车、采血车、医疗车、体检医疗车等,但不包括以载运人员或货物为主要目的的汽车。

本书涉及的清障车属于专项作业车范畴,其配置专用装备,具有专用功能,承担专项清障作业任务或专门救援运输任务,是国民经济建设过程中不可缺少的交通运输和工程作业的重要装备。

根据汽车结构,专项作业车可分为无载货功能的专项作业车(图3-5)及有载货功能的专项作业车(图3-6)。专项作业车结构分类,如表3-3所示。

图 3-5 无载货功能的道路清障车

图 3-6 有载货功能的道路清障车

专项作业车结构分类 表 3-3

分类	说明
无载货功能的专项作业车(非载货专项作业车)	不具有载货结构,或者虽具有载货结构但核定载质量小于1000kg 的专项作业车
有载货功能的专项作业车(载货专项作业车)	核定载质量大于等于 1000kg 的专项作业车

根据汽车的车长或最大允许总质量,专项作业车可分级为重型、中型、轻型及微型。各等级的确定,参照载货汽车的相关规定。

四、车辆识别代号(VIN)

(一)车辆识别代号的功用

车辆识别代号(VIN)由一组字母和阿拉伯数字组成,共 17 位,又称 17 位识别代号。它是识别一辆汽车不可缺少的工具。

VIN 的每位代号代表着汽车的某一方面信息参数。按照识别代号顺序,从 VIN 中可以识别出该车的生产国家、制造公司或生产厂家、车辆类型、品牌名称、车型系列、车身形式、发动机型号、车型年款(属哪年生产的)、安全防护装置型号、检验数字、装配工厂名称和出厂顺序号码等。

17 位识别代号经过排列组合可使车型生产在 30 年之内不会发生重号现象,就像人们的身份证号码一样,不会产生重号错认,故又称为"汽车身份证"。因为现在生产的汽车使用年限在逐渐缩短,一般 10 ~ 15 年就淘汰,不再生产,所以 17 位识别代号已足够应用。

车辆识别代号一般以标牌的形式装贴在汽车的不同部位(见图 3-7)。

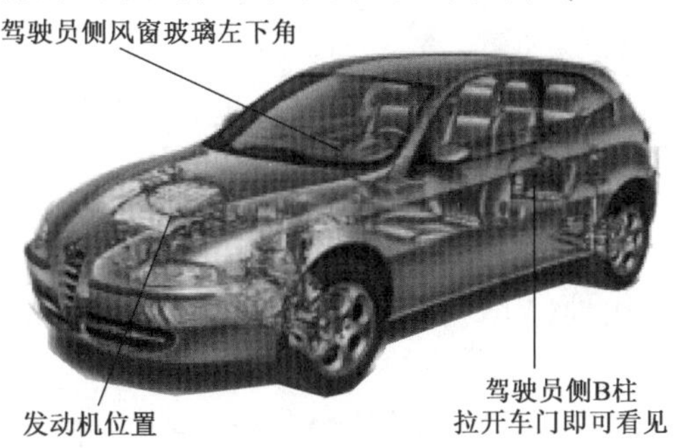

图 3-7 VIN 识别代号装贴在各种车型中的位置

(二)车辆识别代号的基本内容

根据国家标准 GB 16735—2004 道路车辆:车辆识别代号(VIN)的规定,车辆识别代号由三个部分组成:第一部分,世界制造厂识别代号(WMI);第二部分,车辆说明部分(VDS);第三部分,车辆指示部分(VIS),如图 3-8 所示。

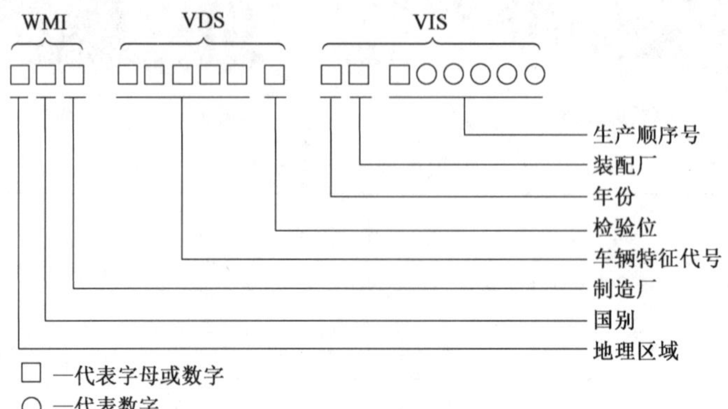

图 3-8 车辆识别代号

VIN 的第 10 位代表制造年份,年份代号按表 3-4 规定使用(30 年循环一次)。

标示年份的字码

表 3-4

年份(年)	代号	年份(年)	代号	年份(年)	代号	年份(年)	代号
2001	1	2011	B	2021	M	2031	1
2002	2	2012	C	2022	N	2032	2
2003	3	2013	D	2023	P	2033	3
2004	4	2014	E	2024	R	2034	4
2005	5	2015	F	2025	S	2035	5
2006	6	2016	G	2026	T	2036	6
2007	7	2017	H	2027	V	2037	7
2008	8	2018	J	2028	W	2038	8
2009	9	2019	K	2029	X	2039	9
2010	A	2020	L	2030	Y	2040	A

(三)车辆识别代号的基本要求

《道路车辆 车辆识别代号(VIN)》(GB 16735—2019)对车辆识别代号(VIN)做了详细规定,其基本要求如下。

(1)每一辆汽车、挂车、摩托车和轻便摩托车都必须具有车辆识别代号。

(2)在 30 年内生产任何车辆的识别代号不得相同。

(3)车辆识别代号应尽量标示在车辆右侧的前半部分，易于看到且能防止磨损或替换的车辆结构件上。

(4)9人座或9人座以下的车辆和最大总质量小于或等于3.5t的载货汽车的车辆识别代号应永久地标示在仪表板上靠近风窗立柱的位置，在白天日光照射下，观察者不需移动任何部件从车外即可分辨出车辆识别代号。

(5)车辆识别代号的字码在任何情况下都应是字迹清楚、坚固耐久和不易替换的。若车辆识别代号直接打印在车辆结构件上，则字高应不小于7 mm，深度应不小于0.3 mm；其他情况字高应不小于4 mm。

(6)车辆识别代号仅能采用9个阿拉伯数字和21个大写英文字母：1、2、3、4、5、6、7、8、9、A、B、C、D、E、F、G、H、J、K、L、M、N、P、R、S、T、U、V、W、X、Y、Z(字母I、O、Q、U、Z不能使用)。

(7)车辆识别代号标示在车辆或标牌上时，应尽量标示在一行，此时可不使用分隔符。特殊情况下，由于技术原因必须标示在两行时，两行之间不应有空行，每行的开始与终止处应选用一个分隔符。

(8)车辆识别代号在文件上标示时应标示在一行，不允许有空格，不允许使用分隔符。

(9)车辆识别代号还应标示在产品标牌上(两轮摩托车和轻便摩托车可除外)。

(10)车辆识别代号可采用人工可读码形式或机器可读的条码形式进行标示，若采用条码，应符合现行《车辆识别代号条码标签》(GB/T 18410)的要求。

五、汽车产品型号

(一)汽车产品型号的构成

汽车产品型号是根据《汽车产品编制规则》(GB/T 9417—1988)制定的，虽然此标准已作废，但并没有一个完全与之对应的全新的国家层面统一替代标准。所以各企业制订的汽车产品型号仍参考原标准的思路，结合自身企业特点和产品规划，制定了企业内部的产品型号编制规则。

汽车的产品型号一般由企业名称代号、车辆类别代号、主参数代号、产品序号组成，必要时附加企业自定代号，如图3-9所示。

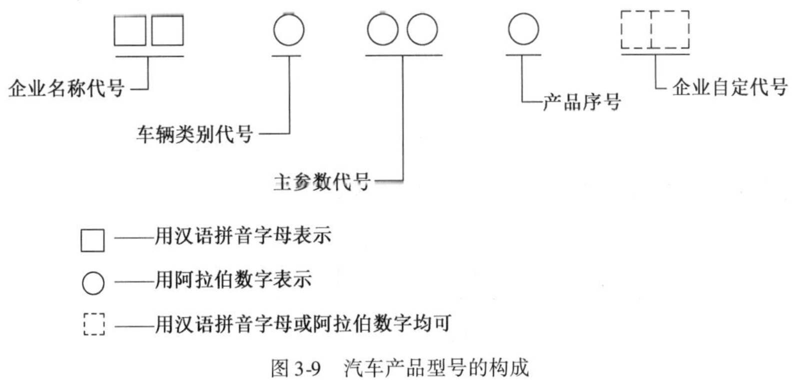

图3-9 汽车产品型号的构成

(二)汽车产品型号的基本内容

1. 企业名称代号

企业名称代号位于产品型号的第一部分,用代表企业名称的两个或三个汉语拼音字母表示。

如 CA 表示一汽,EQ 表示二汽,SVW 表示上海大众,DFA 表示东风汽车公司等。

2. 车辆类别代号

各类汽车的类别代号位于产品型号的第二部分,用一位阿拉伯数字表示(见表 3-5)。

各类汽车类别代号　　表 3-5

车辆种类	载货汽车	越野汽车	自卸汽车	牵引汽车	专用汽车	客车	轿车	半挂车及专用半挂车
车辆类别代号	1	2	3	4	5	6	7	9

3. 主参数代号

各类汽车的主参数代号位于产品型号的第三部分,用两位阿拉伯数字表示。

(1)载货汽车、越野汽车、自卸汽车、牵引汽车、专用汽车与半挂车的主参数代号为车辆的总质量(t)。牵引汽车的总质量包括牵引座上的最大总质量。当总质量在 100t 以上时,允许用三位数字表示。

(2)客车及客车半挂车的主参数代号为车辆长度(m)。当车辆长度小于 10m 时,应精确到小数点后一位,并以长度(m)值的十倍数值表示。

(3)轿车的主参数代号为发动机排量(L)。应精确到小数点后一位,并以其值的十倍数值表示。

(4)主参数的数字修约按《数字修约规则》的规定。主参数不足规定位数时,在参数前以“0”占位。

4. 产品序号

各类汽车的产品序号位于产品型号的第四部分,用阿拉伯数字表示,数字由 0、1、2……依次使用。当车辆主参数有变化,大于 10% 时,应改变主参数代号,若因为数字修约而主参数代号不变时,则应改变其产品序号。

5. 专用汽车分类代号

专用汽车分类代号位于产品型号的第五部分,用反映车辆结构和用途特征的三个汉语拼音表示。专用汽车结构特征代号按表 3-6 的规定,用途特征代号用两个汉语拼音字母表示,其代码参见相关规定。

专用汽车结构特征代号　　表 3-6

结构类型	厢式汽车	罐式汽车	专用自卸汽车	特种结构汽车	起重举升汽车	仓栅式汽车
结构特征代号	X	G	Z	T	J	C

6. 企业自定代号

企业自定代号位于产品型号的最后部分,同一种汽车结构略有变化而需要区别时,例如,汽油、柴油发动机,长、短轴距,单、双排驾驶室,平、凸头驾驶室等,可用汉语拼音字母和阿拉伯数字表示,位数也由企业自定。供用户选装的零部件(如暖风装置、收音机、地毯、绞盘等)不属结构特征变化,应不给予企业自定代号。

(三)汽车产品型号示例

1. EQ1141

EQ 代表生产企业名称为中国第二汽车制造厂,第一个 1 代表汽车类型为载货汽车,后面的 14 代表主参数为总质量 14t,最后的 1 代表生产序号为 1。

2. XMQ6122

XMQ 代表厦门金龙旅行车制造有限公司,6 代表汽车类型为客车,12 代表主参数为车长 12m,2 代表生产序号为 2。

3. SGM7180

SGM 代表生产企业名称为上海通用汽车有限公司,7 代表汽车类型为轿车,18 代表主参数为排量为 1.8L,0 为生产序号。

六、汽车标牌

汽车标牌又称为汽车铭牌,必须遵守国家标准 GB/T 18411—2018《机动车产品标牌》的规定。

(一)汽车标牌的尺寸

汽车标牌的尺寸可由制造厂根据产品的具体形式及固定位置确定,应满足明显、清晰、易于识别阅读的要求。

(二)汽车标牌的位置

(1)每一辆车都应有标牌。标牌应位于汽车右侧;如受结构限制,亦可放在便于接近和观察的其他位置。例如,半承载式车身、非承载式车身结构的汽车在右纵梁上;一厢式车身在车身内部右侧;两厢式车身、三厢式车身的汽车在发动机舱内右侧。

(2)标牌的位置应是不易磨损、替换、遮蔽的部位。

(3)标牌的固定位置应在产品说明书中标明。

(三)汽车标牌的固定

(1)标牌应永久地固定在不易拆除或更换的汽车结构件上。比如,车架、底盘或其他类似的结构件上。

(2)标牌应牢固地、永久地固定,不损坏不能拆卸。应保证标牌不能完整地拆下移作他处使用。

(四)汽车标牌的内容

(1)标示出汽车制造厂厂标、商标或品牌的文字或图案。

(2)标示出汽车制造厂合法的名称全称及备案的世界制造厂识别代号(WMI)。

(3)如果车辆通过了型式认证,标示出形式认证编号。

(4)标示出进行备案了的车辆识别代号(VIN)。

(5)应标示出汽车制造厂编制的汽车的产品型号。

(6)应标示出发动机型号、最大净功率或排量。

(7)应标示出汽车的主要参数:对于载货汽车应标示出最大设计总质量、最大设计装载质量、座位数;对于客车应标示出最大设计总质量、额定载客人数;对于乘用车应标示出最大设计总质量、座位数。

(8)应标示出汽车产品的生产序号。

(9)应至少标示出汽车产品的生产年月。

典型的汽车标牌形式如图3-10所示。

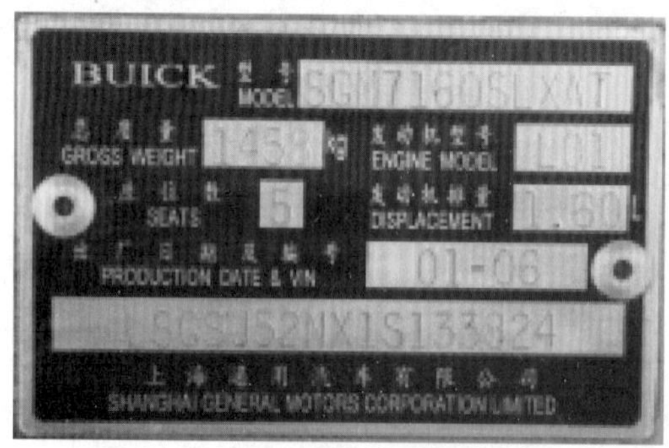

a)上海通用公司的标牌

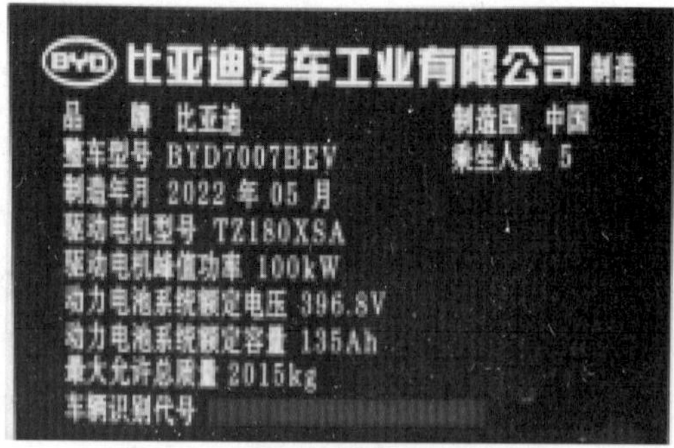

b)比亚迪公司的标牌

图3-10 典型的汽车标牌(或铭牌)

七、汽车号牌

依据《中华人民共和国机动车号牌》(GA 36—2018),汽车号牌的分类、规格、颜色及适用范围见表3-7。

汽车号牌的分类、规格、颜色及适用范围(部分)(GA 36—2018) 表3-7

序号	分类	外廓尺寸(mm×mm)	颜色	数量	适用范围
1	大型汽车号牌	前:440×140 后:440×220	黄底黑字,黑框线	2	符合GA-802规定的中型(含)以上载客、载货汽车和专项作业车(适用大型新能源汽车号牌的除外);有轨电车
2	挂车号牌	440×220		1	符合GA-802规定的挂车

续上表

序号	分类	外廓尺寸（mm × mm）	颜色	数量	适用范围
3	大型新能源汽车号牌	480 × 140	黄底黑字，黑框线	2	符合 GA-802 规定的中型以上的新能源汽车
4	小型汽车号牌	440 × 140	蓝底白字，白框线	2	符合 GA-802 规定的中型以下的载客、载货汽车和专项作业车（适用小型新能源汽车号牌的除外）
5	小型新能源汽车号牌	480 × 140	渐变黄底黑字，黑框线	2	符合 GA-802 规定的中型以下的新能源汽车

客车与货车的号牌分类见表 3-8。对于车长小于 6000mm 或者总质量小于 4500kg 的清障车（清障车属专项作业车范畴），其号牌颜色可为蓝牌，持 C 照即可驾驶。

客车与货车的号牌 表 3-8

号牌颜色	客车	货车与专项作业车
蓝牌	车长小于 6000mm 且乘坐人数小于等于 9 人	车长小于 6000mm 或者总质量小于 4500kg
黄牌	车长大于等于 6000mm 或者乘坐人数大于 10 人	车长大于等于 6000mm 或者总质量大于等于 4500kg

八、汽车总体结构

汽车通常由发动机、底盘、车身、电气设备四个部分组成（图 3-11）。

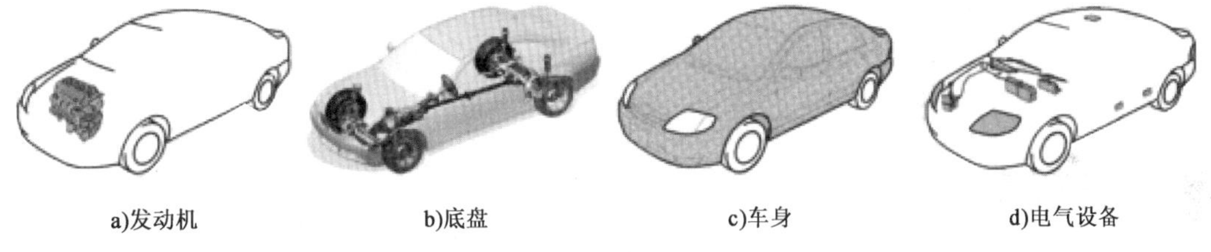

a)发动机　b)底盘　c)车身　d)电气设备

图 3-11 汽车的组成

（一）发动机

发动机是一种能够把其他形式的能转化为机械能的机器，包括如内燃机（汽油发动机等）、外燃机（斯特林发动机、蒸汽机等）、电动机等。狭义上，汽车发动机就是指内燃机。

汽车发动机是将汽车燃料的化学能转变成机械能的一个机器。大多数汽车都采用往复活塞式内燃机，它一般是由曲柄连杆机构、配气机构、燃料供给系统、冷却系统、润滑系统、点火系统（仅汽油发动机）、起动系统等部分组成。

发动机主要有 L（直列）发动机，V 型发动机，W 型发动机，水平对置发动机。另外比较特殊的就是转子发动机，这是马自达的专利。

对于电动汽车，其发动机就是电动机。

（二）底盘

汽车底盘接受发动机的动力，将发动机的旋转运动转变成汽车的水平运动，并保证汽车按照驾驶员的操纵正常行驶。底盘由传动系统、行驶系统、转向系统、制动系统4部分组成。

传动系统是指将发动机的动能传递到车轮上的全部动力传动装置,并能实现动力的接通与切断、起步、变速、倒车等功能。它由离合器、变速器、传动轴、驱动桥等部件组成。

行驶系统是将汽车各总成、部件连接成一个整体,支撑整车,并将旋转运动的动力转变成汽车的直线运动,实现汽车的平顺行驶。它由车架、车桥、车轮和悬架等部件组成。

转向系统是指用来控制汽车的行驶方向。它由转向盘、转向器和转向传动机构组成。

制动系统是指用来使行驶中的汽车按照需要降低速度,停止行驶和在坡道上驻车。它由制动控制部分、制动传动部分、制动器等部件组成,一般汽车制动系统至少有两套各自独立的制动装置,即行车制动装置和驻车制动装置。

(三)车身

汽车的车身是驾驶员工作的场所,也是装载乘客和货物的场所。车身应为驾驶员提供方便的操作条件,以及为乘客提供舒适安全的环境或保证货物完好无损。

(四)电气设备

汽车电气设备用于汽车发动机的启动、点火、照明、灯光信号及仪表等监控装置。我国汽车电气系统的电压均采用12V或24V,负极搭铁。汽车的电气设备包括电源系统、起动系统、照明装置、信号装置、仪表等备,电子设备主要有安全气囊、防盗系统、空调系统、总线、门控系统、智驾系统等,这些设备大大地提高了汽车的各种性能。

第二节　汽车发动机

一、发动机的分类

发动机是汽车的动力源。凡是能使某种形式的能量转变成机械能的机器都可称为发动机。如热力发动机、水力发动机和风力发动机等,汽车上主要采用热力发动机。

热力发动机是指将燃料燃烧所产生的热能转变成机械能的机器。根据燃料燃烧所处位置的不同,热力发动机又分为外燃机和内燃机两大类。

燃料在发动机外部燃烧的热力发动机称为外燃机。如蒸汽机、汽轮机等。反之,燃料直接在发动机内部燃烧的热力发动机称为内燃机。如柴油机、汽油机和煤气机等。

发动机种类繁多,根据不同特点有不同分类,见表3-9。

发动机的分类　　表3-9

分类方法	类别	含义
按冲程数分	二冲程发动机	活塞经过2个冲程完成一个工作循环的发动机
	四冲程发动机	活塞经过4个冲程完成一个工作循环的发动机
按着火方式分	点燃式发动机	压缩气缸内的可燃混合气,并用外源点火燃烧的发动机
	压燃式发动机	压缩气缸内的空气或可燃混合气,产生高温,引起燃料着火的发动机

续上表

分类方法	类别	含义
按使用燃料种类分	液体燃料发动机	燃烧液体燃料(汽油、柴油、醇类等)的发动机
	气体燃料发动机	燃烧气体燃料(液化石油气、天然气等)的发动机
	多种燃料发动机	能够使用着火性能差异较大的两种或两种以上燃料的发动机
按进气状态分	非增压发动机	进入气缸前的空气或可燃混合气未经压缩的发动机。对于四冲程发动机也称自吸式发动机
	增压发动机	进入气缸前的空气或可燃混合气先经过压气机压缩,借以增大充量密度的发动机
按冷却方式分	液冷式发动机	用冷却液冷却气缸和气缸盖等零件的发动机
	风冷式发动机	用空气冷却气缸和气缸盖等零件的发动机
按汽缸数及布置分	单缸发动机	只有一个气缸的发动机
	多缸发动机	具有两个或两个以上汽缸的发动机
	立式发动机	汽缸布置于曲轴上方且气缸中心线垂直于水平面的发动机
	卧式发动机	汽缸中心线平行于水平面的发动机
	直列式发动机	具有两个或两个以上直立汽缸,并呈一列布置的发动机
	V 形发动机	具有两个或两列汽缸,其中心线夹角呈 V 形,并共用一根曲轴输出功率的发动机
	对置气缸式发动机	两个或两列汽缸分别排列在同一曲轴的两边呈 180°夹角的发动机
	斜置式发动机	汽缸中心线与水平面呈一定角度(不是直角)的发动机
按用途分	有汽车用、机车用、拖拉机用、船用、坦克用、摩托车用、发电用、农用、工程机械用等发动机	
按工作原理分	活塞式发动机	活塞发动机也叫往复式发动机,是一种利用一个或者多个活塞将压力转换成旋转动能的发动机
	转子式发动机	采用三角转子旋转运动来控制压缩和排放,直接将压力转换成旋转动能的发动机

二、发动机的总体构造

发动机是一种由许多机构和系统组成的复杂机器。无论是汽油机,还是柴油机;无论是四冲程发动机,还是二冲程发动机;无论是单缸发动机,还是多缸发动机,要完成能量转换,实现工作循环,保证长时间连续正常工作,都必须具备以下一些机构和系统。汽油机主要由曲柄连杆机构、换气系统、供油系统、润滑系统、冷却系统、点火系统(仅汽油机)和起动系统组成;柴油机主要由曲柄连杆机构、换气系统、供油系统、润滑系统、冷却系统和起动系统组成,柴油机是压燃的,不需要点火系统。

汽油机的总体构造如图 3-12 所示,柴油机的整体构造如图 3-13 所示。

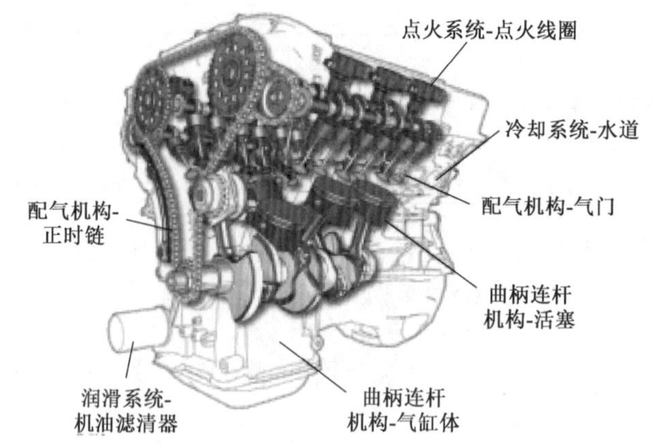

图 3-12　汽油机的总体构造

图 3-13　柴油机的总体构造

三、发动机的基本术语

发动机的基本结构如图 3-14 所示。

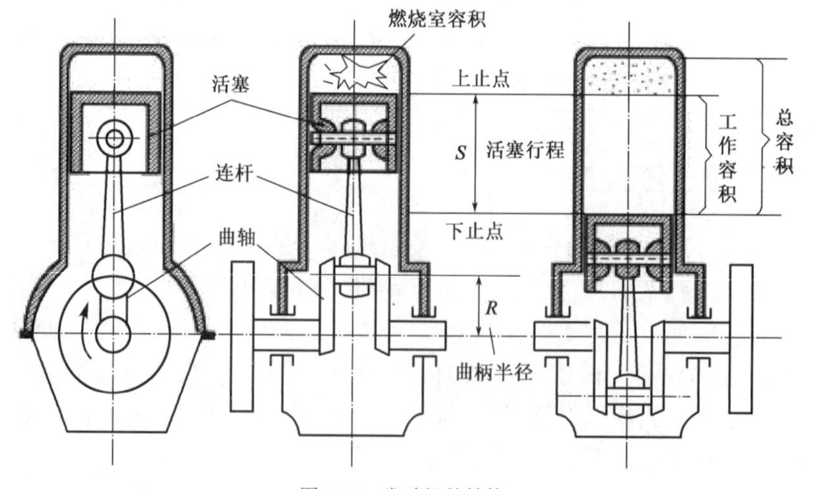

图 3-14　发动机的结构

(1)上止点。活塞在气缸中运动,当活塞离曲轴中心最远时,活塞顶部所处的位置。

(2)下止点。活塞在气缸中运动,当活塞离曲轴中心最近时,活塞顶部所处的位置。

(3)活塞行程。活塞从一个止点运动到另一个止点所经过的距离,即曲轴每转半圈(180°),活塞运动一个行程。

(4)曲柄半径。曲轴与连杆大头连接中心至曲轴中心的距离称为曲柄半径。

(5)燃烧室容积。活塞位于上止点时,活塞顶部与气缸盖之间的封闭容积。

(6)汽缸工作容积。活塞从上止点运动到下止点时,它所扫过的空间容积。

(7)汽缸总容积。活塞位于下止点时,活塞顶部与气缸盖之间的封闭容积。

(8)压缩比。汽缸总容积与燃烧室容积之比值。压缩比表示活塞从下止点运动到上止点时,气体在气缸内被压缩的程度。不同类型的发动机对压缩比的要求不同,柴油机较高(15 ~ 22),汽油机较低(9 ~ 13)。

(9)活塞总排量。多缸发动机所有汽缸工作容积之和。

(10)发动机工况。发动机在某一时刻的运行状况称为发动机工况,用发动机此时输出的转速和有效功率表示。

(11)工作循环。在气缸内进行的每一次将热能转化为机械能的一系列连续过程(进气、压缩、做功和排气)称为发动机的工作循环。

四、发动机曲柄连杆机构

(一)曲柄连杆机构的功用

曲柄连杆机构的功用是将燃料燃烧时产生的热能转化为活塞往复运动的机械能,再通过连杆将活塞的往复运动变为曲轴的旋转运动而对外输出动力。

(二)曲柄连杆机构的组成

曲柄连杆机构由机体组、活塞连杆组、曲轴飞轮组等三部分组成。

1. 机体组

机体组主要包括气缸体、曲轴箱、油底壳、气缸盖和气缸垫等不动件(图 3-15)。镶气缸套的发动机,机体组还分为干式或湿式气缸套。机体组是发动机的支架,是曲柄连杆机构、换气系统和发动机各系统主要零部件的装配机体。气缸盖是用来封闭气缸顶部,并与活塞顶和气缸壁一起形成燃烧室。另外,气缸盖和机体内的水套和油道以及油底壳有又分别是冷却系统和润滑系统的组成部分,各运动部件的润滑和受热部件也都要通过机体组来实现。可以说机体组把发动机的各个机构和系统组成为一个整体,保持了它们之间必要的相互关系。

2. 活塞连杆组

活塞连杆组将活塞的往复运动变为曲轴的旋转运动,同时将作用于活塞上的力转变为曲轴对外输出转矩,以驱动汽车车轮转动。它是发动机的传动件,它把燃烧气体的压力传给曲轴,使曲轴旋转并输出动力。活塞连杆组由活塞、活塞环、活塞销和连杆等主要机件组成(图 3-16)。

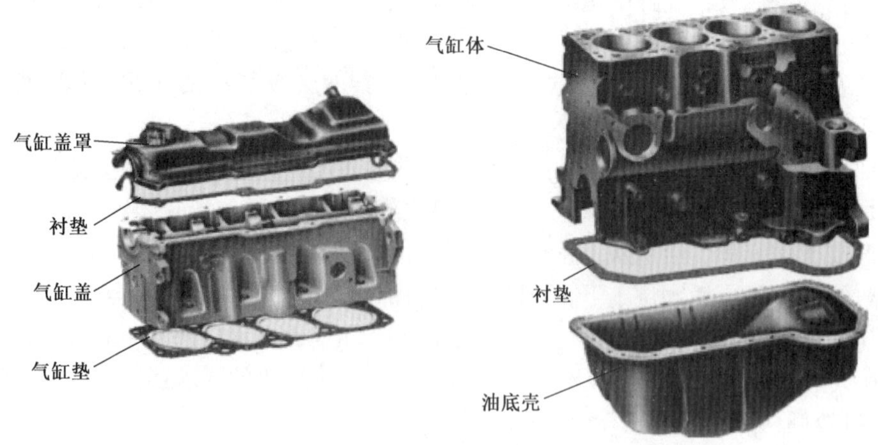

图 3-15　机体组

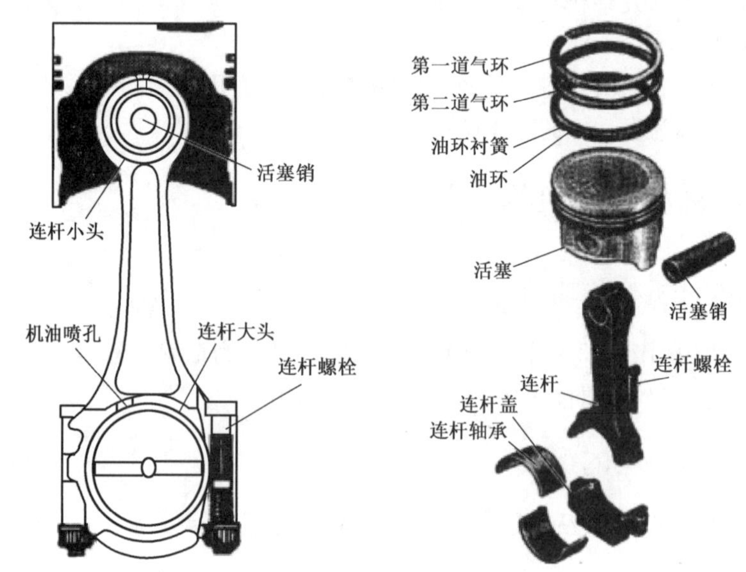

图 3-16　活塞连杆组

3. 曲轴飞轮组

曲轴飞轮组的功用是:把活塞的往复运动转变为曲轴的旋转运动,为汽车的行驶和其他需要动力的机构输出扭矩。同时还储存能量,用以克服非做功行程的阻力,使发动机运转平稳。曲轴飞轮组主要由曲轴、飞轮、扭转减振器、皮带轮、正时齿轮(或链轮)等组成(图 3-17)。

五、发动机换气系统

换气系统的功用是根据发动机各缸的工作循环和着火次序适时地开启和关闭各缸的进、排气门,使足量的纯净空气或空气与燃油的混合气及时地进入气缸,并及时地将废气排出。

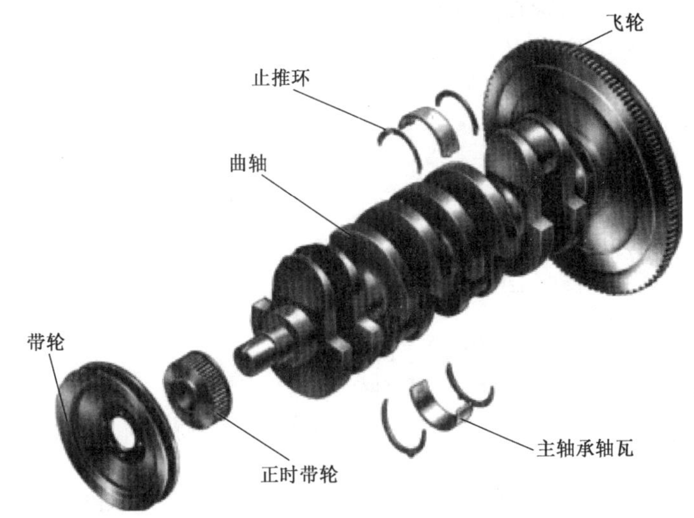

图 3-17　曲轴飞轮组

换气系统主要由配气机构、进气装置、排气装置等组成,如图 3-18 所示。

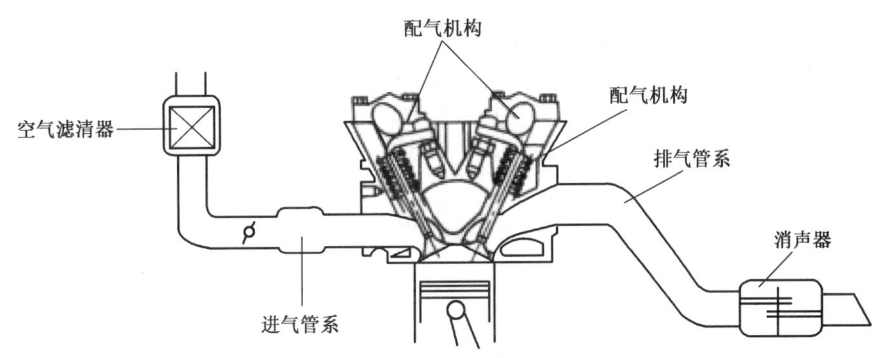

图 3-18　发动机换气系统的组成

(一)发动机配气机构

1. 配气机构的功用

配气机构的功用是按照发动机各缸的工作过程和着火顺序的要求,定时开启和关闭各缸进、排气门,准时地供给清洁、足量的新鲜工作介质(空气或可燃混合气),及时并尽可能彻底地排出废气,以保证发动机燃烧过程的有效进行。配气机构工作的好坏,对发动机的工作性能影响很大。同时配气机构又是发动机噪声的主要来源之一。

2. 配气机构的类型

(1)按气门的布置位置分。按气门的布置位置不同,配气机构可以分为侧置气门式和顶置气门式。

(2)按凸轮轴布置位置分。按凸轮轴布置位置不同,配气机构分为上置凸轮轴配气机构、中置凸轮轴配气机构、下置凸轮轴配气机构3种。

(3)按曲轴和配气凸轮轴的传动方式分。根据曲轴和配气凸轮轴的传动方式不同,配气机构可分为齿轮传动、链传动和同步带传动3种。

(4)按每缸气门的数目分。根据每缸气门的数目不同,配气机构有2气门、3气门、4气门和5气门之分。

3. 配气机构的组成

配气机构的主要部件有气门组、气门传动组。

4. 配气相位

进、排气门开启和关闭时刻所对应的曲轴转角称为配气相位,简称配气相。表示配气相位的环形图称为配气相位图。发动机的配气相位对其性能,特别是对发动机的动力性和经济性有很大影响。

(二)发动机进气装置的组成

发动机进气装置主要由空气滤清器、进气总管、进气歧管等组成(图3-19)。进气装置上一般安装空气流量计,用于测量空气的流量,是供油控制的主要传感器之一。

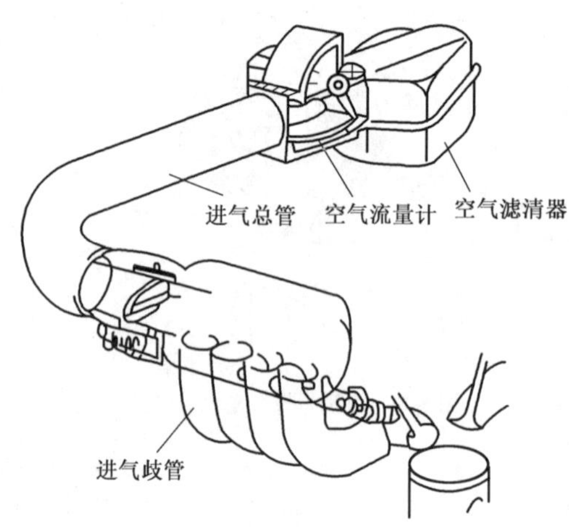

图3-19　进气装置的组成

(三)发动机排气装置的组成

发动机排气装置主要由排气歧管、排气消声器和三元催化转化器等组成(图3-20)。排气装置上一般安装有氧传感器,用于监测发动机燃烧效果,进行空燃比闭合控制。

(四)发动机废气再循环装置的组成

废气再循环是净化排气中 NO_x 的主要方法。废气再循环是指把发动机排出的部分废气回送到进气歧管,并与新鲜混合气一起再次进入气缸(图3-21)。由于废气中含有大量的 CO_2,可以使气缸中混合气的燃烧温度降低,从而减少了 NO_x 的排放,为保持发动机的动力性,必须根据发动机的工况对再循环的废气量加以控制。NO_x 的生成量随发动机负荷的增大而增多，因此，再循环的废气量也随负荷增多而增加。在暖机期间或怠速时，NO_x 生成物不多，为了保持发动机运转的稳定性，不进行废气再循环。在全负荷或高转速下工作时，为了使发动机有足够的动力性，也不进行废气再循环。

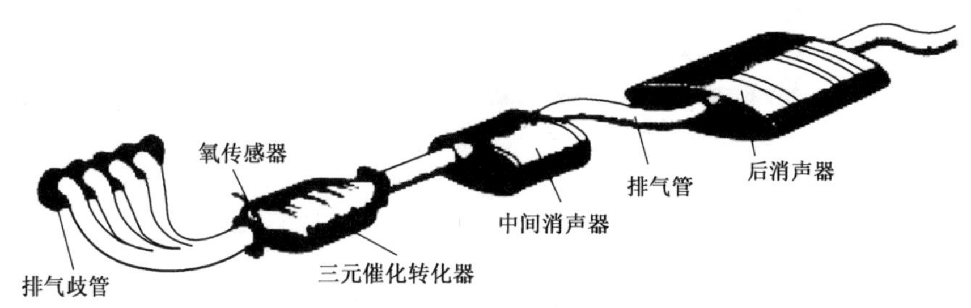

图 3-20　发动机排气装置

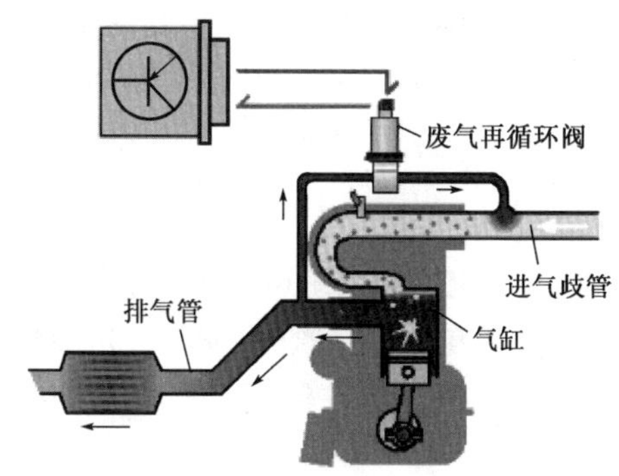

图 3-21　废气再循环装置

再循环的废气量由废气再循环（EGR）阀自动控制。

（五）发动机进气增压方式

利用某一种装置对进入气缸的新鲜空气进行预先压缩的过程称为增压。安装有增压装备的发动机称为增压发动机。进气增压系统的功用是增加进入发动机气缸的冲量密度和充气量，在供油系统良好的配合下，可以使更多的燃料得到充分燃烧，从而达到提高发动机的平均有效压力、增大功率和改善经济性的目的。柴油机采用增压技术以后一般可以提高功率 30% ~50%，高增压可提高 100% 以上。

进气增压的方法有废气涡轮增压、机械增压、气波增压等，其中以废气涡轮增压技术最为成熟，效率高、应用最广。

废气涡轮增压是利用发动机排气时的能量，冲击涡轮机（图 3-22），使它高速旋转。通过传动轴，带动压气机也高速旋转，将空气增压，再经进气管进入气缸。

六、发动机供油系统

根据供给的燃料不同，一般分为汽油机供油系统和柴油机供油系统。

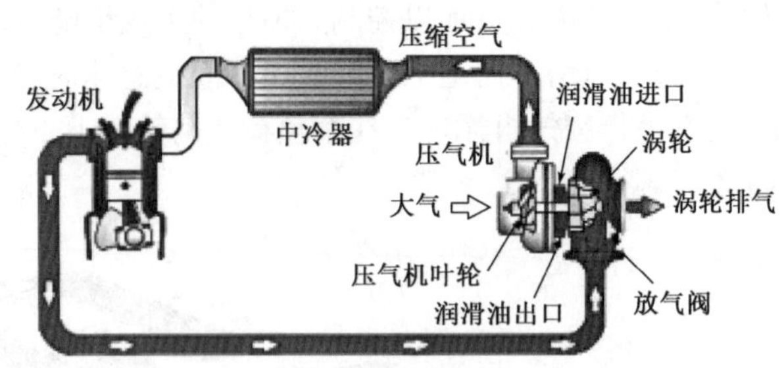

图 3-22　废气涡轮增压示意图

(一)汽油机供油系统

1. 汽油机供油系统的功用

汽油机供油系统的任务是将汽油经过雾化和蒸发(汽化)并和空气按一定比例均匀混合成可燃混合气,再根据发动机各种不同工况的要求,向发动机气缸内供给不同质(即不同浓度)和不同量的可燃混合气,以便在临近压缩终了时点火燃烧而放出热量燃气膨胀做功,最后将气缸内废气排至大气中。

2. 汽油机供油系统的类型

根据汽油的供给方式不同,汽油机供油系统可分为化油器式和电控喷射式,电控喷射式又分为进气管喷射(包括多点喷射和单点喷射)和缸内喷射。目前均采用缸内喷方式,但进气管喷射(包括歧管喷射 MPI 和单点喷射 SPI)仍在使用,尤其在一些经济型或混合动力车型上。

3. 汽油机供油系统的构造原理

汽油机供油系统均采用电子控制方式,其主要由传感器、控制单元、执行器 3 大部分组成(图 3-23)。

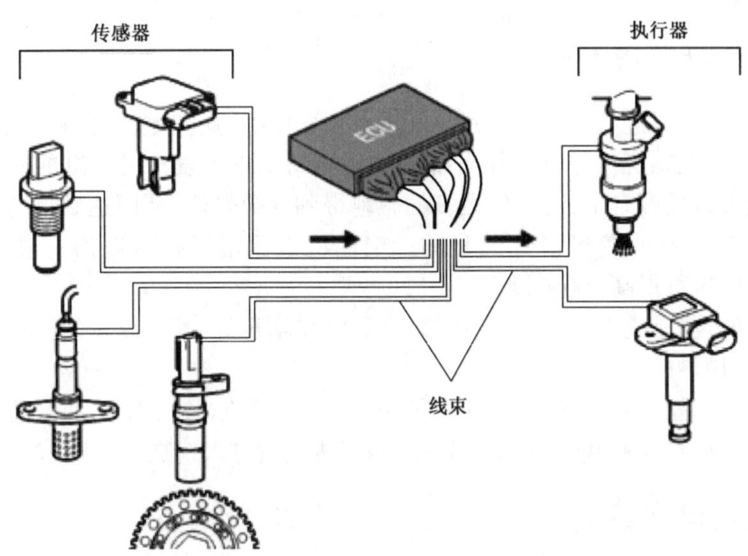

图 3-23　电控汽油喷射系统的组成

发动机电子控制单元(ECU)收集信息发动机的运转工况,根据发动机的转速、节气门开度、冷却液温度、进气温度、排气中的氧浓度、蓄电池电压、进气流量等信号,按着预选给定的程序,计算出最佳汽油喷射量和最佳喷射正时,并发出指令,由汽油喷油器按时按量地进行喷射。

当发动机工况和喷油系统结构确定后,每循环喷油量取决于由 ECU 控制的喷油器工作(喷射)持续时间。由于 ECU 发出的控制喷油持续时间的指令是脉冲型信号,该脉冲的工作宽度(简称"喷油脉宽")就决定了喷油持续时间。即:喷油量控制实质上是根据特定状况下所设定的目标,对喷油持续工作时间(喷油脉宽)实施控制,确保发动机处于最佳 A/F 燃烧状况。

电控燃油喷射系统的控制主要有喷油量控制、喷油正时控制、喷油器控制等。

(二)柴油机供油系统

1. 柴油机供油系统的功用

柴油机供油系统的功用是根据柴油机的工作要求,定量、定时、定压地将雾化质量良好的柴油按一定的喷油规律喷入气缸内,并使其与空气迅速而良好地混合和燃烧。

2. 柴油机供油系统的组成

目前柴油机供油系统有传统机械式和电控式两大类。其中,传统机械式供油系统主要用于对排放要求不高的非道路行驶车辆,而电控式供油系统用于道路行驶的汽车。

电控式柴油机供油系统有电控直列泵式、电控分配泵式、泵喷嘴式、高压共轨式等类型,其中,电控高压共轨式应用较广。

高压共轨电喷技术是指在高压油泵、压力传感器和电子控制单元组成的闭环系统中,将喷射压力的产生和喷射过程彼此完全分开的一种供油方式(图 3-24)。它是由高压油泵将高压燃油输送到公共供油管,通过公共供油管内的油压实现精确控制,使高压油管压力大小与发动机的转速无关,可以大幅度减小柴油机供油压力随发动机转速变化的程度。

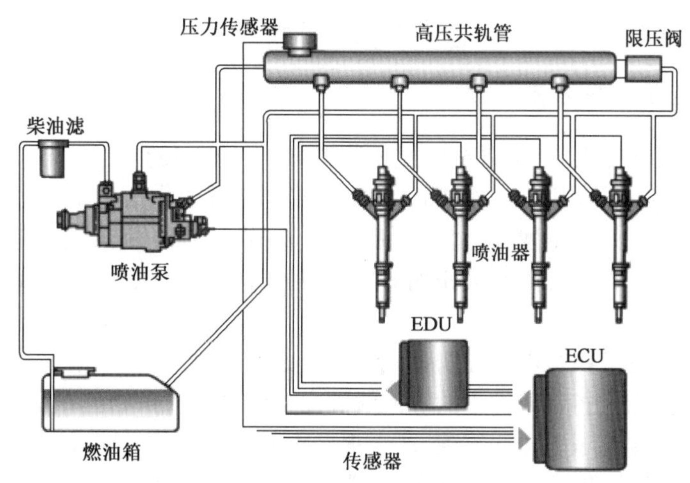

图 3-24　高压共轨电喷技术

燃油喷射压力是柴油发动机的重要指标,因为它联系着发动机的动力、油耗、排放等。共轨柴油喷射系统已将燃油喷射压力提高到 1.8×10^5kPa。

七、发动机点火系统

(一)发动机点火系统的功用

在汽油发动机中,汽油机的压缩可燃混合气是靠电火花点燃的,为此在汽油机的燃烧室内装有火花塞。能够按时在火花塞电极间产生电火花的全部设备,称为汽油机点火系统。

点火系统的功用是点燃式发动机为了正常工作,按照各缸点火次序,定时地供给火花塞以足够高能量的高压电(大约15000~30000V),使火花塞产生足够强的火花,点燃可燃混合气,使发动机做功。

(二)发动机点火系统的类型

发动机的点火系统的类型有很多,主要类型如图3-25所示。目前汽车均采用无分电器式(直接点火)方式。

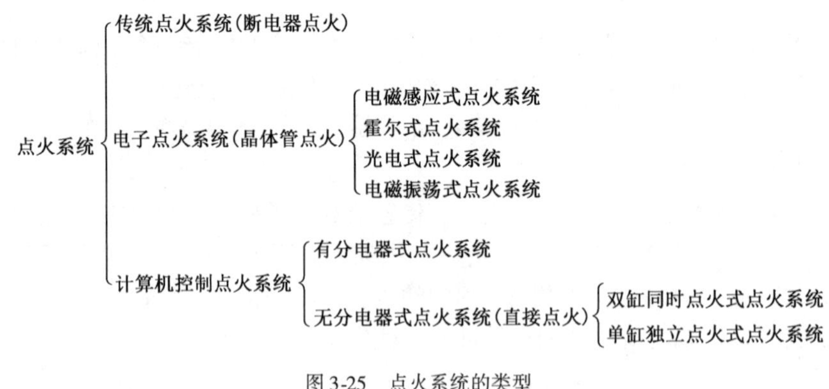

图3-25　点火系统的类型

(三)发动机点火系统的组成

无分电器式(直接点火)点火系统的主要装置如下(图3-26):

(1)传感器。感知发动机的工作状态,为电子控制单元提供信息。

(2)电子控制单元。根据发动机转速、空气流量、节气门位置、电瓶电压、冷却液温度、进气温度、爆震等信号,算出最佳点火正时提前角度,再发出点火信号,达到控制点火正时的目的。

(3)点火控制组件。执行电子控制单元的命令,为点火提供高压电。

(4)高压线。把点火控制组件中的点火线圈产生的高压电送给火花塞。

(5)火花塞。利用高压电击穿气隙,产生火花点燃气缸内的可燃混合气。

发动机工作时,根据凸轮轴位置传感器信号,判定哪一缸即将到达压缩上止点,根据反映发动机工况的转速信号、负荷信号及与点火提前角有关的传感器信号,确定相应工况下的最佳点火提前角,向点火控制器发出控制指令,使功率晶体管截止,点火线圈初级电流被切断,次级绕组产生高压电,并按发动机点火顺序分配到各缸火花塞跳火点燃混合气。

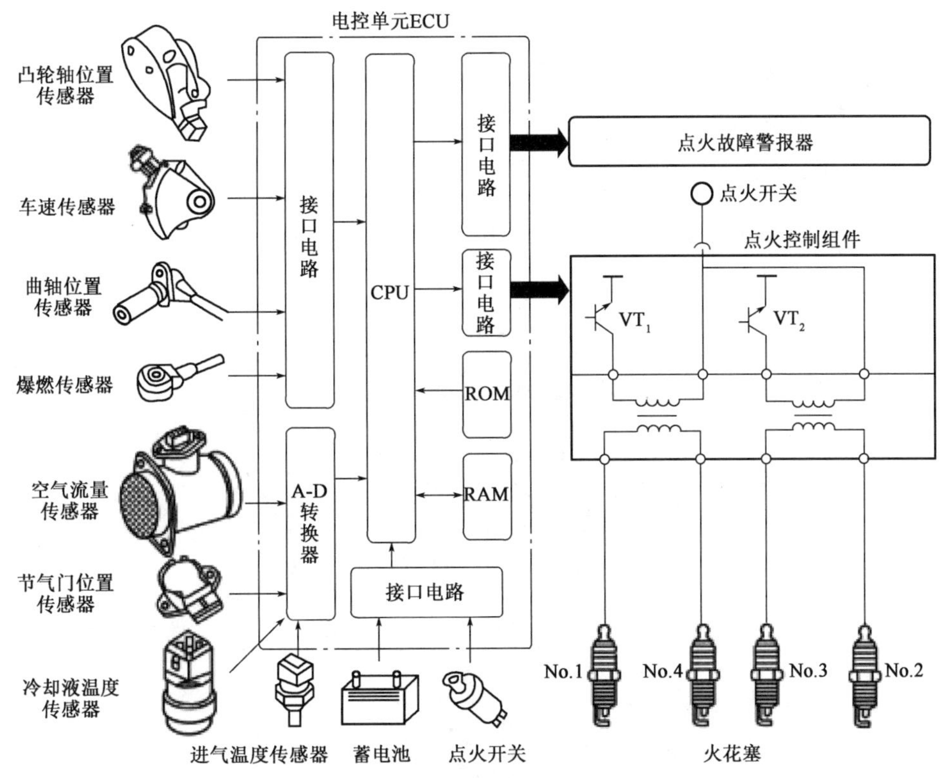

图 3-26　无分电器式(直接点火)点火系统的组成

上述控制过程是指发动机在正常状态下点火时刻的控制过程。当发动机起动、怠速或汽车滑行时,设有专门的控制程序和控制方式进行控制。

八、发动机冷却系统

(一)发动机冷却系统的功用

冷却系统的功用是使发动机在所有工况下都保持在最适宜的温度(80℃ ~90℃)范围内工作。

(二)发动机冷却系统的冷却方式

按冷却介质的不同发动机冷却系统可分为水冷系统、风冷系统两类。

1. 水冷系统

把发动机受热零件吸收的热量传递给冷却液,再由冷却液通过散热器散入大气中,而进行冷却的一系列装置,称为水冷系统。水冷系统因冷却强度大,易调节,便于冬季启动而广泛用于汽车发动机上。

水冷却系统按冷却液在内燃机中循环方法的不同,可分为自然循环冷却和强制循环冷却。

2. 风冷系统

以空气为冷却介质的冷却系统称为风冷系统。风冷系统因冷却效果差,噪声大,功耗大,仅用于部分越野汽车发动机。

(三) 发动机水冷却系统的组成

目前汽车发动机均采用强制循环式水冷却系统,它主要由风扇、水泵、水套、散热器百叶窗、水管和水温传感器等组成,各零部件布置如图 3-27 所示。

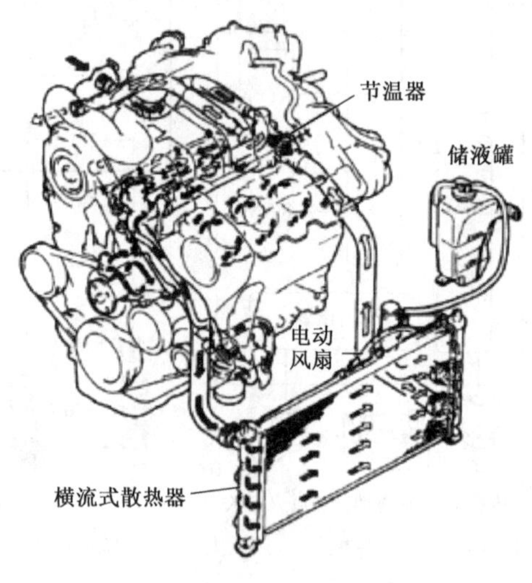

图 3-27　冷却系统的组成

(1)冷却风扇。风扇旋转送风辅助散热器进行热交换。

(2)散热器。又名水箱,其功用是利用冷风冷却被加热的冷却液。散热器的芯管常用扁形直管,周围制有散热片,芯管有竖置和横置两种方式。

(3)散热器盖。散热器盖具有较高的密封性。其功用是使冷却系统保持一定的压力,提高冷却液的沸点。

(4)节温器。节温器是控制冷却液流路的开关阀,从而使冷却液保持适当的温度。

(5)水泵。水泵的功用是使冷却液循环。

工作时,同轴的风扇和水泵在曲轴的驱动下旋转,水泵将冷却液吸入加压后送入分水管,并由分水孔进入各汽缸间的水套中,使各缸冷却均匀,然后向上流经气缸盖水套及节温器,流入散热器内。由于风扇的强力抽吸,空气由前向后高速从散热器中通过,热水自上而下流经散热器,因而其中的热量不断地散到大气中去,使水得到冷却。流到散热器底下的冷却液又被水泵吸入,开始再次循环,因而内燃机的高温零件就不断地得到冷却。

九、发动机润滑系统

(一) 发动机润滑系统的功用

在发动机运转时,必须向各润滑部位提供机油进行润滑。润滑系统的功用就是不断地使机油循环，从而润滑发动机的各个部位，使发动机的各个零件都能发挥出最大的性能。归纳起来如下：

(1)润滑功用。是将零件间的直接摩擦变为间接摩擦，减少零件磨损和功率损耗。

(2)密封功用。是利用润滑油的黏性，提高零件的密封效果。如活塞与气缸壁之间保持一层油膜，增强了活塞的密封功用。

(3)散热功用。是通过润滑油的循环，将零件摩擦时产生的热量带走。

(4)清洗功用。是利用润滑油的循环，将零件相互摩擦时产生的金属屑带走。

(5)防锈功用。是将零件表面附上一层润滑油膜，可以防止零件表面被氧化锈蚀。

(二)发动机润滑系统的组成

润滑系统主要由油底壳、机油泵、滤清装置、限压阀、压力传感器、机油尺、油道及油管等组成(图3-28)。

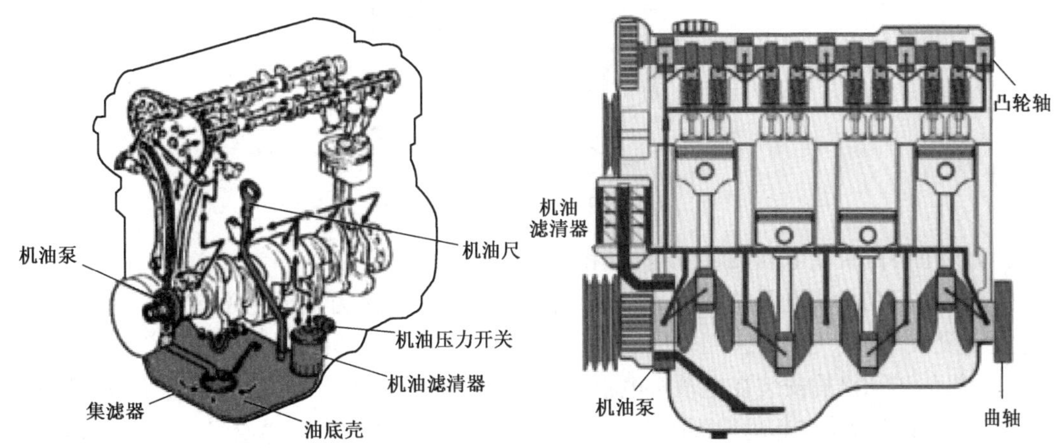

图3-28　润滑系统的组成

发动机工作时，机油泵将机油从油底壳吸入，并压送到机油滤清器，经机油滤清器滤清后的机油流入主油道，然后分别流入各曲轴轴承、凸轮轴轴承、连杆轴承等处，最后又重新回到油底壳。

由于乘用车发动机转速高、功率大、凸轮轴多为顶置，机油泵一般由中间轴驱动；配气机构多采用液力挺柱；在主轴道与机油泵之间多用单级全流式滤清器，以简化滤清系统。集滤器为固定淹没式，避免机油泵吸入表面泡沫，保证润滑系统工作可靠。

十、发动机起动系统

(一)发动机起动系统的功用

所谓发动机起动就是用外力转动静止地曲轴，直至曲轴达到能保证混合气形成、压缩和燃烧并顺利运行的转速(称起动转速，通常在50r/min以上)，使发动机自行运转的过程。

起动机的作用是由直流电动机产生动力,经传动机构带动发动机曲轴转动,从而实现发动机的起动。

(二)发动机起动系统的组成

起动系统主要由起动机、起动机继电器、点火开关、起动齿圈等组成(图3-29)。

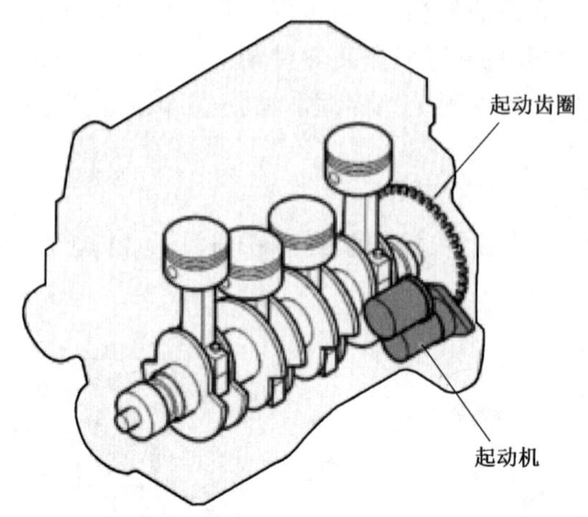

图3-29 起动系统的组成

起动机主要由直流电动机、传动机构和控制机构组成。

直流电动机在直流电压的功用下产生旋转力矩,称为电磁力矩或电磁转矩。起动发动机时,它通过驱动齿轮、飞轮的齿圈驱动发动机的曲轴旋转,使发动机起动。

起动机的传动机构安装在电动机电枢的轴上。在起动发动机时,将驱动齿轮与电枢轴连成一体,并使驱动齿轮与起动齿圈啮合,将起动机产生的电磁转矩传递给发动机的曲轴,使发动机起动;发动机起动后,飞轮转速提高,带着驱动齿轮旋转,将使电枢轴超速旋转而损坏。因此,在发动机起动后,驱动齿轮转速超过电枢轴转速时,传动机构应使驱动齿轮与电枢轴自动脱开,防止电枢轴超速。为此,起动机的传动机构必须具有超速保护装置。

控制机构的功用是控制起动机主电路的通、断,并控制驱动齿轮与电枢轴的连接。起动机的控制机构也称为操纵机构,有直接操纵式控制机构和电磁操纵式控制机构两种形式。

十一、发动机的主要性能指标

(一)发动机的动力性指标

发动机的动力性指标主要有:有效转矩、有效功率、升功率、比质量、标定功率和标定转速等。

1. 有效转矩

发动机曲轴实际输出的、用于驱动汽车的转矩称为发动机的有效转矩。

2. 有效功率

发动机通过飞轮对外输出的功率称为发动机的有效功率。

3. 升功率

升功率是指发动机每升工作容积产生的有效功率。升功率反映了发动机排量的利用程度,继续提高升功率式发动机技术的发展方向之一。

4. 比质量

比质量指发动机的结构质量(净质量)与它所发出的有效功率(额定功率)之比值。它反映了发动机结构质量的利用程度和结构紧凑性。

5. 标定功率和标定转速

发动机产品铭牌上标出的为标定工况下的有效功率及相应转速,称为标定功率和标定转速。目前按国家标准规定,发动机标定功率分为 4 级:

(1)15min 功率。在标准环境条件下,发动机连续运转 15 min 的最大有效功率。

(2)1h 功率。在标准环境条件下,发动机连续运转 1h 的最大有效功率。

(3)12h 功率。在标准环境条件下,发动机连续运转 12h 的最大有效功率。

(4)持续功率。在标准环境条件下,发动机以标定转速允许长期连续运转的最大有效功率。

一般来说,15 min 功率适用于汽车、摩托车、摩托艇等的功率标定;1h 功率适用于工业拖拉机、工程机械、发动机车等的功率标定;12h 功率适用于农用拖拉机、农业排灌动力、内河船舶等的功率标定;持续功率适用于电站、船舶及农业排灌动力等的功率标定。

(二)发动机的经济性指标

一般燃油消耗率表示发动机的经济性指标。燃油消耗率是指发动机每发出 1 kW 有效功率,在 1h 内所消耗的燃油质量(以 g 为单位),用 be 表示。很明显,燃油消耗率越低,燃油经济性越好。

(三)发动机的运转性能指标

发动机的运转性能指标主要指排放指标、噪声、起动性能等。

1. 发动机的排放指标

发动机的排气中含有多种对人体有害的物质,主要有 CO、HC、NO_x、SO_2、醛类和微粒(含碳烟)等,其主要危害见表 3-10。

发动机主要有害排放及危害　　表 3-10

有害排放	有害物特征	危害
CO	无色、无臭、有毒气体	使人出现恶心、头晕、疲劳等缺氧症状,严重时窒息死亡
NO_x	赤褐色带刺激性的气体	伤害心、肝、肾。与光化学反应形成臭氧和醛等

续上表

有害排放	有害物特征	危害
HC	刺激性的气体	破坏造血机能,造成贫血、神经衰弱,降低肺对传染病的抵抗力。与光化学反应形成臭氧和醛等
光化学烟雾	HC 与 NO_x 在阳光作用下所形成的烟雾,有刺激性	降低大气能见度,伤害眼睛、咽喉,影响植物生长
醛类	较强的刺激性臭味	伤害眼睛、上呼吸道、中枢神经
微粒	碳烟等	伤害肺组织
SO_2	无色、刺激性气体	刺激鼻喉,引起咳嗽、胸闷、支气管炎等

我国排放标准参照欧洲法规体系,2001 年 7 月 1 日全面实施国Ⅰ标准,2004 年 7 月 1 日全面实施国Ⅱ标准,2007 年 7 月 1 日全面实施国Ⅲ标准,2010 年 7 月 1 日全面实施国Ⅳ标准,2018 年 1 月 1 日全面实施国Ⅴ标准,2020 年 7 月 1 日实施国Ⅵ标准。

2. 发动机的噪声

噪声是对环境的又一污染。发动机工作时产生的噪声主要由气体噪声、燃烧噪声和机械噪声 3 部分组成。如进排气门、风扇和增压器等的气体动力噪声,气缸内的燃烧噪声,机体内的机械噪声(如活塞敲击、配气机构运行、齿轮运转)等。发动机工作时产生的噪声刺激神经,使人心情烦躁、反应迟钝、甚至导致耳聋、高血压和神经系统疾病。国际标准化组织(ISO)提出了保护环境和保护听力的噪声标准,现代发动机噪声已大大超过了允许的值。对此,我国制定了机动车辆允许噪声、中小功率柴油机噪声限值和噪声测试方法的标准,同时从结构机理等方面正在采取诸多措施对噪声加以控制。我国的噪声标准《汽车车内噪声测量方法》(GB/T 18697—2002)中规定:轿车的噪声不大于 79dB(A)。

3. 发动机的起动性能

发动机在一定温度下能可靠起动,且起动迅速,起动功率消耗小,起动磨损少是其起动性能的重要标志。起动性能的好坏直接影响汽车机动性、操作者的安全和劳动强度。我国标准规定,不采用特殊的低温起动措施,汽油在 -10℃、柴油机在 -5℃以下的环境条件下,15s 内能顺利起动并自行运转。

第三节　汽 车 底 盘

汽车底盘一般由传动系统、行驶系统、转向系统和制动系统组成,以适应汽车行驶时行驶速度与所需的牵引力随道路及交通条件的变化;承受外界对汽车的各种作用力(包括重力)以及相应的地面反力;改变汽车行驶方向和保持直线行驶;需要时使行驶的汽车减速;在需要停车时,能使汽车在驾驶员离车情况下在原地(包括斜坡上)停住不动。汽车底盘的技术状态直接影响汽车的使用性能。

一、传动系统

（一）传动系统的功用

传动系统是汽车底盘的重要组成部分，是从发动机到驱动轮之间的一系列传动零部件的总称。

由于活塞式发动机具有转速高、输出转矩变化范围小、不能反转、带负荷启动困难等特性，而汽车车速和驱动力变化范围大、并要求能倒退行驶、平稳起步和停车。为使汽车在不同使用条件下都能正常工作，并获得较好的动力性和经济性，必须设置传动系统，且令其实现的 4 大基本功用：减速增矩、变速变矩、改变方向、平顺离合。

（二）传动系统的组成

传动系统主要由离合器、变速器、万向传动装置及安装在驱动桥中的主减速器、差速器和半轴组成（图 3-30）。

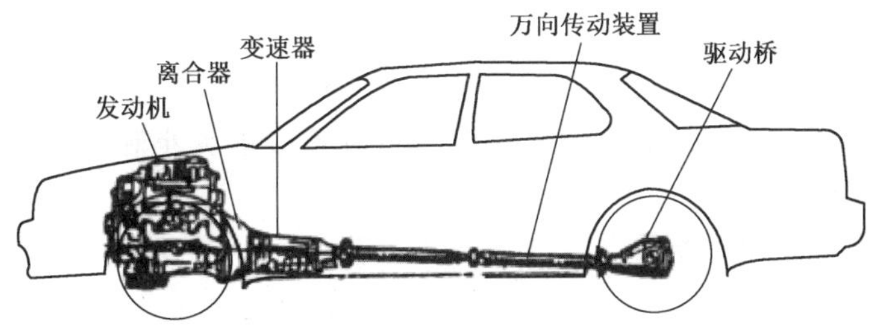

图 3-30　传动系统的组成

1. 离合器

（1）离合器的功用。保证汽车平稳起步；便于换挡；防止传动系统过载；降低扭振冲击。

（2）离合器的类型。离合器的类型很多，主要类型如图 3-31 所示。

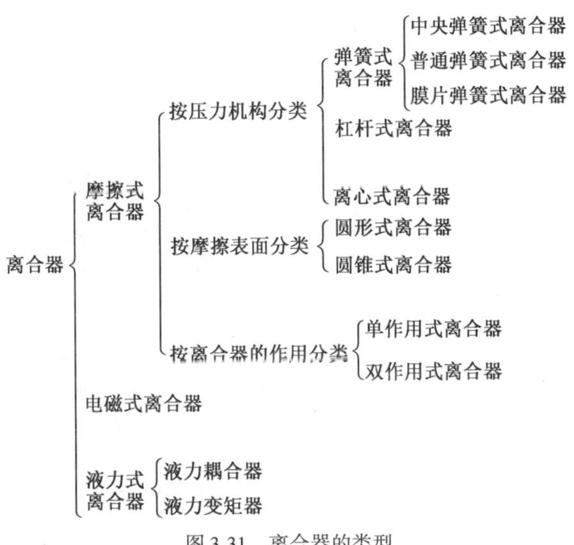

图 3-31　离合器的类型

(3)离合器的组成。离合器主要由主动部分、从动部分、压紧部分和操纵部分组成(图3-32)。

主动部分由装在曲轴上的飞轮和压盘组成。从动部分由双面带摩擦片的从动盘组成。压紧部分由压紧弹簧和离合器盖组成。操纵部分由离合器踏板、分离叉、分离杠杆、分离轴承和分离套筒组成,大型汽车上设有液压助力装置。

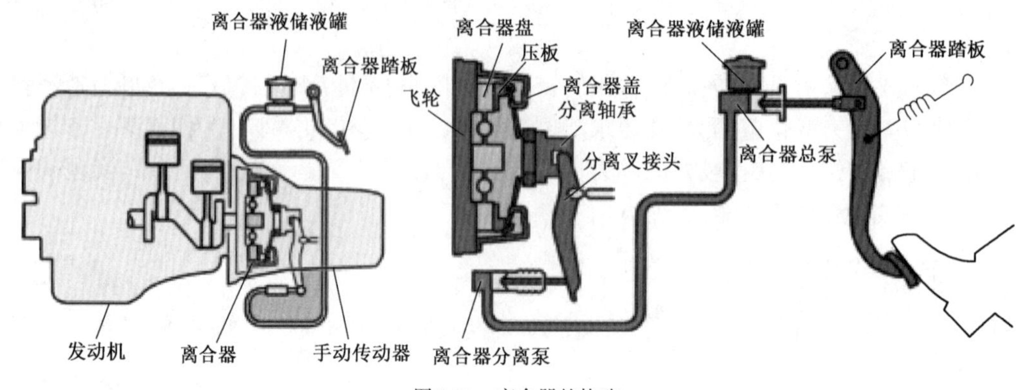

图3-32 离合器的构造

2. 变速器

(1)变速器的功用。在较大范围内改变汽车行驶速度的大小和汽车驱动轮上扭矩的大小;现倒车行驶;实现空档。

(2)变速器的类型。变速器的类型如图3-33所示。

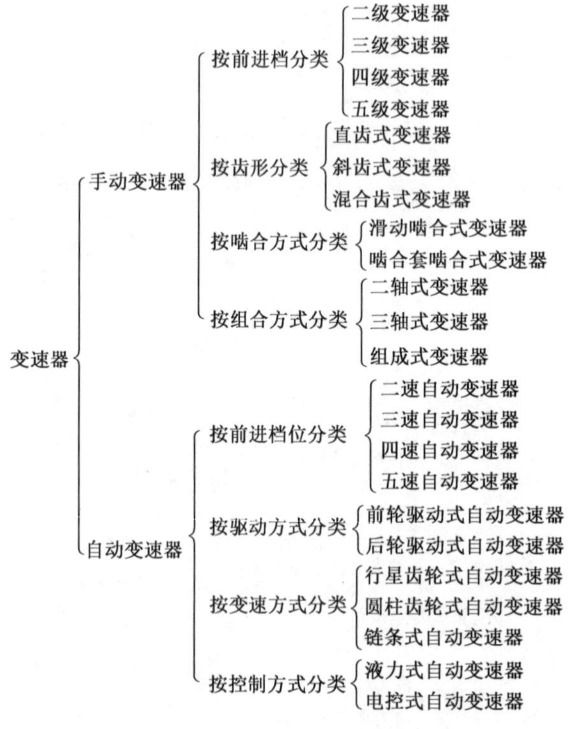

图3-33 变速器的类型

(3)手动变速器的组成。手动变速器主要由输入轴、输出轴、变速机构、换挡操纵机构、同步器等组成(图3-34)。

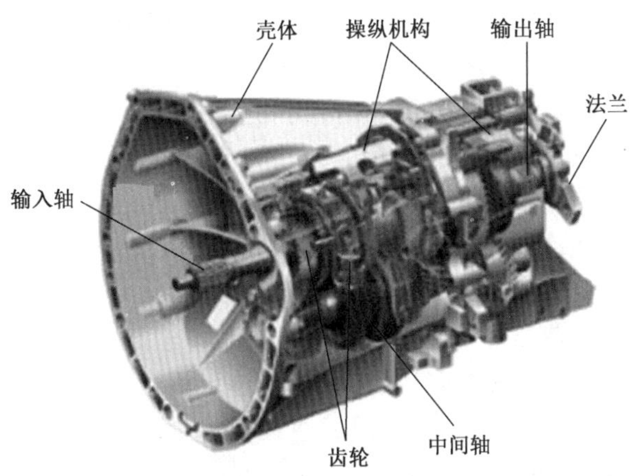

图3-34　手动变速器的组成

变速器输入轴:通过离合器,变速器输入轴和曲轴连接在一起。输入轴的功用是输入动力,输入轴又叫第一轴。

变速器输出轴:变速器输出轴直接和汽车的驱动轴或传动轴连接。输出轴的功用是输出动力,输出轴又叫第二轴。

变速机构:变速器齿轮分别装在变速器的输入轴及输出轴或中间轴上。通过变换齿轮的传动比,使输出轴获得所需要的转速和扭矩。

换挡操纵机构:换挡操纵机构的功用是改变啮合齿轮的组合,实现变速操作的目的。

同步器:同步器的功用是帮助变速齿轮啮合,保证变速操纵平顺。

变速器的结构复杂加工精度高。在各种产品中,很少有像变速器这样的装置,每个零件加工要求都很高。

(4)自动变速器的组成。自动变速器主要由液力变矩器、齿轮变速器、油泵、控制系统(液力式或电液式)等几个部分组成(图3-35)。

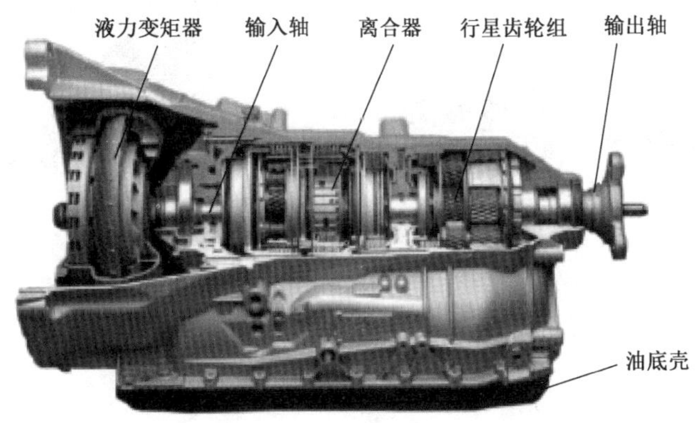

图3-35　自动变速器的组成

液力变矩器:液力变矩器位于自动变速器的最前端,它安装在发动机的飞轮上,其功用与采用手动变速器的汽车中的离合器相似。它利用液力传递的原理,将发动机的动力传给自动变速器的输入轴。此外,它还能实现无级变速,并具有一定的减速增扭功能。

齿轮变速器:齿轮变速器是具有自动变速功能的主要组成部分,它包括齿轮变速机构和换挡执行机构。换挡执行机构可以使齿轮变速机构处于不同的挡位,以实现不同的传动比。大部分自动变速器的齿轮变速机构有4~6个前进挡和1个倒挡。这些挡位与液力变矩器相配合,就可获得由起步至最高车速的整个范围内的无级变速。

油泵:油泵通常安装在液力变矩器之后,由飞轮通过液力变矩器壳直接驱动,为液力变矩器、控制系统及换挡执行机构的工作提供一定压力的液压油。

控制系统:汽车自动变速器的控制系统有液力式和电液式两种。液力式控制系统包括由许多控制阀组成的阀板总成以及液压管路。电液式控制系统除了阀板及液压管之外,还包括电脑、传感器、执行器及控制电路等。阀板总成通常安装在齿轮变速器下方的油底壳内。驾驶员通过自动变速器的操纵手柄改变阀板内的手动阀的位置。控制系统根据手动阀的位置及节气门开度、车速、控制开关的状态等因素,利用液压自动控制原理或电子自动控制原理,按照一定的规律控制齿轮变速器中的换挡执行机构的工作,实现自动换挡。

此外,在自动变速器的外部还设有一个液压油散热器,用于散发自动变速器内的液压油在工作过程中产生的热量。

3. 万向传动装置

(1)万向传动装置的功用。万向转动装置连接两根轴线不重合,而且相对位置经常发生变化的轴,并能可靠地传递动力。

(2)万向传动装置的组成。万向传动装置主要由万向节、传动轴组成,有的装有中间轴承。

前轮驱动乘用车的万向传动装置由球笼式等速万向节和传动轴组成(图3-36)。货车的万向传动装置一般由十字轴刚性万向节和传动轴组成。

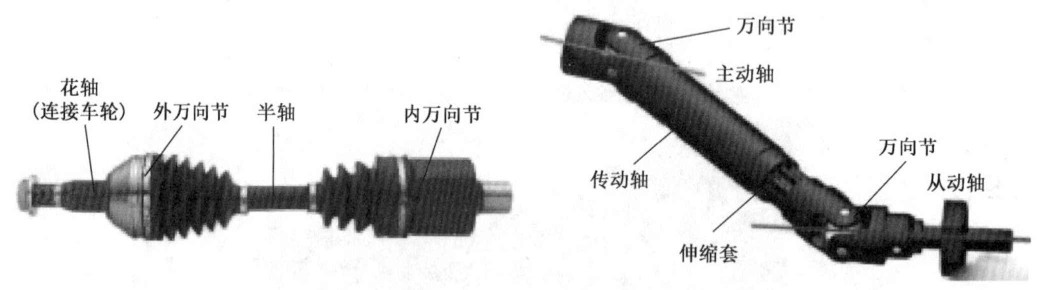

图3-36 万向传动装置

4. 主减速器

(1)主减速器的功用。是将变速器传来的扭矩进一步增大,并降低转速以保证汽车在良好的路面上有足够的驱动力和适当的车速。此外,对于纵置发动机还具有改变扭矩旋转方向的作用。

(2)主减速器的类型。主减速器的类型如图3-37所示。

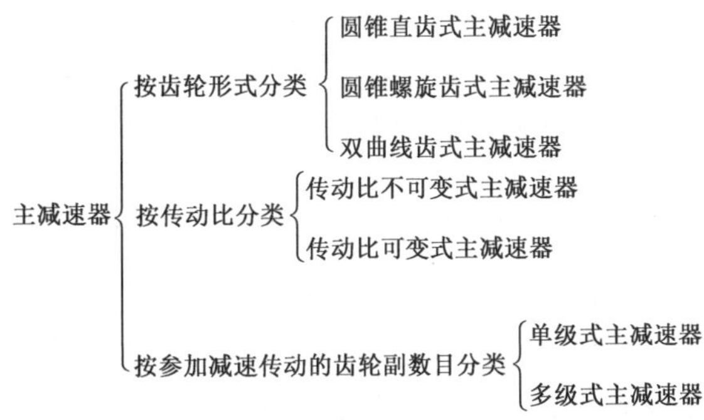

图3-37　主减速器的类型

(3)主减速器的组成。乘用车、轻型货车、中型货车等均采用单级主减速器(图3-38),由一对锥齿轮组合而成,轴承预紧度和主、从动齿轮啮合间隙可通过调速垫片进行调整。

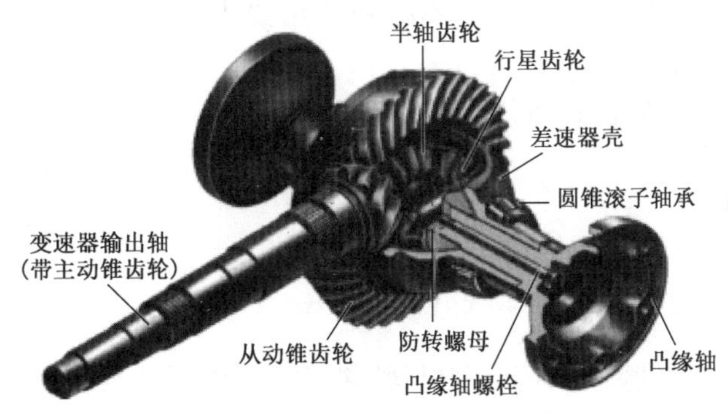

图3-38　主减速器的构造

5. 差速器

(1)差速器的功用。汽车转弯时,由于内、外轮转弯半径不同,使左右驱动轮的转速不相等。差速器的功用就是避免轮胎打滑,使汽车圆滑地转弯。

(2)差速器的组成。差速器主要由四个行星齿轮、行星齿轮轴、两个半轴齿轮和差速器壳等组成(图3-39)。

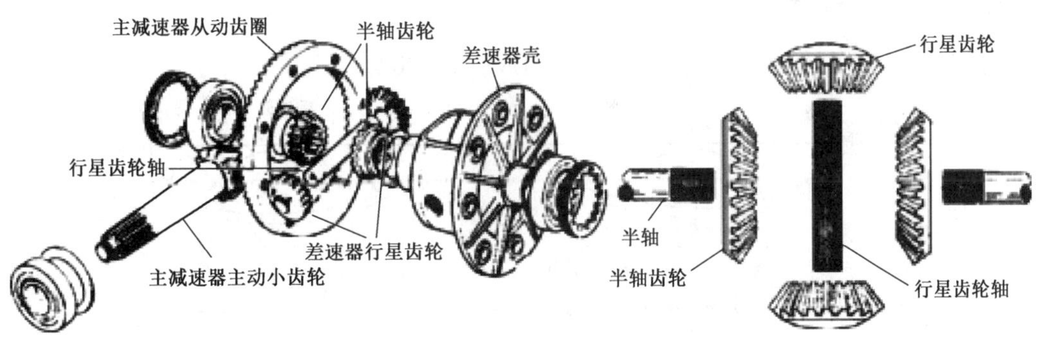

图3-39　差速器的组成

6. 驱动半轴的组成

驱动半轴是差速器与驱动桥之间传递较大转矩的实心轴。其内端一般采用花键与差速器的半轴齿轮连接,外端通过凸缘盘等方式与驱动轮的轮毂相连。半轴结构因驱动桥结构形式不同而异,整体式驱动桥中的半轴为刚性整轴;转向驱动桥和断开式驱动桥中的半轴分段并用万向节连接。

根据半轴与驱动轮的轮毂在桥壳上的支承形式及半轴受力情况的不同,半轴可分为全浮式、半浮式和不浮式。

7. 桥壳的组成

驱动桥壳是汽车传动系统和行走系统的重要组成部分。其功用是用来支承并保护主减速器、差速器和半轴等,并通过悬架或轮毂的安装,使左右驱动轮的相对位置得以固定。同时,与从动桥一道支承车架及其上各部件的质量,承受车轮传来的地面反力和力矩,直至传给车架。

桥壳应具有足够的强度和刚度,在此前提下的质量应尽可能小,应方便主减速器等的装拆和调整。桥壳结构形式在满足装配和使用要求的前提下,还应尽可能使其制造容易。

驱动桥壳可分为整体式桥壳和分段式桥壳两类。

二、行驶系统

(一)行驶系统的功用

行驶系统是指支持汽车并保证其正常行驶的专门装置,其主要功用如下:

(1)将发动机传到驱动轮上的驱动转矩变为推动汽车行驶的驱动力,并使驱动轮的转动变成汽车在地面上的移动。

(2)传递并承受路面作用于车轮上的各向反力及其所形成的力矩。

(3)尽可能缓和不平路面对车身造成的冲击和振动,保证汽车行驶平顺性,且与汽车转向系很好地配合工作,实现汽车行驶方向的正确控制,以保证汽车操纵稳定性。

(4)支承汽车的全部质量。

(二)行驶系统的组成

行驶系统一般由车架、车桥、车轮和悬架组成(图 3-40)。

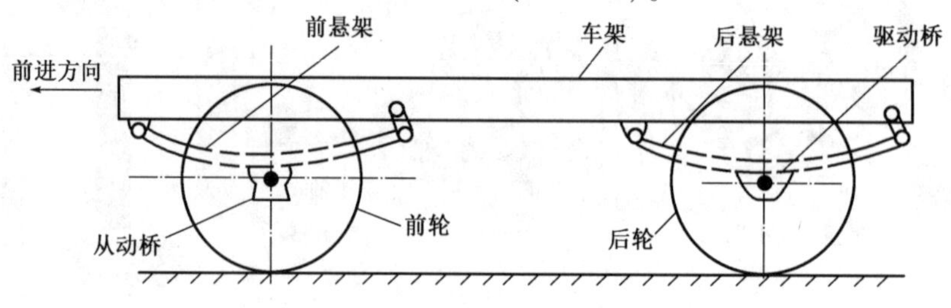

图 3-40 行驶系统的组成

1. 车架

车架是汽车的基础件,其功用是支撑连接汽车的各零部件,并承受来自车内、车外的各种载荷。

汽车车架的结构形式基本上有 3 种:边梁式车架、中梁式车架(或称脊骨式车架)和综合式车架,其中以边梁式车架应用最广。

2. 车桥

用于连接和安装左、右车轮的车轴或车梁等零部件称为车桥,又称车轴。其功用是传递车架(或承载式车身)与车轮之间的各种作用力及其力矩。

车桥可分为转向桥、转向驱动桥、驱动桥和支持桥 4 种类型,转向桥和支持桥为从动桥。汽车均以前桥为转向桥,后桥为驱动桥。驱动桥已在前面叙述过了,支持桥除不能转向外,其他功能和结构与转向桥相同。有少数汽车还采用四轮驱动,则前桥为转向驱动桥。

3. 车轮

(1)车轮的功用。车轮的主要功用是:支承整车;缓和由路面传来的冲击力;通过轮胎同路面间存在的附着作用来产生驱动力和制动力;汽车转弯行驶时产生平衡离心力的侧抗力;保证汽车正常转向行驶的同时,通过车轮产生的自动回正力矩,使汽车保持直线行驶方向;承担越障提高通过性的作用等。

(2)车轮的组成。车轮是介于轮胎和车轴之间所承受负荷的旋转组件,通常由两个主要部件:轮辋和轮辐组成(图 3-41)。轮辋是在车轮上安装和支承轮胎的部件,轮辐是在车轮上介于车轴和轮辋之间的支承部件。车轮除上述部件外,有时还包含轮毂。

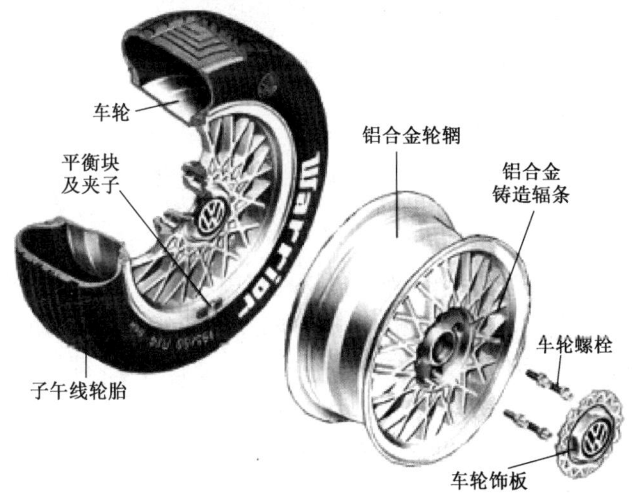

图 3-41　车轮

4. 悬架

(1)悬架的功用。悬架是车架与车桥之间的一切传力装置的总称。悬架的功用是:将车架与车桥(或车轮)弹性连接在一起;传递两者之间的各种作用力和力矩;抑制并减小由于路面不平而引起的振动;保持车身和车轮之间的正确的运动关系;保证汽车的行驶平顺性和操纵稳定性。

(2)悬架的类型。悬架有非独立悬架和独立悬架两大类。非独立悬架的特点是左右车轮安装在一根整体式车桥两端,车桥则通过弹性元件与车架相连。当一侧车轮跳动时,要影响到另一侧车轮,因此也称相关悬架[图3-42a)]。独立悬架则是每一侧车轮单独通过悬架与车架相连,每个车轮能独立上下运动而无相互影响[图3-42b)]。采用独立悬架时,车桥做成断开的。汽车上独立悬架的种类很多,主要有双横臂式、单横臂式、纵臂式、单斜臂式、麦弗逊式、独立式、多连杆式等多种。

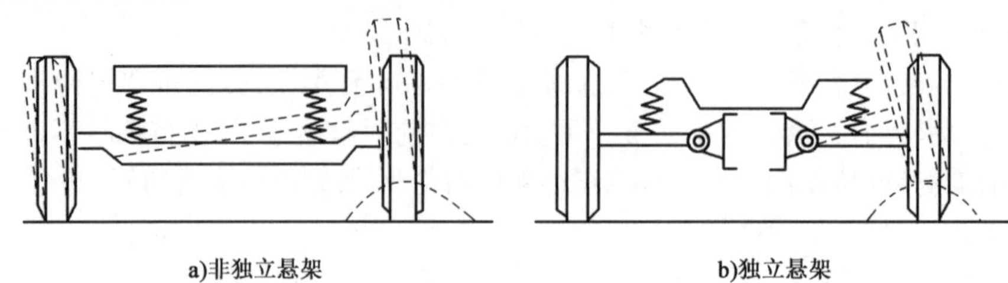

a)非独立悬架　　b)独立悬架

图3-42　悬架的类型

为了突破传统被动悬架的局限区域,使汽车的悬架特性与行驶的道路状况相适应,保证平顺性和操纵性两个相互排斥的性能要求都能得到满足。一些汽车上采用了电控悬架的,电控悬架具有:车高调整、衰减力控制、弹簧刚度控制、侧倾角刚度控制等功能。

三、转向系统

(一)转向系统的功用

转向系的功用是保证汽车能按驾驶人的意志而进行转向行驶,即改变和保持汽车行驶方向。

(二)转向系统的类型与组成

汽车转向系统主要有机械转向系统、助力转向系统,大型汽车一般采用动力转向系统。

1.机械转向系统的组成

机械转向系统以驾驶员的体力作为转向能源,其中所有传力件都是机械的。机械转向系统由转向操纵机构、转向器和转向传动机构三大部分组成,其一般布置情况如图3-43所示。

(1)转向操纵机构。从转向盘到转向传动轴的一系列零部件都属于转向操纵机构,包括转向盘、转向轴等。一些汽车还安装有转向盘调整机构。

(2)转向器。转向器的功用是将转向盘的转动通过传动副变为转向摇臂的摆动,改变力的传递方向并增力、通过转向传动机构拉动转向轮偏转。转向器实质上是一个减速器,用来放大作用在转向盘上的操纵力矩。转向器应有合适的传动比和较高的传动效率,以便操纵省力,使转向盘的转动量合适;它还应具有合适的传动可逆性。这样,当导向轮受到地面冲击作用时,能将地面的作用力部分地反传至转向盘,使驾驶人具有路面感觉,并使导向轮自动回正。

(3)转向传动机构。转向传动机构的功用是将转向器输出地力和运动传到转向桥两侧的转向节,使两侧转向轮偏转,并使两转向轮偏转角按一定关系变化,以保证汽车转向时车轮与地面的相对滑动尽可能小。

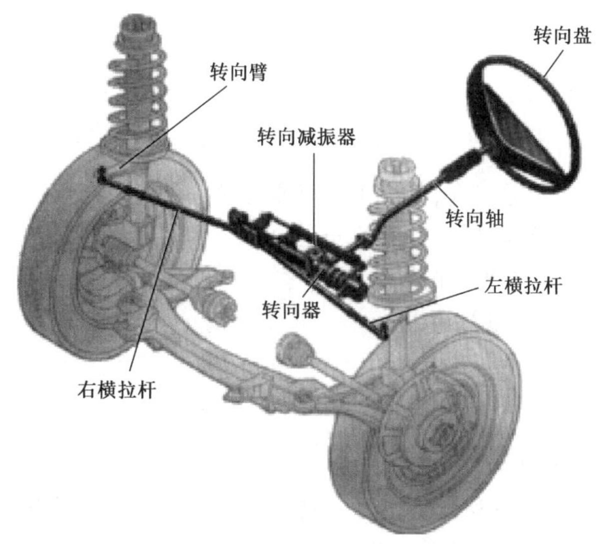

图 3-43 机械转向系统的组成

转向传动机构的组成和布置因转向器位置和转向轮悬架类型不同而异,通常采用转向梯形式和双拉杆式。

2. 助力转向系统的组成

助力转向系统是兼用驾驶员体力和发动机(或电机)动力为转向能源的转向系统。在正常情况下,汽车转向所需能量,只有一小部分由驾驶员提供,而大部分是由发动机(或电机)通过转向动力装置提供的。但在转向助力装置失效时,一般还是应当能由驾驶员独立承担汽车转向任务。因此,助力转向系统是在机械转向系统的基础上加设一套转向加力装置而形成的。

助力转向系统主要有液压助力、电动助力、气压助力等形式。图 3-44 为一种普通液压助力转向系统,其中属于转向助力装置的部件是:转向罐、转向油泵、转向控制阀和转向动力缸。

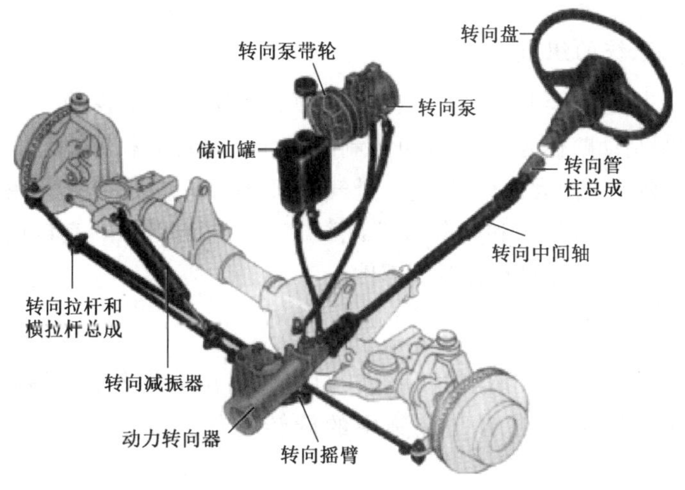

图 3-44 动力转向系统

四、制动系统

(一)制动系统的功用

制动系统的功用如下:

(1)根据道路条件与交通状况,使汽车减速或在最短距离内停车。

(2)下坡行驶时限制车速,保持行驶的安全、稳定。

(3)使汽车可靠地停放原地,保持不动。

(4)协助或实现转向(履带汽车)。

(二)制动系统的组成

1. 液压制动系统的组成

液压制动系统的基本组成和回路如图3-45所示。液压式制动系统主要由制动主缸、制动轮缸、真空助力器、前制器、后制器等组成。

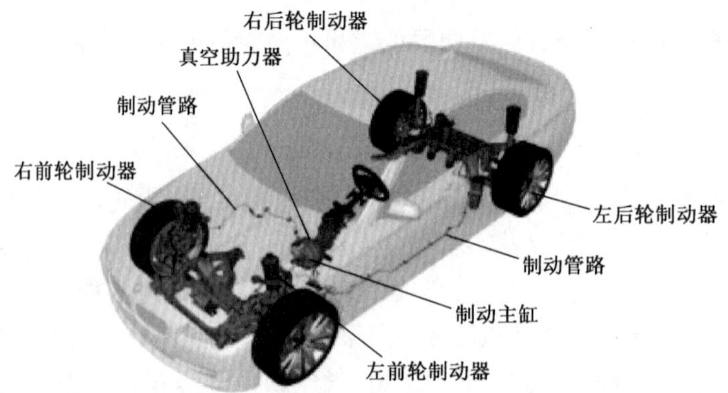

图3-45　液压制动系统的组成

2. 气压式制动系统的组成

气压式制动传动装置是利用压缩空气作为力源的动力式制动装置。驾驶员只需按不同的制动强度要求,控制制动踏板的行程,便可控制制动气压的大小来获得所需要的制动力。

气压制动传动装置由两大部分组成,一是气源部分——它包括空气压缩机、调压机构(卸荷阀和调压阀)、贮气筒、气压表和安全阀等部件;二是控制部分——它包括制动踏板、制动控制阀、控制管路、制动气室、制动灯开关等部件。

3. 车轮制动器的组成

汽车车轮制动器分为鼓式和盘式两种,它们的区别在于前者的摩擦副中旋转元件为制动鼓,其圆柱面为工作表面;后者摩擦副中的旋转元件为圆盘状制动盘,其端面为工作表面。

盘式制动器是由摩擦衬块夹紧制动盘产生制动,鼓式制动器是摩擦片压紧旋转的制动鼓内侧产生制动。两种制动方式都产生大量的摩擦热，制动装置就是把行驶中汽车的动能转换为热能，使汽车减速的装置（图3-46）。

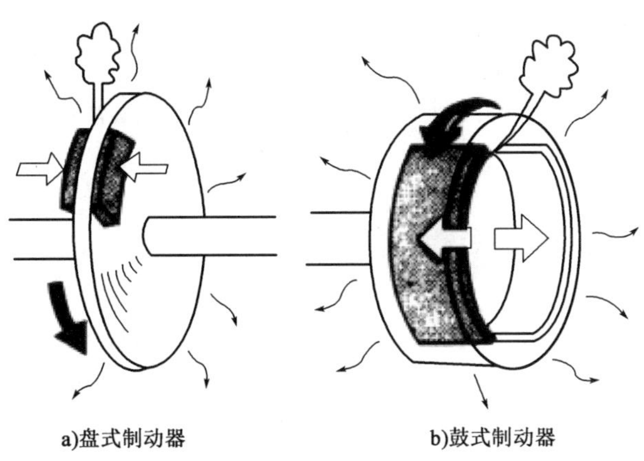

图3-46　制动器的制动原理

4. 驻车制动器

（1）驻车制动器的功用。停驶后防止滑溜；坡道起步；行车制动失效后临时使用或配合行车制动器进行紧急制动。

（2）驻车制动器的组成。驻车制动器有两种形式，一种是安装在变速器或分动器后，称为中央制动器（图3-47）；另一种是利用后桥的行车制动器兼充驻车制动器。电动驻车制动系统（EPB）是传统手刹的升级，它利用电子控制单元（ECU）控制电动机夹紧或松开制动器（通常作用在后轮），用驻车按钮或开关（通常标有P）代替了驻车手柄和拉索。

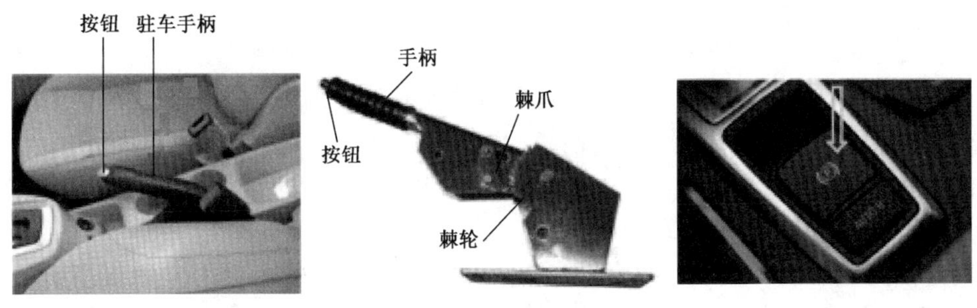

图3-47　驻车制动器

第四节　汽车车身

一、车身的功用与分类

（一）车身的功用

汽车车身既是驾驶员的工作场所，也是容纳乘客和货物的场所。车身的主要功用有：

(1)车身应对驾驶员提供便利的工作环境,对乘员提供舒适的乘坐条件,保护他们免受汽车行驶时的振动、噪声、废气的侵袭以及外界恶劣气候影响。

(2)安全、可靠的容纳客、货,以及保护客、货免受风、沙、雨、雪等侵袭和恶劣气候影响,应保证完好无损地运载货物且装卸方便。

(3)车身应保证汽车具有合理的外部形状,在汽车行驶时能有效地引导周围的气流,减少空气阻力,从而提高汽车的动力性、燃油经济性和行驶稳定性,并改善发动机的冷却条件和室内通风。

(4)汽车车身上的一些结构措施和装备应有助于安全行车和减轻车祸等严重事故的后果。

(5)有助于提高汽车的行驶稳定性和改善发动机的冷却条件。

(二)车身的类型

1. 按照承载形式不同分

可分为:承载式车身和非承载式车身两大类(图3-48)。

a)承载式车身　　b)非承载式车身

图3-48　按承载形式分类的车身

(1)承载式车身。承载式车身的结构特点是没有车架。车身由底板、骨架、内蒙皮和外蒙皮、车顶等组焊成刚性框架结构,整个车身构件全部参与承载,所以称之为承载式车身。由于无车架,因此也称之为无车架式车身。

对承载式车身而言,由于整个车身都参与承载,强度条件好,因此可以减轻车身的自重。因无须车架,车室内空间可增大,地板高度可降低,整车的高度也可下降,有利于提高乘用车的行驶稳定性和上、下车的方便性。

(2)非承载式车身。非承载式车身的结构特点是有独立的车架,所以也称车架式车身。

车身用弹簧或橡胶垫弹性地固定在车架上面,底盘总成如传动、驱动、转向以及发动机总成等也安装在车架上。安装和承载的主体是车架。车身只承受所载人员和行李的重力。

对于非承载式车身,其发动机和底盘总成直接安装在车架上,然后与车身组装成一体,这对车身的改型和改装带来了方便。而且,车身的维修也比较方便。

由于非承载式车身只承受人和行李的策略,不参与承载,所以整车质量和尺寸增大了。这对整车的动力性和燃油经济性以及行驶稳定性有不利的影响。

2. 按照汽车用途不同分

可分为：乘用车车身、客车车身、载货汽车车身等几大类。

二、车身的结构参数

汽车的结构参数是指汽车外形结构相关的参数，主要有：外廓尺寸、轴距、轮距、前悬、后悬、车门数、座位数、行李箱容积、油箱容积等(图3-49)。

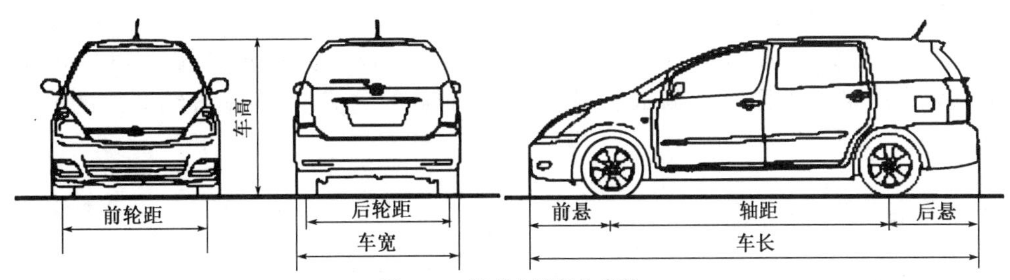

图3-49　汽车主要结构参数

(一)汽车外廓尺寸

包括汽车的长、宽、高。

1. 汽车长度

是指汽车长度方向两极端点间的距离。在测量长度时不包括汽车牌照但包括汽车牌照架，保险杠的长度一般计算在内。

2. 汽车宽度

是指汽车宽度方向两极端点间的距离。在测量车宽的时候，是过汽车两侧固定突出部位(但不包括后视镜，侧面标志灯，示位灯，转向指示灯，挠性挡泥板，折叠式踏板，防滑链以及轮胎与地面接触变形部分)。

3. 汽车高度

是指汽车最高点至地面间的距离。在测量车高时，轮胎气压应符合设计要求，并且空载。

(二)轴距

汽车的轴距是同侧相邻前后两个车轮的中心点间的距离，即：从前轮中心点到后轮中心点之间的距离，就是前轮轴与后轮轴之间的距离，简称轴距，单位为毫米(mm)。

轴距是反映一辆汽车内部空间最重要的参数，根据轴距的大小，国际通用的把轿车分为：微型车(轴距在2400mm以下)、小型车(轴距在2400～2550mm之间)、紧凑型车(轴距在2550～2700mm之间)、中型车(轴距在2700～2850mm之间)、中大型车(轴距在2850～3000mm之间)、豪华车(轴距在3000mm以上)。

(三)轮距

轮距分为前轮距和后轮距。是指同一车桥左右轮胎胎面中心线间的距离,通常单位为毫米(mm),较宽的轮距有更好横向的稳定性与较佳的操纵性能。车轮着地位置越宽大的车型,其行驶的稳定度越好,因此越野车的轮距都比一般轿车车型的要宽。

(四)前悬

是指汽车最前端至前轴中心的距离。前悬的长度应足以固定和安装发动机、散热器、转向器等。但也不宜过长,否则汽车的接近角过小,上坡时容易发生触头现象,影响汽车的通过性。近年为了满足严格的正面撞击测试法规,有加长前悬的趋势,目的是容纳车架的撞击缓冲结构。

(五)汽车后悬

是指汽车最后端至后轴中心的距离。后悬的长度主要决定于车厢的长度、轴距和轴荷分配的情况。后悬不宜过长,否则,离去角偏小转弯也不灵活。所以,我国规定,客车及封闭式汽车的后悬,不得超过轴距的65%;其他车辆后悬不得超过轴距的55%。

(六)车门数

车门数通常指的是汽车车身上供乘员进出的侧门数量。这项参数可作为汽车用途的标志,普通的三厢轿车一般都是四门,一些运动型轿车有很多是两门,少数豪华车有六门设计的。一般的两厢轿车,SUV 和 MPV 都是五门的(后门为掀起式),也有一些运动型两厢车为三门设计。

(七)座位数

座位数指的是汽车内含司机在内的座位,一般轿车为五座:前排座椅是两个独立的座椅,后排座椅一般是长条座椅。一些豪华轿车后排则是两个独立的座椅,所以为四座。某些跑车则只有前排座椅,所以为两座。商务车和部分越野车则配有第三排座椅,所以为六座或七座。

(八)行李箱容积

行李箱也叫后备厢,行李箱容积的大小衡量一款车携带行李或其他备用物品多少的能力,单位通常为升(L)。越野车和商务车行李箱都比较大,而一些跑车、新能源汽车由于造型设计原因,行李箱则比较小。

(九)油箱容积

油箱容积是指一辆车能够携带燃油的体积,通常单位为升(L)。一般油箱容积与该车的油耗有直接的关系,一般一辆车一箱油都能行驶500km以上,比如百公里10升的车,油箱容积都在60升左右!每个车型的油箱容积是不同的,同类车型不同品牌的车油箱容积也不相同,这个是由各生产厂家决定。

三、汽车的行驶参数

行驶参数是指保证汽车在坡道、涉水、转弯、崎岖路面、高速等工况下能安全行驶的车身参数，主要有：最小离地间距、最小转弯直径、接近角、离去角、通过角、爬坡角度、最大涉水深度、风阻系数等(图 3-50)。

图 3-50　与行驶有关的车身参数

(一)最小离地间距

汽车最小离地间隙是指汽车满载时，最低点至地面的距离。就是指地面与汽车底部刚性物体之间的距离。

(二)最小转弯直径

汽车最小转弯直径是指当转向盘转到极限位置，汽车以最低稳定车速转向行驶时，外侧转向轮的中心平面在支撑平面上滚过的轨迹圆直径，通常单位为米(m)。最小转弯直径是表明汽车转弯性能灵活与否的参数，由于转向轮的左右极限转角一般有所不同，因此有左转弯直径和右转弯直径。

(三)接近角

接近角是指在汽车空载静止时，汽车前端突出点向前轮所引切线与地面的夹角。即水平面余切于前轮轮胎外缘(静载)的平面之间的最大夹角，通常单位为度(°)，前轴前面任何固定在汽车上的刚性部件不得在此平面的下方。

(四)离去角

离去角是指汽车空载静止时，自车身后端突出点向后车轮引切线与路面之间的夹角，即是水平面余切于汽车最后端车轮轮胎外缘(静载)的平面之间的最大夹角，通常单位为度(°)。位于最后车轮后面的任何固定在汽车上的刚性部件不得在此平面的下方。它表征了汽车离开障碍物(如小丘、沟洼地等)时，不发生碰撞的能力。离去角越大，则汽车的通过性越好。

(五)通过角

通过角是指汽车空载、静止时,分别通过前、后车轮外缘做切线交于车体下部较低部位所形成的最小锐角,通常单位为度(°)。

(六)爬坡角度

爬坡度角是指汽车满载时在良好路面上用第一档克服的最大坡度角,最大爬坡度是指汽车满载时在良好路面上用最低挡所能克服的最大坡度。

(七)最大涉水深度

最大涉水深度是指汽车所能通过的最深水域,也是安全深度,通常单位为毫米(mm),这是评价汽车越野通过性的重要指标之一。

(八)风阻系数

空气阻力系数,又称风阻系数,是计算汽车空气阻力的一个重要系数。风阻系数可以通过风洞测得。一辆车的风阻系数是固定的,根据风阻系数即可算出汽车在各种速度下所受的阻力。一般汽车的风阻系数在0.30~0.50之间,系数越小,说明风阻越小。

四、汽车的质量参数

整车质量参数包括:汽车整备质量、汽车最大装载质量、汽车额定总质量、汽车轴荷分配。

(一)汽车整备质量

汽车整备质量又称为空车质量,是指按出厂技术条件汽车装备齐全,即冷却液、机油、燃油、备胎、必要的随车工具等均按要求装好的情况下,未载人、装货时汽车整车的质量。

(二)汽车最大装载质量

汽车在硬质良好路面上行驶时,所允许的额定装载质量,驾驶员质量包括在内。对运营汽车来说,最大装载质量直接关系到汽车在运营中的效益。

(三)汽车额定总质量

汽车整备质量与最大装载质量之和就是汽车额定总质量。通常行驶条件下,汽车的实际质量介于整备质量与额定总质量之间。

(四)汽车轴荷分配

资料中常常分别给出前轴、后轴承受的重量,有的还分别按空载和满载给出。前、后轴负荷的情况对汽车的动力性、操纵稳定性、制动性等都有显著影响。

第五节　汽车电气设备

一、汽车电气设备的含义

汽车电气设备包括汽车电气设备和汽车电子设备。

(一)汽车电气设备的含义

电气设备泛指所有用电的器具,主要是指用于对电路进行接通、分断,对电路参数进行变换,以实现对电路或用电设备的控制、调节、切换、检测和保护等作用的电工装置、设备和元件。

从汽车来讲,主要是指汽车上为行驶安全、方便舒适而提供的基本用电设备,如发电机、照明装置、信号装置、仪表、鼓风机、启动机、电动后视镜、电动天窗、电动车窗、各类开关、各类继电器、各类熔断器、各类断路器等。

(二)汽车电子设备的含义

汽车的电子设备是指由传感器、电子控制单元、执行器组成的各类电子控制系统。如安全气囊、随动转向大灯、自动泊车系统、防盗系统、导航系统、电控空调、电控座椅、自适应巡航系统、倒车雷达、电控雨刮器、中控门锁、疲劳驾驶系统、车身稳定控制系统、车道偏离预警系统、自动驻车、自适应巡航、无钥匙进入系统、无钥匙启动系统、抬头数字显示系统、行车记录仪等。

由此可以看出,电气设备是没有计算机控制功能的,虽然很多电器设备采用了许多电子元件、集成电路进行电器控制,但不能进行信息储存、运算、智能控制,所以,仍然属于电气设备。而电子设备需要采用计算机进行控制,用一定的控制算法,即软件来实现控制过程。电子设备除了涉及电气设备的基本知识之外,还涉及传感器技术、单片机技术、控制原理、计算机语言、接口技术、总线技术等,所以其构造原理、控制策略更能理解。

汽车一些电器设备为了提高其使用性能或控制精度,若采用计算机技术就升级为电子设备。如传统的晶体管点火系统可看成电气设备,而采用计算机控制的点火系统就可看成为电子设备;再如,大灯一般看成电气设备,而新型的大灯可自动调节灯光亮度和照射方向可转向角度而随动变化,这样的大灯系统就是一个电子设备。

二、汽车电气设备的组成

汽车上所装电气设备虽然种类繁多功能各异,但按其功能可分为电源、用电设备、检测装置和配电装置等 4 部分(图 3-51)。

(一)电源

电源包括蓄电池和发电机。

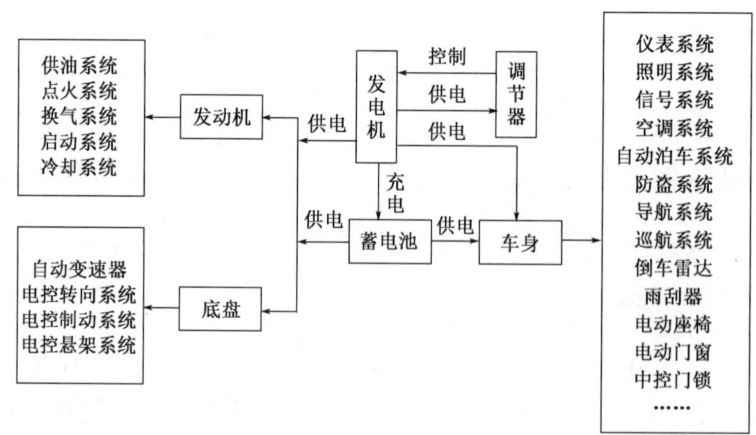

图3-51　汽车电气设备的组成

1.蓄电池

起动发动机时,蓄电池是汽车上供给启动机电流的唯一电源。当发电机不工作或转速较低,其电压低于蓄电池时,由蓄电池向全车用电设备供电;当用电设备接入较多时,可协助发电机向外供电。

2.发电机

当发电机达到一定转速,其电压高于蓄电池电压时,发电机向全车用电设备(启动机除外)供电,并向蓄电池充电。它是汽车运行中的主要电源。为使各种汽车电器都能稳定工作,三相交流发电机必须设置电压调节器,以使电压维持在某一允许的相对稳定的范围之内。

(二)用电设备

为了进一步提高汽车的动力性、经济性、安全性、舒适性、排放性等功能,汽车上的用电设备越来越多,可分为发动机、底盘、车身三大用电设备,各用电设备的用电零件见表3-11。

汽车用电设备的类型　　表3-11

用电部件	用电系统	主要用电零件
发动机	供油系统	发动机转速、加速踏板位置、冷却液温度、节气门开度、氧、进气温度、空气流量等传感器;发动机控制单元;喷油器、燃油泵、节气门电机等执行器
	点火系统	点火开关、点火线圈、分电器、火花塞、电容器、上止点位置传感器
	换气系统	进气温度传感器、可变进气装置、排气温度传感器、控制阀
	启动系统	点火开关、启动机、启动继电器
	冷却系统	散热器电子扇总成、散热器水温传感器、温控开关
	润滑系统	机油压力传感器
底盘	自动变速器	输入轴转速传感器、输出轴转速传感器、油温传感器、挡位开关、换挡电磁阀、变矩器锁止电磁阀、油压电磁阀、变速控制单元等
	电控转向系统	方向盘转矩传感器、转向电动机、电磁离合器、转向电子控制单元

续上表

用电部件	用电系统	主要用电零件
底盘	电控制动系统	轮速传感器、制动压力调节器、制动警告灯、制动电子控制单元
	电控悬架系统	车高传感器、排气电磁阀、高度控制阀、减振器电机、电控悬架电子控制单元等
车身	照明系统	前照灯、雾灯、牌照灯、仪表灯 、顶灯、工作灯等
	信号系统	转向信号灯、危险报警灯、示宽灯、尾灯、制动灯 、倒车灯、喇叭等
	空调系统	车内温度传感器、车外温度传感器、蒸发器温度传感器、日照强度传感器、冷凝器风扇电机、鼓风机电机、风门电机、压缩器电磁离合器、空调电子控制单元
	自动泊车系统	汽车位置传感器、摄像头、转向电机、自动泊车电子控制单元
	防盗系统	点火开关感应线圈、遥控器、报警装置、防盗电子控制单元
	导航系统	卫星接收装置、数字地图、显示器、导航电子控制单元
	巡航系统	巡航控制开关、地磁传感器、偏航传感器、激光雷达、巡航电子控制单元
	倒车雷达	超声波距离传感器、倒车显示器(或蜂鸣器)、倒车电子控制单元
	雨刮器	雨刮设置开关、雨量传感器、雨刮器电动机、雨刮电子控制单元
	电动座椅	座椅设置开关、座椅电动机、座椅电子控制单元
	电动门窗(天窗)	门窗开关、天窗开关、门窗电动机、天窗电动机、门窗电子控制单元
	中控门锁	门锁开关、门锁电动机、门锁继电器、门锁电子控制单元
	疲劳驾驶系统	头部位置传感器、头部摄像头、报警装置、疲劳驾驶电子控制单元
	车身稳定控制系统	轮速传感器、方向盘转角传感器、侧向加速度传感器、横摆角速度传感器、制动主缸压力传感器、车身稳定控制电子控制单元
	车道偏离预警系统	车载传感器、障碍物传感器(摄像机)、声音报警设备、车道偏离预警电子控制单元
	自动驻车	离合器距离传感器、离合器捏合速度传感器、油门踏板传感器、坡度传感器
	自适应巡航	车距传感器、轮速传感器、节气门电机、自适应巡航电子控制单元
	无钥匙进入系统	RFID 无线射频器、汽车身份编码识别器、射频天线、智能钥匙(智能卡)、无钥匙电子控制单元
	安全气囊	碰撞传感器、车速传感器、点火器、安全气囊电子控制单元
	其他设备	抬头数字显示系统、行车记录仪、总线、各种开关、各种继电器、各种保险丝等

(三)检测装置

用来监视发动机、底盘和车身各部件的工作情况,包括各种电器检测仪表,如电流表、电压表、机油压力表、温度表、燃油表、车速里程表、发动机转速表等,各种故障报警灯,如发动机、变速箱、制动、转向、安全气囊、空调、巡航、车身稳定等故障报警灯或指示灯。

(四)配电装置

用来计量和控制电能的分配装置。包括中央配电盒、电路开关、熔断器(保险丝)、插接件和导线、总线等。

三、汽车电气设备的特点

(一)低压

汽车电系的标称电压一般有12V和24V两种系统。汽油车、轻型柴油车普遍采用12V系统,重型柴油车一般采用24V系统。汽车运行中发电机的额定电压均大于标称电压,一般12V系统的额定电压为14V,24V系统的额定电压为28V。

随着汽车车载电器和电子设备用电功率的持续增加,现有车载供电系统提供的功率也可能满足不了实际需要,汽车供电系统的供电电压有可能提高到42V,或42V/14V或42V/28V混合使用。

(二)直流

汽车发动机是靠电力启动机启动的,直流串激式电动机必须由蓄电池供给直流电,而向蓄电池充电又必须用直流电,所以汽车电系为直流系统。这主要是从蓄电池充电来考虑的。

(三)单线并联

电源到用电设备只用一根导线连接,而用金属机件作为另一根公共回路线的连接方式称单线制。由于单线制节省导线,线路简化清晰,安装和检修方便,且电器机件也不需要与车体绝缘,因此广为现代汽车所采用。

汽车上所有用电设备都是并联于电源的。汽车在使用中,当某一支路用电设备损坏时,并不影响其他支路用电设备的正常工作。但是在特殊情况下,有时也需采用双线制。

(四)负极搭铁

采用单线制式蓄电池的一个电极需接至汽车车架上,俗称“搭铁”。蓄电池的负极接车架或机架就称之为负极搭铁,反之则为正极搭铁,汽车均采用负极搭铁。

第六节　新能源汽车

按照国家规定中,新能源汽车分为:纯电动汽车、插电式混合动力(含增程式)汽车和燃料电池电动汽车三大类型。

一、纯电动汽车

(一)纯电动汽车的含义与特点

1.纯电动汽车的含义

纯电动汽车(BEV)是指由车载可充电蓄电池或其他能量储存装置提供电能、由电机驱动的汽车。其采用单一蓄电池作为储能动力源,利用蓄电池作为储能动力源,通过电池向电动机提供电能,驱动电动机运转,从而推动汽车行驶。

增程式电动汽车是一种配有地面充电和车载供电功能的纯电驱动的电动汽车,其运行模式可以根据需要处于纯电动模式、增程模式或混合动力模式,具有纯电动汽车和混合动力电动汽车的特征。相比于普通混合动力汽车,增程式增加了从外部电源充电的功能。

2. 纯电动汽车的特点

由于其只靠车载电源为动力,没有传统发动机等部件,因此,纯电动汽车具有以下特点:

(1)无污染,噪声低。

(2)能源效率高,多样化。电动汽车停止时不消耗电量,在制动过程中,电动机可自动转化为发电机,实现制动减速时能量的再利用。有效地减少对石油资源的依赖。电力由煤炭、天然气、水力、核能、太阳能、风力、潮汐等能源转化。夜间充电避开用电高峰,利于电网均衡负荷。

(3)结构简单,使用维修方便。结构简单,运转、传动部件少,维修保养工作量小,当采用交流感应电动机时,电动机无须保养维护,更重要的是电动汽车易操纵。

(4)动力电源使用成本高,续驶里程短。目前电动汽车尚不如内燃机汽车技术完善,尤其是动力电池的寿命短,使用成本高。电池的储能量小,一次充电后行驶里程不理想,电动车的价格较贵。但随着电动汽车技术的发展,电动汽车存在的缺点会逐步得到解决。

(二)纯电动汽车的结构

纯电动汽车主要由电力驱动系统、底盘、车身和电气四大部分组成,取消了发动机。电力驱动系统由电力驱动模块、车载电源模块和辅助模块三大部分组成(图3-52)。

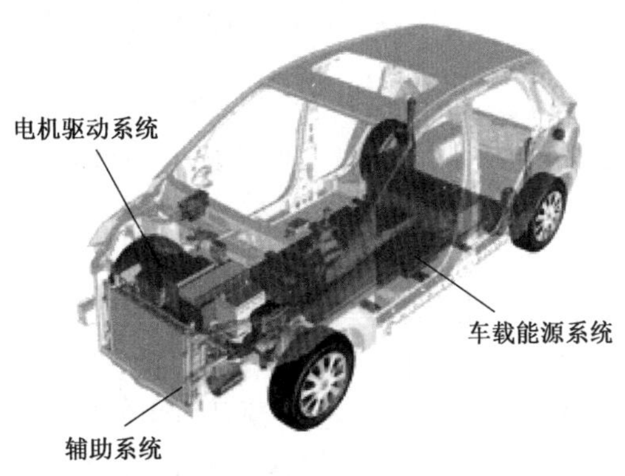

图3-52　纯电动汽车的电力驱动系统

1. 电力驱动主模块

(1)功用。电力驱动主模块主要作用是将蓄电池中的电能高效地转化为动能,并能够在汽车减速制动时,将车轮的动能转化为电能充入蓄电池。

(2)组成。主要包括中央控制单元、驱动电机控制器、驱动电机、机械传动装置、车轮等组件。

中央控制单元根据踏板输入信号,向驱动电机控制器发出指令,对驱动电机进行启动、加速、减速、制动控制。

驱动电机控制器按照按中央控制单元指令和驱动电机速度、电流的反馈信号,对驱动电机的速度、驱动转矩和旋转方向进行控制。驱动电机控制器必须和驱动电机配套使用。

驱动电机本身承担着电驱动和发电的双重功能。电动汽车的驱动电机可分为直流驱动电机、无刷直流驱动电机、异步驱动电机、永磁同步驱动电机和开关磁阻驱动电机等,目前,电动汽车主要应用后三种驱动电机。

2. 车载电源模块

(1)功用。车载电源模块主要作用是向驱动电机提供驱动电能、监测电源使用情况以及控制充电机向动力电池充电。

(2)组成。主要包括动力电池、能量管理系统、充电控制器等组件。

动力电池为电动汽车提供动力来源的电源,其主要区别于用于汽车发动机起动的启动电池,多采用锂离子电池(如磷酸铁锂电池、三元锂电池等)。从新能源汽车的成本构成看,电力驱动系统占据了新能源汽车成本的30% ~45%,而动力锂电池又占据电力驱动系统约75% ~85%的成本构成。动力电池体积大、重量重,通常放在汽车底部、后备舱下方(图3-53)。

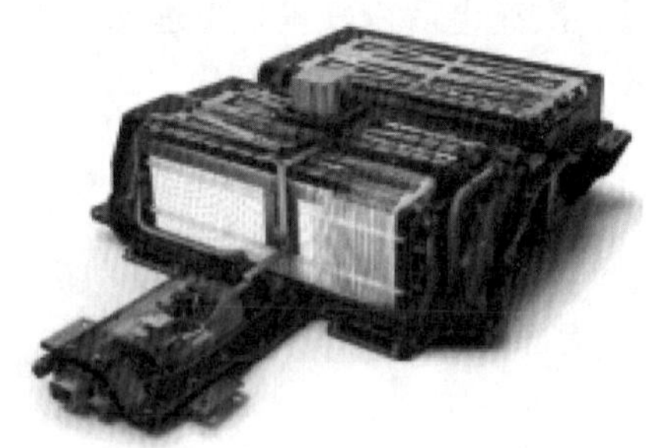

图3-53　汽车动力电池

能量管理系统(EMS)主要是指动力电池管理系统。能量管理系统具有从电动汽车各子系统采集运行数据,控制完成动力电池的充电、显示动力电池的荷电状态(SOC)、预测剩余行驶里程、监控电池的状态、调节车内温度、调节车灯亮度以及回收再生制动能量、为动力电池充电等功能。能量管理系统(EMS)的核心问题是SOC预估问题,准确和可靠获得电池SOC是电池管理系统中最基本和最首要的任务,在此基础上才能进行其他管理,特别是防止动力电池过充及过放。能量管理系统(EMS)的另一个核心问题是再生制动能量回收技术,即电动汽车在减速制动(刹车或者下坡)时将汽车的部分动能转化为电能,转化的电能储存在储存装置中,如各种动力电池、超级电容和超高速飞轮,最终增加电动汽车的续驶里程。

充电控制器是车内充电装置的专用部件,仅用于具有交流充电(慢充)功能的电动汽车。车载充电器是将充电桩的220V交流电转化为动力电池的直流电,实现动力电池电量的补给。

3. 辅助模块

辅助模块包括辅助动力源、辅助装置等。

辅助动力源主要由辅助电源和DC/DC功率转换器组成,功用是供给电动汽车其他各种辅助装置所需要的动力电源,一般为12V或24V的直流低压电源,它主要给动力转向、制动力调节控制、照明、空调、电动窗门等各种辅助装置提供所需的能源。

辅助装置主要有照明、各种声光信号装置、车载音箱设备、空调、刮水器、风窗除霜清洗器、电动门窗、电控玻璃升降器、电控后视镜调节器、电动座椅调节器、车身安全防护装置控制器等。

二、混合动力汽车

(一)混合动力汽车的含义

混合动力汽车是指能够从至少两类车载储能装置(如热动力源:传统的汽油机或柴油机,电动力源:电池与电动机)中获得动力的汽车。其驱动系统由两个或多个能同时运转的单个驱动系统联合组成,汽车的行驶功率依据实际的汽车行驶状态由单个驱动系统或多个驱动系统共同提供。

(二)混合动力汽车的类型

混合动力汽车的分类方法有很多,主要分类见表3-12。

混合动力汽车的不同分类 表3-12

分类方法	种类	说明
按照动力系统结构形式(混合动力汽车零部件的种类、数量和连接关系)划分	串联式混合动力汽车(SHEV)	指行驶系统的驱动力只来源于电机的混合动力汽车。其结构特点是发动机带动发电机发电,电能通过电机控制器输送给电机,由电机驱动汽车行驶。另外,动力电池也可以单独向电机提供电能驱动汽车行驶
	并联式混合动力汽车(PHEV)	指行驶系统的驱动力由电机及发动机同时或单独供给的混合动力汽车。其结构特点是并联式驱动系统可以单独使用发动机或电机作为动力源,也可以同时使用电机和发动机作为动力源驱动汽车行驶
	混联式混合动力汽车(PSHEV)	指具备串联式和并联式两种混合动力系统结构的混合动力汽车。其结构特点是可以在串联混合模式下工作,也可以在并联混合模式下工作,同时兼顾了串联式和并联式的特点
按照混合度划分(按照电机相对于燃油发动机的功率大小)	重度混合(强混合)型混合动力汽车	指以发动机或电机为动力源,且电机可以独立驱动车辆行驶的混合动力汽车。一般情况下,电机的峰值功率和发动机的额定功率比大于40%
	中度混合型混合动力汽车	指以发动机或电机为动力源的混合动力汽车。一般情况下,电机的峰值功率和发动机的额定功率比为15%~40%
	轻度混合(弱混合)型混合动力汽车	指以发动机为主要动力源,电机作为辅助动力,在汽车加速和爬坡时,电机可向汽车行驶系统提供辅助驱动力矩,但不能单独驱动汽车行驶的混合动力汽车。一般情况下,电机的峰值功率和发动机的额定功率比为5%~15%
	微混合型混合动力汽车	指以发动机为主要动力源,不具备纯电动行驶模式的混合动力汽车只具备停车怠速停机功能的汽车是一种典型的微混合模式混合动力汽车。一般情况下,电机的峰值功率和发动机的额定功率比小于或等于5%
按照外接充电能力划分(按照是否能够外接充电)	可外接充电型混合动力汽车	是一种被设计成可以使用外部电源(如电网)对车载动力电池进行充电的混合动力汽车
	不可外接充电型混合动力汽车	是一种被设计成在正常使用情况下从车载燃料中获取全部能量的混合动力汽车

续上表

分类方法	种类	说明
按照行驶模式的选择方式划分	有手动选择功能的混合动力汽车	指具备行驶模式手动选择功能的混合动力汽车,汽车可选择的行驶模式包括热机模式、纯电动模式和混合动力模式3种
	无手动选择功能的混合动力汽车	指不具备行驶模式手动选择功能的混合动力汽车,汽车的行驶模式根据不同工况自动切换
按照汽车用途划分	混合动力电动乘用车	是指发动机、电机为双动力的乘用车
	混合动力电动客车	是指发动机、电机为双动力的客车
	混合动力电动货车	是指发动机、电机为双动力的货车
按照与发动机混合的可再充电能量储存系统划分	动力蓄电池式混合动力汽车	是指以动力蓄电池为电源的混合动力汽车
	超级电容器式混合动力汽车	是指以超级电容为电源的混合动力汽车
	机电飞轮式混合动力汽车	是指以机电飞轮式为电源的混合动力汽车
	动力蓄电池与超级电容器组合式混合动力汽车	是指以动力蓄电池、超级电容器为双电源的混合动力汽车

(三)混合动力汽车的结构原理

1. 串联式混合动力电动汽车的结构原理

串联式混合动力电动汽车主要由发动机、发电机、驱动电动机和蓄电池组等部件组成。发动机仅仅用于发电,发电机发出的电能通过电动机控制器直接输送到电动机,由电动机产生的电磁力矩驱动汽车行驶。发电机部分电能向蓄电池充电,蓄电池也可单独向电动机提供电能来驱动汽车,如图3-54所示。

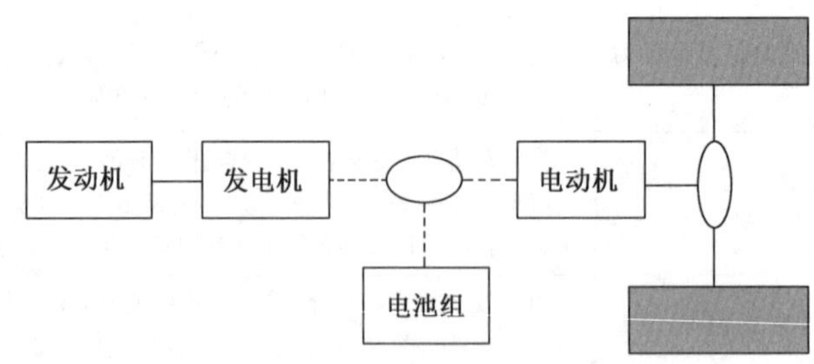

图3-54　串联式混合动力电动汽车原理图

2. 并联式混合动力电动汽车的结构原理

并联式混合动力电动汽车主要是由发动机、电动机/发电机和蓄电池等部件组成,有多种组合形式,可以根据使用要求选用。并联式混合动力系统采用发动机和电动机两套独立的驱动系统驱动车轮。两套系统可以同时使用,也可以独立使用。发动机与车轴直接连接,如图3-55所示。

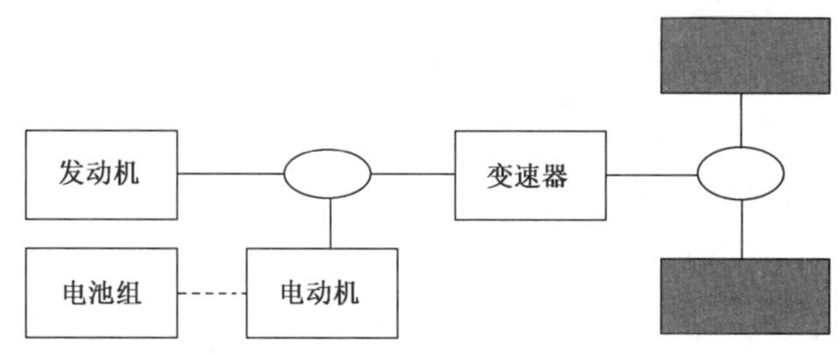

图3-55　并联式混合动力电动汽车原理图

3. 混联式混合动力电动汽车的结构原理

混联式混合动力电动汽车是串联式与并联式的综合,主要由发动机、发电机、电动机、行星齿轮机构和蓄电池组等部件组成。市区低速行驶时,采用串联方式工作;高速行驶时,采用并联方式工作。

发动机的功率一部分通过机械传动给驱动桥,另一部分驱动发电机发电。发电机电能输送给电动机或蓄电池,电动机驱动桥。混联式混动能够使发动机、发电机、电动机等部件进行更多的优化匹配,保证了在更复杂的工况下使系统在最优状态下工作,更容易良好的经济性和排放性,如图3-56所示。

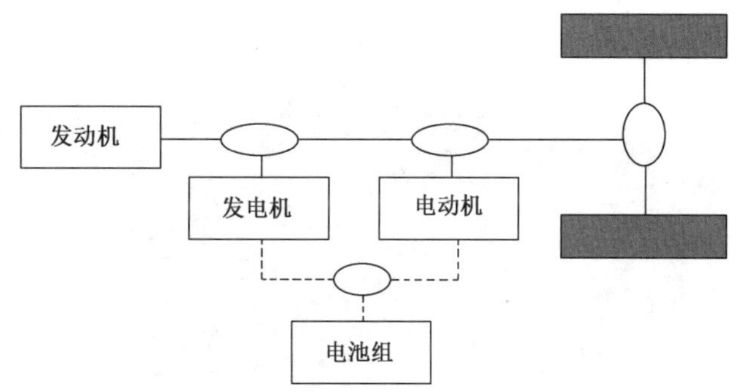

图3-56　混联式混合动力电动汽车原理图

4. 插电式混合动力汽车的结构原理

又称为外接充电式混合动力汽车。插电式(含增程式)混合动力汽车是指汽车的驱动力由驱动电机及发动机同时或单独供给,并且可由外部提供电能进行充电,纯电动模式下续驶里程符合我国相关标准规定的汽车。

三、燃料电池电动汽车

(一)燃料电池电动汽车的特点

采用燃料电池作电源的电动汽车称为燃料电池电动汽车(FCEV)。一般以质子交换膜燃料电池作为车载能量源。

燃料电池电动汽车是以车载燃料电池提供电能,由电动机驱动的电动汽车。其利用氢气和空气中的氧在催化剂的作用下,在燃料电池中经电化学反应产生的电能作为主要动力源驱动的汽车。燃料电池电动汽车实质上是纯电动汽车的一种,主要区别在于动力电池的工作原理不同。一般来说,燃料电池是通过电化学反应将化学能转化为电能,电化学反应所需的还原剂一般采用氢气,氧化剂采用氧气。

1. 燃料电池电动汽车的优点

燃料电池电动汽车主要有:效率高;续驶里程长;绿色环保;过载能力强;低噪声;设计方便灵活等优点。

2. 燃料电池电动汽车的缺点

(1)燃料电池汽车的制造成本和使用成本过高。

(2)辅助设备复杂,且质量和体积较大。

(3)系统抗震能力有待进一步提高。

(二)燃料电池电动汽车的结构原理

混合式燃料电池汽车的动力系统主要由燃料电池发动机(燃料电池反应堆)、辅助动力源、DC/DC 变流器、驱动电机和动力控制单元、高压储氢罐等组成(图 3-57)。

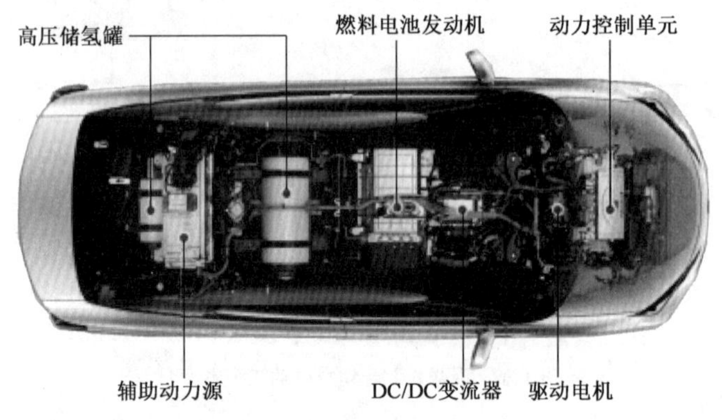

图 3-57　燃料电池汽车的结构

四、新能源汽车的充电技术

新能源汽车需要充电,就像燃油汽车需要加油一样。由于新能源汽车的动力电池贮存电能有限,且随着使用年限的增加,动力电池循环寿命下降,所以需要经常充电,甚至每天都要充电。

(一)新能源汽车的充电方式

电动汽车充电方式主要有常规充电方式、快速充电方式、更换电池充电方式、无线充电方式和移动式充电方式。

1. 常规充电方式

采用恒压、恒流的传统充电方式对电动汽车进行充电，相应的充电器的工作和安装成本相对比较低。电动汽车家用充电设施（车载充电机）和小型充电站多采用这种充电方式。

2. 快速充电方式

是以较高功率（通常在 50kW 以上，甚至可达 350kW 或更高）在短时间内为动力电池充电。其目的是在短时间内给电动汽车充满电，充电时间应该与燃油车的加油时间接近。大型充电站（机）多采用这种充电方式。

3. 电池更换方式

采用动力电池更换迅速补充汽车电能，电池更换可在 10min 以内完成，理论上无限提升汽车续驶里程，如图 3-58 所示。

图 3-58 电池更换

4. 无线充电方式

是利用无线电能传输技术对蓄电池进行充电的一种新型充电方式（图 3-59），应用于汽车无线充电的主要有电磁感应式和磁共振式（谐振式）两种技术。感应式无线输电是松散耦合结构，相当于可分离变压器；谐振式无线电能传输利用近场电磁共振耦合，可以实现电能中距离有效传输。

图 3-59 新能源汽车无线充电

5. 移动式充电方式

对电动汽车蓄电池而言,最理想的情况是汽车在路上巡航时充电,即所谓的移动式充电(MAC)。这样,电动汽车用户就没有必要去寻找充电站、停放汽车并花费时间去充电了。MAC 系统埋设在一段路面之下,即充电区,不需要额外的空间。

(二)新能源汽车的充电设施

新能源汽车充电设施由两部分组成:车外充电装置、车内充电装置。

1. 车外充电装置

主要由充电桩(或家用 220V 16A 插座),以及充电线组成,其核心部件是充电桩。

充电桩又叫充电栓、充电柜等,其功能类似于加油站里面的加油机,可以固定在地面或墙壁,安装于公共建筑(公共楼宇、商场、公共停车场等)和居民小区停车场或充电站内,可以根据不同的电压等级为各种型号的新能源汽车充电。

交流充电桩的输入端直接连接交流电网,输出端提供交流电,通过充电线和车辆充电口连接车载充电器。直流充电桩内部包含整流装置,输入端连接交流电网(或直流电网),输出端直接提供直流电,通过充电线和车辆直流充电口连接。

充电桩是能实现计时、计电量、计金额充电的装置,可以作为车主购电终端。充电桩有多种类型,也有多种分类方式。

(1)按安装方式分。按安装方式不同,充电桩可分为落地式充电桩、挂壁式充电桩。落地式充电桩适合安装在不靠近墙体的停车位(图 3-60a),挂壁式充电桩适合安装在靠近墙体的停车位(图 3-60b)。

a)落地式

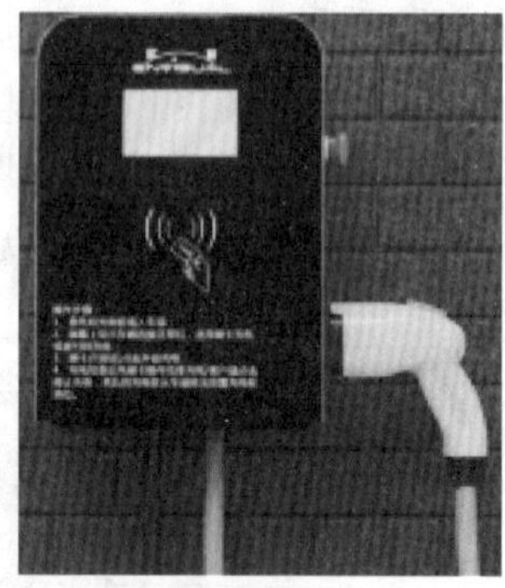

b)挂壁式

图 3-60　充电桩

(2)按安装地点分。按安装地点不同,充电桩可分为公共充电桩、专用充电桩和自用充电桩。

(3)按充电接口数分。按充电接口数不同,充电桩可分为一桩一充充电桩和一桩两充充电桩。

(4)按充电方式分。按充电方式不同,充电桩可分为直流充电桩、交流充电桩和交直流一体充电桩。

2. 车内充电装置

车内充电装置主要由：车载充电器、充电口、高压控制盒、动力电池、DC/DC 转换器、低压蓄电池等。车内充电装置的安装位置如图 3-61 所示。

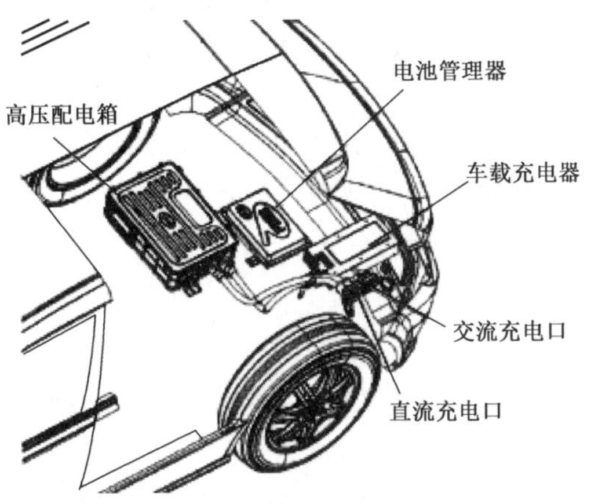

图 3-61　车内充电装置的安装位置

有些厂家(如北汽新能源生产的 EV160)将车载充电器、DC/DC 转换器、高压控制盒集成为一体,称高压配电箱,简写 PDU,如图 3-62 所示。

图 3-62　新能源高压配电箱(PDU)

第七节　汽车使用性能

汽车的使用性能主要是指汽车的动力性、经济性、制动性、平顺性、通过性、安全性、操纵性和稳定性。

一、汽车的动力性

影响汽车行驶平均速度的最主要性能是汽车的动力性。

汽车的动力性是指汽车在良好路面上直线行驶时由汽车受到的纵向外力决定的、所能达到的平均行驶速度。它表示了汽车以最大可能的平均行驶速度运送货物或乘客的能力。汽车的动力性是汽车各种使用性能中最重要、最基本的性能。汽车的动力性主要指标有：

(1)汽车的最高车速,单位为 km/h;

(2)汽车的加速时间,单位为 s;

(3)汽车能爬上的最大坡度,简称最大爬坡度,单位为%或°。

汽车的最高车速是指在水平良好的路面(混凝土或沥青路面)上能达到的最高行驶车速。

汽车的加速时间表示汽车的加速能力。常用原地起步加速时间和超车加速时间来表示汽车的加速能力。

汽车的爬坡能力是用满载时汽车在良好路面上的最大爬坡度来表示的。显然,最大爬坡度是指 I 挡最大爬坡度。对于乘用车,一般不强调它的爬坡能力,对货车一般在 30% 即 16.5°左右,越野汽车可达 60% 即 30°左右或更高。

二、汽车燃油经济性

汽车燃油经济性是指汽车以最少的燃料消耗量完成单位运输工作的能力,它是汽车的主要使用性能之一。

燃油经济性通常用一定运行工况下汽车行驶百公里的燃油消耗量或一定燃油量使汽车行驶的里程来衡量。汽车的燃油费用约占汽车运输成本的 30% 左右,因此,提高燃油经济性可以降低运输成本。

百公里燃油消耗量是指汽车在一定运行工况下行驶 100km 的燃油消耗量。一般情况下,燃油消耗量采用容积(升)计算,百公里油耗是最常采用的燃油经济性评价指标。

厂家标出某种车的油耗(如 6.5L/100km)是该车在国家规定工况条件下,经过测算得出的百公里耗油量。其实,这样的油耗指标在日常驾驶中很难达到。

由于等速油耗与实际行驶情况有很大差别,实际上不能全面地评定汽车的燃油经济性。现在一般都采用循环油耗来评定汽车的燃油经济性。循环油耗是指在一段指定的典型路段内汽车以设定的不同工况行驶时的油耗,至少要规定等速、加速和减速 3 种工况,复杂的还要计入起动和怠速停驶等多种工况,然后折算成百公里油耗。例如我国有 15 工况循环油耗(乘用车)、6 工况循环油耗(货车)和城市 4 工况循环油耗(客车)。

工信部规定,从 2010 年 1 月 1 日起,建立轻型汽车燃料消耗量公示制度。即车企必须在汽车出厂前在车身上粘贴实际油耗标识,消费者对所购买汽车的油耗情况将一目了然。工信部油耗包含市区工况、市郊工况以及综合工况。

级别低的轿车,百公里燃油消耗量要低于级别高的轿车(表 3-13)。未来的发展趋势是百公里油耗量继续减少,如超经济型轿车的百公里燃油消耗量为 3L/100km。

轿车的百公里燃油消耗量 表 3-13

整备质量(CM)/kg	CM≤750	750 < CM≤1540	1540 < CM≤2510	2510 < CM
百公里燃油消耗量/(L/100km)	5.6	5.9 ~ 8.0	8.4 ~ 11.2	11.9

三、汽车的制动性

汽车的制动性是指行驶中的汽车能在短距离内停车且维持行驶方向稳定,以及在下长坡时能控制一定车速的能力。

制动性是汽车的主要性能之一，是汽车安全行驶的保证，直接关系到生命财产的安全。汽车具有良好的制动性能，才能充分发挥动力性，提高汽车的平均技术速度，从而获得较高的工作效率。

汽车制动性主要由制动效能、制动效能的恒定性和制动时汽车的方向稳定性三方面评价。

制动效能是指汽车迅速降低行驶速度直至停车的能力，是制动性最基本的评价指标。它是用制动力、制动减速度、制动距离和制动时间等指标来评定。

制动效能的恒定性主要指制动效能的抗热衰退能力，反映了汽车高速制动或下长坡连续制动时制动效能的稳定程度。

制动时的方向稳定性指制动时汽车不发生跑偏、侧滑及失去转向控制的能力。制动时方向稳定性较好的汽车，能够按驾驶员给定轨迹行驶，即能够维持直线行驶或能按预定弯道行驶。

四、汽车的平顺性

汽车的行驶平顺性是指保持汽车在行驶过程中乘员所处的振动和冲击环境在一定舒适度范围内的性能。因此，平顺性主要根据乘员主观感觉的舒适性来评价。对于载货汽车还包括保持货物完好的性能。行驶平顺性既是决定汽车舒适性最主要的方面，也是评价汽车性能的主要指标。

汽车行驶平顺性的评价是根据乘坐者的舒适程度所决定的，也是平顺性的最终评价。

五、汽车的通过性

汽车通过性是指汽车在一定载质量条件下能以足够高的平均车速通过各种坏路及无路地带和克服各种障碍的能力。坏路及无路地带是指松软土壤、沙漠、雪地、沼泽等松软地面及坎坷不平地段；各种障碍是指陡坡、侧坡、台阶、壕沟等。

汽车通过性可分为轮廓通过性和牵引支承通过性。前者是表征汽车通过坎坷不平路段和障碍（如陡坡、侧坡、台阶、壕沟等）的能力；后者是指汽车能顺利地通过松软土壤、沙漠、雪地、冰面、沼泽等地面的能力。

汽车在松软地面上行驶时，驱动轮对地面施加向后的水平力，地面随之发生剪切变形，相应的剪切力便构成土壤对汽车的推力，该力比在一般硬路面上的附着力要小得；而汽车遇到的土壤阻力（指轮胎对土壤的压实作用和推移作用产生的压实阻力、推土阻力及充气轮胎变形引起的弹性迟滞损耗阻力）要比在硬路面上的滚动阻力大得多，因此，常不能满足汽车行驶的附着力条件的要求。这是松软路面限制汽车行驶的主要原因。

汽车的通过性主要决定于汽车的支承-牵引参数及几何参数，也与汽车的其他性能，如动力性、平顺性、机动性、稳定性、视野性等密切相关。

六、汽车的安全性

汽车安全性一般分为主动安全性、被动安全性和生态安全性。

汽车主动安全性，是指汽车本身防止或减少道路交通事故发生的性能，主要取决于汽车的总体尺寸、制动性、行驶稳定性、操纵性、信息性以及驾驶员工作条件(操作元件人机特性、座椅舒适性、噪声、温度和通风、操纵轻便性等)。此外,汽车动力性(特别是超车的时间和距离)也是很重要的影响因素。

汽车被动安全性,是指交通事故发生后,汽车本身减轻人员伤害和货物损失的能力。又可分为汽车内部被动安全性(减轻车内乘员受伤和货物受损)以及外部被动安全性(减轻对事故所涉及的其他人员和汽车的损害)。

汽车生态安全性是指发动机排气污染、汽车行驶噪声和电磁波对环境的影响。

七、汽车的操纵稳定性

汽车的操纵稳定性包括相互联系的两个部分,一是操纵性,二是稳定性。操纵性是指汽车能够确切地响应驾驶员转向指令的能力;稳定性是指汽车在行驶过程中,具有抵抗改变其行驶方向的各种干扰,并保持稳定行驶而不致失去控制甚至翻车或侧滑的能力。实际上两者很难截然分开,稳定性的好坏直接影响操纵性,常统称为汽车操纵稳定性。

汽车的操纵稳定性不仅影响到汽车驾驶的操纵方便程度,而且也是决定高速汽车安全行驶的一个主要性能。随着汽车保有量的增加和车速的提高,汽车的操纵稳定性显得越来越重要,被人们称之为"高速行车的生命线"。

汽车的操纵稳定性涉及的问题较为广泛,需要采用较多的物理参量从多方面来进行评价。可以通过考察下列关系来评价操纵稳定性的好坏:

(1)在一定车速下,汽车质心轨迹曲线与转向盘转角的关系;

(2)以一定角速度转动转向盘后,汽车转向角速度随时间的关系;

(3)汽车在圆周行驶时其转向盘上的作用力与汽车侧向加速度的关系;

(4)为保证额定车速行驶的汽车其轨迹曲率半径能按额定要求变化,而必须在转向盘上施加作用。

八、汽车环保性

随着汽车工业的迅速发展,汽车保有量急剧增加,汽车排放对大气的污染、汽车噪声对环境的危害和电磁干扰对环境的影响已构成汽车三大公害。目前,世界许多国家都制定了汽车排放、噪声和电磁干扰标准,这对汽车生产和使用维修部门都提出了新的要求。

汽车的有害气体主要通过汽车尾气排放、曲轴箱窜气和汽油蒸汽等三个途径进入大气中,造成对大气的污染。汽车排放的污染物主要是 CO、HC、NO_x、细微颗粒物等。

噪声是汽车的第二公害。按照噪声产生的过程,汽车噪声源大致可分为:与发动机转速有关的声源和与车速有关的声源。

与发动机转速有关的噪声源主要有:进气噪声、排气噪声、冷却系统风扇噪声和发动机表面辐射噪声。用发动机带动旋转的各种发动机附件(如空气压缩机、发电机等)的噪声,也属此类。

与车速有关的噪声源包括:传动噪声(变速器、传动轴等)、轮胎噪声、车体产生的空气动力噪声。

汽车电磁噪声可分为汽车内部的电磁噪声和汽车外部的电磁噪声。汽车内部的电磁噪声，是指车用发电机、继电器、开关等部件工作时及开关触点断开瞬间所发生的噪声；外部噪声是指人为的各种电气设备，例如，高压输电线、铁轨、广播电台设备所辐射出来的对汽车引起干扰的电磁辐射和雷电、静电等自然现象引起的噪声。

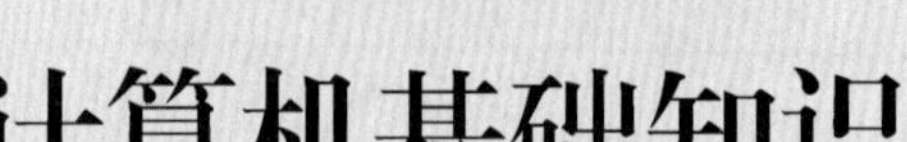

第四章 计算机基础知识

本章主要介绍了计算机的基本知识,操作系统的功能,并介绍了以物联网、云计算、大数据、人工智能、区块链为代表的新一代信息技术等内容。

第一节　计算机的组成与功能

计算机是一种具有计算、记忆和逻辑判断等功能的机器设备,是 20 世纪人类最重大的科学技术发明之一。计算机一般由硬件与软件构成,二者共同作用发挥其功能。

一、计算机特点

计算机自其发明以来就一直处于飞速发展中,但无论处于何种时代,计算机都具备着相同的特点,具体体现在以下几个方面。

(一)运算速度快

当今计算机系统的运算速度已达到每秒万亿次,微机也可达每秒亿次以上,使大量复杂的科学计算问题得以解决。例如:卫星轨道的计算、大型水坝的计算、24 小时天气计算需要几年甚至几十年,而计算机只需几分钟就可完成。

(二)计算精确度高

一般计算机可以有十几位甚至几十位(二进制)有效数字,计算精度可由千分之几到百万分之几,是任何计算工具所望尘莫及的。

(三)存储容量大

计算机不仅能进行计算,而且能把参加运算的数据、程序以及中间结果和最后结果保存起来,以供用户随时调用。计算机的存储器可以存储大量数据,这使计算机具有了“记忆”功能。随着计算机存储容量的不断增大,其可存储记忆的信息越来越多。

（四）具有逻辑判断能力

计算机的运算器除了能够完成基本的算术运算外，还具有对各种信息进行比较、判断等逻辑运算的功能。

（五）自动化程度高，通用性强

计算机内部操作是根据人们事先编好的程序自动控制进行的。用户根据解题需要，事先设计好运行步骤与程序，计算机十分严格地按程序规定的步骤操作，整个过程不需人工干预，自动化程度高。

二、计算机的应用

（一）科学计算

科学计算是计算机最早的应用领域，是指利用计算机来完成科学研究和工程技术中提出的数值计算问题。在现代科学技术工作中，科学计算的任务量大且复杂。利用计算机的运算速度高、存储容量大和连续运算的能力，可以解决人工无法完成的各种科学计算问题。例如，工程设计、地震预测、气象预报、火箭发射等都需要由计算机承担庞大而复杂的计算任务。

（二）信息处理

信息处理是指对大量的数据进行加工处理（如分类、合并、统计、分析等）。使用计算机和其他辅助方式，把人们在各种实践活动中产生的大量信息如文字、声音、图片、视频等，按照不同的要求，及时地收集储存、整理、传输和应用。信息处理为社会经济的管理和决策提供了新的技术手段，使办公自动化这一门综合的科学技术发展提高到了一个新的水平。

（三）计算机辅助系统

计算机辅助设计（Computer Aided Design，CAD）是指用计算机帮助设计人员进行设计。由于计算机有快速的数值计算、较强的数据处理以及模拟的能力，辅助设计系统配有专门的计算程序用来帮助设计人员完成复杂的计算，配有专业绘图软件用来协助设计人员绘制设计图纸。

（四）计算机自动控制

计算机自动控制主要应用于飞行控制、加工控制、生产线控制、交通指示灯控制等。计算机自动控制指通过计算机实时采集检测数据，按最佳值迅速地对控制对象进行自动控制或自动调节。利用计算机对工业生产过程或装置的运行过程进行状态检测并实施自动控制。不仅可以大大提高控制的自动化水平，而且可以提高控制的及时性和准确性。

（五）多媒体技术应用

计算机在多媒体技术中的应用极为广泛，涵盖了图像处理、音频编辑、视频制作与播放等多个方面。通过高效的算法和强大的处理能力，计算机能够实现高质量的多媒体数据压缩、存储和传输,支持虚拟现实(VR)、增强现实(AR)、3D 建模和动画制作等先进技术。此外,多媒体技术在教育、娱乐、医疗、广告等领域的应用,极大地丰富了信息呈现方式,提升了用户体验和交互性。

(六)人工智能方面的研究和应用

计算机在人工智能(AI)中的应用广泛,涵盖机器学习、自然语言处理、计算机视觉等领域。AI 通过数据分析和模式识别,实现语音识别、图像处理、自动驾驶等功能,广泛应用于医疗、金融、智能家居等行业,提升效率与精准度,推动智能化转型,深刻改变生活与工作方式。

第二节　计算机基本操作

一、计算机网络安全措施

个人信息安全是指公民身份、财产等个人信息的安全状况。随着互联网应用的普及和人们对互联网的依赖,个人信息受到极大的威胁。恶意程序、各类钓鱼和欺诈继续保持高速增长,同时黑客攻击和大规模的个人信息泄露事件频发。与各种网络攻击大幅增长相伴的是大量网民个人信息的泄露与财产损失的不断增加。根据公开信息,2011 年至今,已有 11.27 亿用户隐私信息被泄露,个人财产受到损失,包括基本信息、设备信息、账户信息、隐私信息、社会关系信息和网络行为信息等。人为倒卖信息、手机泄露、PC 电脑感染、网站漏洞是目前个人信息泄露的四大途径。个人信息泄露危害巨大,除了个人要提高信息保护的意识以外,国家也正在积极推进保护个人信息安全的立法进程。

(一)网络病毒的防范

计算机病毒种类繁多,新的变种不断出现,而且在开放的网络环境中,其传播速度更快,机会更多。对于用户而言,需要采用全方位的防病毒产品及多层次的安全工具,尽量保障网络中计算机的安全。电子邮件传输、文件下载等过程都有可能携带病毒,用户务必要针对网络中病毒所有可能传播的方式、途径进行防范,设置相应的病毒防杀软件,进行全面的防病毒系统配置,并保证防病毒软件及病毒库的不断更新,保障计算机系统及网络的安全,防止病毒的攻击。

(二)数据加密技术

数据加密技术代价小而作用明显,是互联网信息传输过程中经常使用的安全技术,是最基本、最核心的信息安全技术。加密技术以密码学为基础,通过使用各种加密算法将要传输的数据转化成为密文,再进行传输,到达接收方再使用解密算法进行解密,将密文转化为明文来读取。在此过程中只有合法用户才拥有密钥,才能解密,这样在传输过程中即使有非授权人员获取数据,也确保他人识别不了信息的真实内容,从而保证信息在传输过程中的安全。根据加密密钥和解密密钥类型的相同与否,可将密码技术分为对称加密(常规密钥密码体制)和非对称加密两种(公开密钥密码体制)。两种方法各有优缺,在使用过程中常常将两种方法结合,扬长避短,既提高加密效率,又简化对密钥的管理。

(三)防火墙技术

防火墙技术是目前使用最为广泛的一种保护计算机网络安全的技术性措施,介于内部网络和外部网络之间,用来保护内部网络不受到来自外部互联网的侵害。防火墙安全控制策略是在两个网络通信时执行的一种访问控制尺度,它能允许你“同意”的人和数据进入网络,同时将你“不同意”的人和数据拒之门外,最大限度的保护内网安全。它禁止一切未被允许的访问服务,同时允许一切未被禁止的访问服务。防火墙由硬件和软件两部分共同组成,根据其防护原理的不同可分为包过滤防火墙、应用级防火墙和电路级防火墙。

(四)入侵检测技术

入侵检测技术,即实时检测技术,主要是为保证计算机安全而对系统中的入侵行为进行实时检测的技术。它通过检测网络上的数据流,进而查看有无违反安全策略的行为。如果入侵检测系统识别出有任何异常的行为,则根据用户预先的设置做出响应,如防火墙根据其安全控制策略采取措施,将存在威胁的数据包过滤掉,阻止入侵者进一步攻击计算机。利用此技术可以实现对计算机系统的实时监控,及时发现异常行为、危险因素,但是它往往需要和防火墙系统结合起来使用,以限制这些行为,保障计算机系统的安全。

(五)身份认证技术

身份认证技术主要是通过对通信双方进行身份的鉴别,以确保通信的双方是合法授权用户,有权利进行信息的读取、修改、共享等操作,识别出非授权用户的虚假身份。身份认证技术要求用户先向系统出示自己的身份证明,然后通过标识鉴别用户的身份,判断是否是合法授权用户,从而阻止假冒者或非授权用户的访问。

(六)个人信息安全措施

(1)尽可能隐藏自己的真实信息。例如所用用户名、密码等尽可能跟自己个人没有关系,让他人不易猜到。

(2)各处密码尽可能各不相同,防止受撞库所害。建议的做法是设定一套统一规则,然后在各网站稍加区分。例如在京东的密码里加入 jd,网易的密码里加入 163。

(3)永远不要点击不可信的网址链接。很多短信诈骗都是因为机主点击网址后手机中毒所致。

(4)不要扫描无法确认安全性的二维码。二维码相当于图形版的网址链接。近年来,通过二维码传播的病毒呈加速上升趋势。

(5)公共场所,不可信的免费 WiFi 千万别连接。不法分子会在公共场所搭建不设密码的 WiFi,手机用户一旦连上,信息和资料就可能被盗取。

(6)不要通过不可信的渠道下载应用(包括手机应用)。不要觉得安装个软件而已,有问题卸载就好。一旦装上恶意程序,钱和个人信息可能马上就没了。

(7)关注网络安全相关新闻,看到有网站发生信息泄露,及时修改自己的密码;看到他人受骗的遭遇,避免自己上同样的当。

(8)携带有附件的不明来路的邮件一般都不要打开,尤其是那些可以运行的文件,很有可能带着病毒什么的,统统删除为最最上策。这里好奇心千万不能有。

(9)定期升级所安装的杀毒软件,升级病毒库,给操作系统打补丁。

(10)重要数据要做好备份。

(11)把自己的经验和知识告诉家里的老人和孩子。

第三节　新一代信息技术

新一代信息技术并非孤立技术的线性升级,而是信息技术体系与产业生态的全局性跃迁。作为国家战略性新兴产业的核心支柱,其重要性在《国务院关于加快培育和发展战略性新兴产业的决定》中被明确强调。当前,物联网、云计算、大数据、人工智能、区块链等技术集群正引领一场深度变革,其核心价值不仅在于技术本身的颠覆性创新,更在于通过跨领域渗透与融合,重构传统产业逻辑并催生新型经济形态。从智能制造的柔性生产到智慧城市的精细治理,从金融科技的普惠服务到生命科学的精准医疗,新一代信息技术正以前所未有的广度和深度重塑人类社会的运行范式。

一、物联网

(一)定义与内涵

物联网(Internet of Things, IoT)是物理实体与数字空间互联互通的网络化体系,依托互联网基础设施,通过智能感知设备实现"万物皆可联、万物皆可智"的泛在连接。这一技术架构打破了传统物理与数字的边界,为智能社会奠定了数据交互的基石,其核心理念在于通过数据驱动优化资源配置。

(二)核心特性

泛在感知:借助 MEMS 传感器、嵌入式 RFID 等设备,突破时空限制获取物理世界的多维信息。例如,农业物联网通过土壤湿度传感器实时监测农田墒情,优化灌溉决策。工业场景中,振动传感器可预测设备故障,减少非计划停机时间。

异构互联:兼容 5G、LoRa、Wi-SUN 等多元通信协议,确保复杂场景下的数据无缝传输。以智慧交通为例,车联网(V2X)需同时支持短距离 DSRC 与长距离 C-V2X 通信,实现车辆与路侧设施的实时交互。

自主决策:基于边缘计算与 AI 算法,实现数据本地化处理与智能响应。典型应用如智能电网中的动态负载均衡系统,可实时调整电力分配以应对供需波动。此外,在智慧楼宇中,光照与温控系统可根据人员流动自动调节能耗,节能效率提升 30% 以上。

二、云计算

(一)概念演进

云计算是以互联网为载体,通过虚拟化技术将计算、存储等资源抽象为可弹性调度的服务。自 Google 提出概念以来,亚马逊 AWS、微软 Azure 及华为云等平台已构建起覆盖全球的数字化基础设施网络,成为企业数字化转型的核心引擎。根据 Gartner 数据,2023 年全球公有云市场规模突破 5000 亿美元,年复合增长率达 20%,印证了其作为数字经济基石的不可替代性。

(二)核心优势

资源池化:通过虚拟化技术打破物理边界,实现算力按需动态分配。例如,电商大促期间弹性扩容服务器集群可应对瞬时流量峰值,阿里云弹性计算服务(ECS)支持分钟级千台虚拟机部署。

服务高可用:采用多可用区部署与自动故障转移机制,保障关键业务连续性。金融级云平台通过异地容灾设计可达 99.999% 可用性,年均故障时间不超过 5min。

绿色集约:通过资源复用与能效优化降低碳排放。谷歌数据中心利用 AI 算法优化冷却系统,能耗效率(PUE)降至 1.1,较传统机房节能 40%。

三、大数据

(一)内涵解析

大数据是规模超出现有技术处理极限的异构数据集,需结合分布式计算与智能算法实现价值提炼。从技术概念到生产要素的转变,使其成为驱动企业决策与创新的战略资产。据互联网数据中心(Internet Data Center,IDC)预测,2025 年全球数据总量将达 175 ZB,其中 80% 为非结构化数据,如何高效挖掘“数据石油”成为各行各业制胜的关键。

(二)多维特征

规模性(Volume):全球数据总量预计 2035 年突破 2142ZB,相当于每人每天产生 1.7GB 数据。社交媒体、物联网设备与工业传感器是主要数据源,单台自动驾驶汽车每日生成数据量高达 4TB。

时效性(Velocity):实时流处理技术支撑毫秒级响应。高频交易系统需在 50ms 内完成风险判定,以避免市场波动带来的损失;电网故障检测系统通过 Flink 流处理引擎实现 10ms 级异常定位。

多样性(Variety):融合文本、图像、时序数据等多模态信息。如自动驾驶系统需同步处理雷达点云与摄像头画面,实现环境精准感知;医疗领域结合基因组数据与电子病历,推动个性化治疗。

价值密度(Value):通过图计算与关联分析挖掘潜在规律。如社交网络中的社群发现算法可识别用户兴趣群体,优化广告投放策略;零售业利用购物篮分析提升交叉销售率。

真实性(Veracity):数据血缘追踪技术记录数据的来源与处理过程,以确保分析结果可验证、可审计。区块链技术被引入数据治理,以防止篡改与伪造数据。

四、人工智能

(一)学科定位

人工智能是探索机器模拟人类认知与决策能力的交叉学科,涵盖知识工程、模式识别、自主系统等研究方向。其目标不仅是替代重复性劳动,更是通过增强人类智能拓展问题解决的边界。麦肯锡报告显示,AI 技术到 2030 年可为全球经济贡献 13 万亿美元增量,相当于全球 GDP 的 16%。

(二)技术突破

机器学习:集成学习(如 XGBoost)通过多模型协同提升预测精度,应用于金融风控中的信用评分;迁移学习将医疗影像诊断模型适配至资源匮乏地区,降低医疗资源不均衡性。联邦学习技术实现跨机构数据协同建模,谷歌 Health AI 通过此技术训练糖尿病视网膜病变检测模型,准确率达 94%。

深度学习:基于 Transformer 架构的大模型(如 GPT-4)突破自然语言理解瓶颈,实现智能客服对话生成与代码自动补全。视觉领域(Vision Transformer,ViT)在图像分类任务中媲美传统 CNN 模型,OpenAI 的 DALL · E 2 通过文本生成高分辨率图像,开创艺术创作新范式。

多模态融合:跨模态对齐技术(如 CLIP)打通视觉与语言语义鸿沟,支撑智能导诊系统通过症状描述推荐科室,或跨语言视频检索中实现字幕与画面的语义匹配。华为盘古多模态大模型可同时处理文本、语音与图像,可应用于智慧客服与工业质检。

五、区块链

(一)技术本质

区块链是以密码学为基石构建的分布式账本系统,通过共识机制与智能合约实现去中心化信任。其应用已从加密货币(如比特币)延伸至数字身份、版权存证等领域,重塑传统信任机制。根据德勤报告,2023 年全球区块链市场规模达 100 亿美元,年增长率 67%,金融、供应链与政务成为三大主力应用场景。

(二)核心优势

防篡改性:防篡改性是指区块链通过密码学、共识机制和分布式存储技术,确保链上数据一旦被记录,几乎无法被修改或删除的特性。任何篡改行为均会被网络节点快速识别并拒绝,从而保障数据的完整性与历史记录的不可逆性。

透明可审计:透明可审计是指区块链网络中的所有交易、合约状态及历史记录均对参与者公开可见,且可通过链上数据验证其真实性和完整性的特性。任何用户或第三方均可独立审计链上活动,无须依赖中心化机构提供证明。

合约自治:合约自治是指通过智能合约(Smart Contract)实现的去中心化、无须第三方干预的自动化执行机制。智能合约是基于区块链的代码化协议,一旦部署,其逻辑和规则将严格按照预设条件自主运行,不受任何中心化实体控制或修改,从而实现业务流程的自动化、不可逆性和确定性。

第五章

本章主要介绍了公路交通突发事件和道路交通事故,深入剖析了应急救援的概念、分类、目的、意义及原则等内容。

第一节　公路交通突发事件概述

《中华人民共和国突发事件应对法》为突发事件的定义、分级和应对提供了基础性的法律框架。这部法律的重要性在于它确保了在全国范围内,对于突发事件的认知和应对措施有统一的标准和指导。各级政府和相关部门根据国家的法律法规,结合本地的地理、经济、社会等实际情况,制定更为具体和细致的应急预案和管理办法。这些法律法规和预案共同构成了我国应对突发事件的法律体系。

一、公路交通突发事件的定义

公路交通突发事件是指由下列突发事件引发或者可能造成公路以及重要客运枢纽出现中断、阻塞、重大人员伤亡、大量人员需要疏散、重大财产损失、生态环境破坏和严重社会危害,以及由于社会经济异常波动造成重要物资、旅客运输紧张需要交通运输部门提供应急运输保障的紧急事件。

二、公路交通突发事件的特征

(一)突发性

公路交通突发事件最显著的特征就是其突发性。无论是由于驾驶员操作失误、车辆机械故障、恶劣天气等自然因素,还是由于地震、洪水等自然灾害引发的路面损坏、桥梁断裂等人为灾害,这些事件都可能在没有预兆的情况下突然发生,给道路使用者带来极大的危险和不确定性。

(二)紧急性

由于公路交通突发事件的突发性,往往导致救援和应急处理的时间非常紧迫。一旦事故发生,必须迅速启动应急预案,组织救援力量,对受伤人员进行救治,对事故现场进行清理和恢复交通。这种紧急性要求交通管理部门和相关机构必须具备高效的应急响应机制,以最大限度地减少事故的人员伤亡和财产的损失。

(三)不确定性

突发事件的发生、发展、演变过程具有不确定性,难以准确预测和把握,这增加了采取应急措施的复杂性和挑战性。公路交通突发事件的不确定性主要体现在以下几个方面:

1.事件原因的不确定性

由于事件的突发性,往往难以准确判断事件发生的具体原因,这给事件的调查和处理带来了一定的难度。

2.事件后果的不确定性

事件发生后,其后果可能因多种因素而发生变化,如天气、地形、车辆类型、人员伤亡情况等,这些因素都可能影响事件的严重程度和救援难度。

3.事件影响范围的不确定性

公路交通突发事件不仅会对事件现场造成影响,还可能对周边地区甚至整个交通网络产生连锁反应,导致交通拥堵、物资运输受阻等后果。

(四)危害性

突发事件的发生往往会造成人员伤亡、财产损失、生态环境破坏等严重后果,甚至可能危及社会的稳定和公共安全。公路交通突发事件的危害性主要体现在以下几个方面:

1.人员伤亡

事件可能导致驾驶员、乘客以及其他道路使用者受伤甚至死亡,给个人和家庭带来极大的痛苦和损失。

2.财产损失

事件可能导致车辆、道路设施等财产受损,造成巨大的经济损失。

3.交通秩序混乱

事件发生后,往往导致交通拥堵、交通中断等现象,影响正常的交通秩序和出行效率。

4.社会影响

公路交通突发事件还可能引发社会关注,影响公众对交通安全的信心,甚至可能引发社会矛盾和不稳定因素。

三、公路交通突发事件的影响

(一)对交通流的影响

公路交通突发事件,如交通事故、道路坍塌、恶劣天气等,往往导致道路部分或完全中断,进而引发严重交通拥堵。这种拥堵不仅影响正常通行车辆的行程安排,增加道路使用成本和社会成本,还可能引发连锁反应,导致更大范围的交通问题。

(二)对人员生命财产安全的威胁

1. 人员伤亡

交通事故、火灾、爆炸等突发事件直接威胁驾乘人员及救援人员生命安全,尤其是高速公路上的车辆行驶速度快,一旦发生事故,往往造成严重后果,如多人伤亡等。

2. 财产损失

车辆损坏、货物损失、道路设施破坏等是公路突发事件中常见的财产损失形式。这些损失不仅给个人和企业带来经济负担,还可能影响区域经济发展。

(三)对环境和社会经济的潜在危害

1. 环境污染

危险化学品泄漏、车辆燃烧等突发事件可能导致空气、水体和土壤污染,对生态环境造成长期影响。这种污染不仅破坏自然环境,还可能影响人类健康。例如,在危险品运输事故中,泄漏的化学品可能污染周边水源和土壤,对生态环境和居民生活造成严重影响。

2. 生态破坏

自然灾害如地震、泥石流等可能破坏公路沿线的生态环境,影响野生动植物栖息地和生态平衡。这种生态破坏对区域生态安全构成严重威胁,需要采取积极措施进行生态保护和修复。

3. 经济损失

公路交通突发事件不仅导致直接经济损失,如车辆维修、货物损失、道路修复等费用,还可能影响区域交通运输、物流配送、旅游业等多个行业的发展,进而对区域经济造成连锁反应。这种经济损失是巨大的且难以弥补的。

四、公路交通突发事件的类型

根据公路交通突发事件的性质、演变过程和机理,主要分为以下四类:

(一)自然灾害

主要包括水旱灾害、气象灾害、地震灾害、地质灾害、海洋灾害、生物灾害和森林草原火灾等。

(二)公路交通运输生产事故

主要包括交通事故、公路工程建设事故、危险货物运输事故。

(三)公共卫生事件

主要包括传染病疫情、群体性不明原因疾病、食品安全和职业危害、动物疫情,以及其他严重影响公众健康和生命安全的事件。

(四)社会安全事件

主要包括恐怖袭击事件、经济安全事件和涉外突发事件。

五、公路交通突发事件的分级

各类公路交通突发事件按照其性质、严重程度、可控性和影响范围等因素,一般分为四级:Ⅰ级(特别重大)、Ⅱ级(重大)、Ⅲ级(较大)和Ⅳ级(一般)。

六、公路交通突发事件的预警分级

根据突发事件发生时对公路交通的影响和需要的运输能力分为四级预警(表5-1),分别为Ⅰ级预警(特别严重预警)、Ⅱ级预警(严重预警)、Ⅲ级预警(较重预警)、Ⅳ级预警(一般预警),分别用红色、橙色、黄色和蓝色来表示。交通运输部负责Ⅰ级预警的启动和发布,省、市、县交通运输主管部门负责Ⅱ级、Ⅲ级和Ⅳ级预警的启动和发布。

公路交通突发事件预警级别　　表5-1

预警级别	级别描述	颜色标示	事件情形
Ⅰ级	特别严重	红色	1.因突发事件可能导致国家干线公路交通毁坏、中断、阻塞或者大量车辆积压、人员滞留,通行能力影响周边省份,抢修、处置时间预计在24h以上时。 2.因突发事件可能导致重要客运枢纽运行中断,造成大量旅客滞留,恢复运行及人员疏散预计在48h以上时。 3.发生因重要物资缺乏、价格大幅波动可能严重影响全国或者大片区经济整体运行和人民正常生活,超出省级交通运输主管部门运力组织能力时。 4.其他可能需要由交通运输部提供应急保障时
Ⅱ级	严重	橙色	1.因突发事件可能导致国家干线公路交通毁坏、中断、阻塞或者大量车辆积压、人员滞留,抢修、处置时间预计在12h以上时。 2.因突发事件可能导致重要客运枢纽运行中断,造成大量旅客滞留,恢复运行及人员疏散预计在24h以上时。 3.发生因重要物资缺乏、价格大幅波动可能严重影响省域内经济整体运行和人民正常生活时。 4.其他可能需要由省级交通运输主管部门提供应急保障时
Ⅲ级	较重	黄色	Ⅲ级预警分级条件由省级交通运输主管部门负责参照Ⅰ级和Ⅱ级预警等级,结合地方特点确定
Ⅳ级	一般	蓝色	Ⅳ级预警分级条件由省级交通运输主管部门负责参照Ⅰ级、Ⅱ级和Ⅲ级预警等级,结合地方特点确定

七、公路交通突发事件的响应级别

交通运输部负责Ⅰ级应急响应的启动和实施,省级交通运输主管部门负责Ⅱ级应急响应的启动和实施,市级交通运输主管部门负责Ⅲ级应急响应的启动和实施,县级交通运输主管部门负责Ⅳ级应急响应的启动和实施。

(一)特别重大事件(Ⅰ级)

对符合公路交通Ⅰ级预警条件的公路交通突发事件或由国务院下达的紧急物资运输等事件,由应急领导小组予以确认,启动并实施本级公路交通应急响应,同时报送国务院备案。

(二)重大事件(Ⅱ级)

对符合公路交通Ⅱ级预警条件的公路交通突发事件或由交通运输部下达的紧急物资运输等事件,由省级交通运输主管部门在省级人民政府的领导下予以确认,启动并实施本级公路交通应急响应,同时报送交通运输部备案。

(三)较大事件(Ⅲ级)

符合由省级交通运输主管部门确定的公路交通运输Ⅲ级预警条件的公路交通突发事件,由市级交通运输主管部门在市级人民政府的领导下,启动并实施本级公路交通应急响应,同时报送省级交通运输主管部门备案。

(四)一般事件(Ⅳ级)

符合由省级交通运输主管部门确定的公路交通运输Ⅳ级预警条件的公路交通突发事件,由县级交通运输主管部门在县级人民政府的领导下,启动并实施本级公路交通应急响应,同时报送市级交通运输主管部门备案。

第二节　应急救援的概念及分类

一、应急救援的概念

高速公路应急救援是指排除、清理高速公路上由自然因素、异常气候、交通事故、故障车辆等所造成的交通障碍及行车不安全因素,旨在确保高速公路的畅通无阻,保障道路使用者的安全,以及减少因车辆故障或事故造成的交通拥堵和二次事故风险。应急救援主要包括车辆现场抢修、伤员救治、道路疏导、障碍清除等。

二、应急救援的分类

应急救援可按照道路类型、道路障碍类型、交通事故类型、交通事故形态、道路障碍物的特点、服务对象及性质等进行分类。具体分类如下：

(一)按道路类型分类

应急救援可分为城市道路清障、普通公路清障、高速公路清障。

(二)按道路障碍类型分类

应急救援可分为车辆清障、散落物品清障、路面障碍清障。

1. 车辆清障

车辆清障是指对事故中受损车辆的拖移和清理，包括小型客车、货车、客车等各种类型的车辆。根据车辆的类型和受损程度，可能需要使用不同类型的清障车和设备。

2. 散落物品清障

散落物品清障是指对事故中散落在道路上的物品(如货物、车辆部件等)进行清理和移除。这类清障工作可能涉及危险品的处理(如易燃、易爆、有毒物品等)，因此需要特别小心谨慎。

3. 路面障碍清障

路面障碍清障是指对事故中造成的路面障碍(如倒塌的树木、电线杆、广告牌等)进行清理和移除。这类清障工作可能涉及大型机械设备的使用，如吊车、挖掘机等。

(三)按交通事故类型分类

应急救援可分为单车交通事故清障、多车交通事故清障、伴有次生危险或灾害的交通事故道路清障、汽车与列车交通事故清障、汽车与行人(非机动车)交通事故清障。

(四)按交通事故形态分类

应急救援可分为抛锚、碰撞、碾压、翻车、坠车、落水、烧毁、货物散落道路清障。

(五)按道路障碍物的特点分类

应急救援可分为有生命障碍物、无生命障碍物应急救援。

(六)按其服务对象及性质分类

应急救援可分为日常清障、事故清障、危险品清障和紧急事件清障四大类。

1. 日常清障

日常清障是指对因自身故障导致无法正常行驶的车辆进行清障处理。这些故障可能包括发动机故障、轮胎爆胎、电瓶亏电等，导致车辆无法继续行驶或存在安全隐患。这类事件通常未造成路产损失，也未造成人员伤亡，因此主要任务是应急救援人员通过使用专业的清障设备将故障车辆安全、迅速地拖移至不影响交通的地点，确保道路交通的顺畅和安全。

2. 事故清障

事故清障是指发生交通事故后,对事故现场进行清理,包括将受损车辆、散落物品等障碍物移离事故现场,恢复道路通行能力的作业过程。这一过程通常涉及使用专业设备和人员对事故现场进行快速、安全、有效的清理,以减少对道路交通的影响,保障救援车辆和人员的顺利通行,并为事故调查和处理提供便利条件。根据车辆相撞、人员伤亡和经济损失数量分为轻微事故清障、一般事故清障、重大事故清障和特大事故清障四类。事故的定性一般以交警的鉴定结论为准,但通常情况下可按以下标准确定:

(1)轻微事故清障。

轻微事故清障是指 2 ~4 辆车相撞,或造成 1 ~2 人轻伤,或财产损失不足 1000 元的事故清障。

(2)一般事故清障。

一般事故清障是指 5 ~9 辆车相撞,或造成 1 ~2 人重伤,或者 3 人(含 3 人)以上轻伤,或财产损失不足 3 万元的事故清障。

(3)重大事故清障。

重大事故清障是指 10 ~14 辆车相撞,或造成 1 ~2 人死亡,或 3 ~10 人重伤,或财产损失 3 万元以上不足 6 万元的事故清障。

(4)特大事故清障。

特大事故清障是指 15 辆(含 15 辆)以上车相撞,或造成 3 人(含 3 人)以上死亡,或 11 人(含 11 人)以上重伤,或 1 人死亡、8 人(含 8 人)以上重伤,或 2 人死亡、5 人以上重伤,或财产损失 6 万元以上的事故清障。

3. 危险品清障

危险品清障是指车辆装载的对人体有害、易燃、易爆危险品或有损于沥青路面的化学品等倾倒、散落、漏泄而采取的清障。这类清障工作具有高度的专业性和危险性,需要严格遵守相关法律法规和操作规程,确保清障过程的安全、迅速和彻底。具体特点包括以下内容:

(1)高度专业性。

危险品清障涉及危险品的识别、分类、处理等多个环节,需要应急救援人员具备专业的知识和技能。例如,对于不同类型的危险品,需要采用不同的处理方法和防护措施。

(2)高度危险性。

危险品清障过程中,如果处理不当,可能会引发火灾、爆炸、中毒等严重事故,对应急救援人员、周围环境和公众安全造成极大威胁。因此,在清障过程中,必须严格遵守安全操作规程,采取有效的防护措施。

(3)迅速彻底性。

危险品清障需要迅速进行,以防止危险品对路面和环境造成进一步的污染和破坏。同时,清障工作必须彻底,确保所有危险品都得到妥善处理,不留隐患。

4. 紧急事件清障

紧急事件清障是指由于暴雨、洪水、台风、地震等自然灾害引起的道路紧急修复和清理。

这类清障通常涉及对受损道路的快速修复和障碍物(如倒塌的树木、落石、积水等)的清理,以恢复道路的正常通行能力。具体特点包括以下内容:

(1)突发性。

紧急事件清障通常是由于自然灾害等突发事件引起的,具有不可预测性和突发性。因此,清障队伍需要随时待命,以便在事件发生时能够迅速响应。

(2)紧迫性。

紧急事件清障往往需要在短时间内迅速完成,以尽快恢复道路的正常通行。这要求清障队伍具备高效的应急机制和快速的反应能力。

(3)复杂性。

紧急事件清障可能涉及多种类型的障碍物和受损情况,如倒塌的树木、落石、积水、路面塌方等。这要求清障队伍具备专业的技能和知识,以应对各种复杂情况。

(4)协同性。

紧急事件清障工作通常需要多个部门和机构的协同合作,如交通管理部门、路政部门、消防部门、医疗急救部门等。这要求清障队伍具备良好的协调能力和合作精神,以确保清障工作的顺利进行。

(5)高风险性。

紧急事件清障通常在危险或繁忙的道路环境中进行,存在一定的风险性。应急救援人员需要严格遵守安全规范,采取必要的防护措施,以确保自身和公众的安全。

(6)资源需求大。

紧急事件清障工作可能需要大量的物资和设备支持,如清障车、起重机、挖掘机、照明设备等。这要求相关部门提前做好准备,确保在事件发生时能够迅速调配资源。

(7)社会影响广泛。

紧急事件清障工作的顺利进行对保障公众出行安全、维护社会稳定具有重要意义。因此,清障队伍需要高度重视这项工作,以高度的责任感和使命感投入到清障工作中去。

第三节 应急救援的目的、意义及原则

一、应急救援的目的

应急救援的主要目的是迅速移除因故障或事故而无法正常行驶的车辆以及清理其他可能影响交通的障碍物,减少交通拥堵和延误,降低二次事故风险,保障驾乘人员的生命财产安全,尽快恢复道路通行能力。

二、应急救援的意义

为司乘人员提供安全、快捷、舒适、畅通的行车环境,树立高速公路的良好形象,体现道路管理水平。

(一)提升道路通行效率

道路尤其是高速公路的通行效率直接关系到区域经济的发展和民众出行的便捷性。应急救援工作能够迅速恢复道路的通行能力,减少因障碍物造成的交通拥堵,从而促进物流运输的顺畅和区域经济的繁荣。

(二)保障交通安全

道路障碍物往往是交通事故的潜在诱因。通过清障工作,可以及时消除这些安全隐患,保障行车人员的生命安全。

(三)提升应急救援能力

在道路上发生故障或事故时,及时的应急救援至关重要。应急救援人员的快速响应和有效处置,不仅能够减轻事故后果,还能为受伤人员争取宝贵的救治时间,提高应急救援的整体效率。

(四)维护社会稳定

道路的畅通与否直接关系到公众的日常出行和生活质量。通过应急救援工作保障道路畅通,有助于缓解交通压力,减少因交通问题引发的社会矛盾,维护社会的和谐稳定。

三、应急救援的原则

道路应急救援应遵循的原则是"安全、主动、快速、文明",即安全清障、主动清障、快速清障、文明清障。这些原则不仅有助于确保应急救援工作的顺利进行,还能提升高速公路的整体服务水平和公众满意度。在实际操作中,道路管理单位应根据这些原则制定具体的应急救援工作流程和应急预案,以应对各种可能的交通障碍和事故情况。

(一)安全清障

建立安全清障预案,制定安全清障操作规程,严格限定应急救援人员的安全配置,规范清障现场安全标志的摆放,确保清障工作安全开展。要求救援工作安全无责任事故,杜绝因清障不当造成的二次事故。

(二)主动清障

建立清障信息网络,扩大清障信息源,加大道路巡查力度,力求故障客车在道路上滞留时间(从车辆发生故障到监控室或清障中心获得清障信息)不超过 30min,货车滞留时间不超过 40min。

(三)快速清障

接到清障信息,迅速出警;建立事故车辆现场指挥协调系统,制定不同事故的清障预案,及时总结各类事故的经验教训,不断对预案进行优化。力求方案高效快捷,除特大交通事故(如多车相撞,群死群伤)外,其他类型事故中断交通时间不超过30min,清障完成时间不超过1h。

(四)文明清障

制定文明服务标准,向社会公开承诺,接受监督,不出现因自身责任造成的投诉。依法勤务,按章收费,不徇私、不做人情。不断完善安全操作规程、机械维护保养规程、清障作业规程,确保文明开展清障作业。

第四节　应急救援的特点及要求

一、应急救援的特点

高速公路应急救援工作具有全天候服务、高效快速响应、专业性强、安全性要求高以及综合性强等特点。这些特点使得高速公路应急救援成为一项复杂而艰巨的任务,需要专业人员来执行并严格遵守相关法律法规和安全规范。具体来说,高速公路应急救援具有以下特点:

(一)全天候服务

高速公路的全天候开放通行(暴雪等恶劣天气以及其他特殊情况除外),必然导致清障工作的全天候,即不分季节、不分天气、不分节假日、全天24h随时待命清障。

(二)时效要求高

高速公路应急救援通常配备有专业的救援队伍和机械设备,能够在接到救援指令后迅速出发,以最短的时间到达现场。这种高效快速响应能力对于高速公路救援至关重要,因为高速公路上车速快、车流量大,一旦发生事故或故障,极易造成交通拥堵甚至发生二次事故,因此必须快速、高效地完成清障任务。

(三)专业性强

高速公路应急救援涉及多种车辆类型、事故类型和救援技术,需要应急救援人员具备专业的知识和技能,不仅需要熟悉各种清障设备的使用方法,还需要掌握事故处理、车辆拖曳、现场安全防护等专业技能。

(四)安全要求高

应急救援人员需在车流量大、车速快的环境下作业,加之恶劣天气如雨雪雾等的影响,以及复杂多变的路况,需时刻面对高速行驶车辆的威胁和突发状况。

(五)综合性强

高速公路应急救援不仅涉及车辆的拖拽和救援,还可能包括事故现场的清理、交通疏导、伤员救治等多个方面。因此,清障工作需要多个部门、多个单位的协同合作,应急救援人员需要具备良好的沟通协调能力和团队协作精神。

二、应急救援的要求

高速公路应急救援的要求包括安全性、规范性、专业性和效率性等方面,这些要求旨在确保高速公路清障工作的顺利进行,保障道路交通安全和畅通。

(一)安全性

应急救援人员必须严格遵守安全规定,穿戴统一的反光工作服、安全帽、防护手套等个人防护装备。清障车辆应具备良好的性能和可靠性,定期进行维护和保养,确保作业过程中的安全。清障作业现场应设置警示标志和隔离设施,以提醒过往车辆注意安全。清障作业过程中,应密切注意过往车辆动态,防止发生二次事故。

(二)规范性

应急救援人员应熟悉清障设备的操作和维护,掌握相关的交通法规和安全知识。清障作业现场应按照规定摆放安全标志和设施,确保作业现场的安全有序。清障作业应按照既定的流程和标准执行,确保操作的规范性和统一性。

(三)专业性

应急救援人员必须具备专业的技能和知识,能够迅速准确地判断和处理各种道路障碍。清障队伍应配备专业的清障设备和工具,如拖绳、吊车、起重机、平板车等,并定期进行检查和校准。在进行拖拽或吊运作业时,应确保牵引绳或吊索牢固可靠,连接部位紧固无误。清障操作应缓慢、平稳进行,以避免造成二次伤害或引发意外。

(四)效率性

应急救援队伍应建立完善的应急预案和协调机制,确保在紧急情况下能够迅速调动资源和力量。应急救援人员应实行24h值班制度,随时做好上路清障准备,接到清障任务后应立即出动,以最短的时间到达现场。清障作业应迅速高效,以最快的速度清除道路上的障碍物。清障工作完成后,应及时清理现场遗留的杂物和工具,确保道路整洁,并尽快恢复交通。

第六章

高速公路应急救援装备基础知识

本章主要介绍高速公路主要应急救援装备:清障车、汽车起重机、叉车的分类、构造、原理及维护等内容。

第一节　清障车概述

道路清障车是高速公路应急救援的基础装备,是现代交通管理的重要工具。随着城市化进程和交通网络的扩展,其技术和功能不断升级。从早期功能单一的设备,发展为集拖拽、起吊、牵引于一体的多功能车辆,配备液压系统、绞盘和吊臂,操作更加智能化、高效化。清障车在交通事故处理、故障车辆移除及应急救援中发挥关键作用,显著减少道路拥堵,提升通行效率。近年来,新能源技术的应用推动清障车向环保化、节能化方向发展,进一步适应现代交通需求,为城市交通管理和安全提供了坚实保障。

一、国外清障车发展历程

道路清障救援技术起源于20世纪初的美国。1916年,Ernest Holmes将三脚架和链条牵拉机构安装在一辆卡迪拉克汽车上,发明了世界上首款清障车雏形(图6-1),开启了清障车的发展历程。

图6-1　1916年美国的清障车雏形

20世纪20～50年代是清障车发展的第一阶段,主要以载货汽车为基础改装,增加滑轮、钢丝绳和卷扬机等装置,通过拉杆支撑和卷扬机牵拉事故车辆,功能较为单一,主要用于基本救援和清障任务。

20世纪50～70年代是清障车发展的第二阶段,以引入液压传动与控制技术为标志。伴随第一批采用全液压传动的清障车生产,涌现出一批著名的清障车生产企业,如Vulcan、Century等。这个时期由于新技术的应用,清障车的生产制造工艺得到了很大的发展,使清障车拥有了更多的功能,如图6-2所示。

图6-2　第二阶段的清障车

20世纪80年代至今是清障车发展的第三阶段。这个阶段是清障车快速发展时期,诞生了如美国的米勒、JEHR-DAN、福特以及加拿大的NRC等国际知名企业。清障车的种类和功能不断扩展,涵盖了从超重吨位的半挂式清障车到最小吨位的皮卡式清障车,从75t多功能重型清障车到专托摩托车的小型清障车。其结构多样、功能齐全,集托举、起吊、托牵、牵拉、背载、破拆、维修等多种功能于一体,如图6-3所示。

图6-3　第三阶段的清障车

二、我国清障车发展历程

我国清障车行业的发展始于新中国成立初期。20世纪50～70年代,行业处于萌芽阶段,产品以简单拖吊车为主,功能单一,技术水平低,主要由国有企业生产,规模较小。改革开放后,随着汽车保有量增加,行业进入探索发展阶段。国内企业引进国外技术,结合中国道路特点改进产品,生产规模逐步扩大,徐工集团、北方交通重工等企业崭露头角,行业竞争格局初步形成。

21 世纪以来，清障车行业进入快速发展期。高速公路网络完善和汽车保有量激增推动市场需求大幅增长，行业规模迅速扩大，技术水平显著提升。产品从单一拖吊功能发展到多功能、智能化，涵盖平板清障车、旋转吊清障车等多种类型。行业集中度逐步提高，龙头企业如徐工集团、楚胜汽车、广东粤海汽车等凭借技术优势和规模效应占据市场主导地位。

未来，清障车行业将向智能化、电动化方向发展。新能源汽车普及和智能交通系统应用将带来新的增长点，行业集中度有望进一步提高，龙头企业将继续引领技术创新和市场扩展。总体来看，我国清障车行业从起步到快速发展，规模不断扩大，技术水平显著提升，未来将在智能化和环保化的驱动下迈向更高发展阶段

第二节　清障车分类及功能

清障车的分类方法较多，根据处理的对象、用途和规模不同可有不同的分类方法，下面介绍常用的几种分类方法：

一、清障车分类

（一）按车身结构分类

清障车按照车身结构可分为托吊型和平板型。

1. 托吊型

托吊型清障车配有托臂和吊臂，两者既可连在一起成为一个整体，也可以分开各自独立，具有托牵和起吊等功能，适用于对侧翻、滚落到沟里或路外的车辆的救援，但是由于该型清障车车体笨重，操作不便，因此不适用于狭小受限环境下的救援作业的作业。如图 6-4 所示。

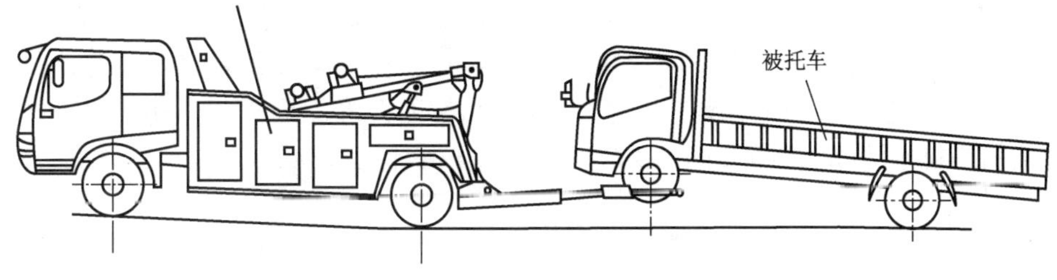

图 6-4　托吊型清障车

2. 平板型

平板型清障车除配有托臂外，还配有平板机构，具有托牵和背载等功能，即在背载作业的同时，还可以进行托牵作业，俗称“一托二”，如图 6-5 所示。

平板型清障车，适用于对城市道路、高速公路等路面交通事故车辆或违章车辆的清理，受路面及作业环境的限制小，操作灵活简便。

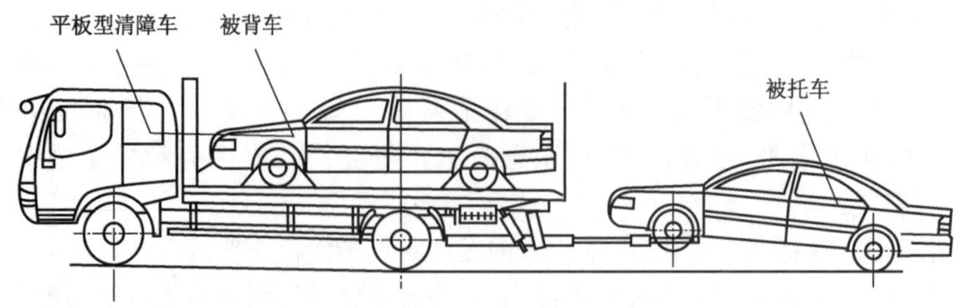

图6-5　平板型清障车

(二)按作业装置结构特点分类

按作业装置结构特点分有托吊连体型、托吊分离型以及平板背载型等。

1.托吊连体型

托吊连体型清障车的吊臂与托臂连接一体,一般为二轴、三轴、四轴的中重型清障车,如图6-6所示。

图6-6　托吊连体型清障车

该类型车吊臂无转台,不能回转,多数带有一节吊臂伸缩臂(对于该型二轴清障车,也有不带吊臂伸缩臂的情况),其吊臂座固定在车架上,在副车架前端或吊臂上安装有单绞盘或双绞盘。车辆的吊臂与托臂的垂直臂直接连接,通过吊臂的升降完成托举作业。由于吊臂不能旋转,仅能吊举位于清障车后部的作业对象,同时因吊臂伸缩长度的限制,吊举高度一般在5m左右。

托吊连体型清障车是目前道路清障车中比较常见的类型,在中重型清障车里占有很大的市场份额。其作业对象一般是中重型载货汽车、大中型载客汽车、轻型载货汽车、微型客货车等。

2.托吊分离型

托吊分离型清障车与托吊连体型清障车的工作原理基本相同,其吊臂与托臂是分开的,可单独工作、互不影响。托臂通过安装在垂直臂中的升降油缸实现其托举功能,吊臂主要用来配合液压绞盘起吊和牵拉事故车辆。托吊分离型清障车包含吊臂旋转和吊臂不旋转两种形式。

(1)吊臂旋转的托吊分离型。

吊臂旋转的托吊分离型清障车一般为四轴重型清障车,如图 6-7 所示。吊臂通过主轴安装在转台上,转台带动吊臂实现 360°回转,以满足不同方向的起吊和拖拽要求。清障车进行侧翻等事故救援时,可通过吊臂的回转、伸缩、变幅将事故车辆起吊扶正,或将事故车辆从路基及路基附近牵拉至路面扶正,再用托臂完成对事故车辆的托举牵引。同时,该车型也可以完成侧向吊举,其吊举高度约为 9 ~ 13m。

图 6-7　吊臂旋转的托吊分离型清障车

吊臂旋转的托吊分离型清障车应用比较广泛,其作业对象为中型载货汽车、大中型客车、重型载货汽车及超重型半挂汽车列车等。

(2)吊臂不旋转的托吊分离型。

吊臂不旋转的托吊分离型清障车一般为二轴或三轴的中型清障车,如图 6-8 所示。车辆没有转台,吊臂不能回转,吊臂座固定在车架上,两个液压绞盘安装在吊作上,除此之外其他功能基本相同。吊臂不旋转的托吊分离型清障车应用并不广泛,其被托吊连体型或吊砰旋转的托吊分离型清障车取代,作业对象一般是轻型载货汽车、微型客货车等。

图 6-8　出臂不旋转的托吊分离清障车

3. 平板背载型

平板背载型清障车是日前比较流行的 种清障车类型,如图 6-9 所示,其主要通过其自身的平板机构升降、滑动作业,配合液压绞盘将被救车辆牵拉到车厢上,再经对被救车辆的捆扎固定,实现对被救车辆的无损背载运输。此外,平板背载型清障车可通过自身或其他车辆的起重机构将被救车辆吊到平板车厢上,或通过叉车将被救车辆叉举到平板车厢上,提升清障救援的效率。

平板背载型清障车作业对象涵盖重型、中型以及轻型客货车,但其适用于轿车、微型客货车等总质量小的车型居多。

图6-9　平板背载型清障车

(三)按最大允许总质量分类分级

根据清障车的车长或最大允许总质量,清障车可分为重型、中型、轻型、微型。各等级的相关定义说明见表6-1。

清障车规格分级　表6-1

分级	说明	主要车型
重型	最大允许总质量(简称"总质量")大于等于12000kg的清障车	平板背载型、托吊连体型、托吊分离型
中型	车长大于等于6000mm或者总质量大于等于4500kg且小于12000kg的清障车	平板背载型、托吊连体型、托吊分离型
轻型	车长小于6000mm或者总质量小于4500kg的清障车	平板背载型、托吊连体型、托吊分离型
微型	车长小于等于3500mm且最大允许总质量小于等于1800kg的清障车	平板背载型、托吊连体型、托吊分离型

重型清障车作业对象是重型载货汽车、重型半挂汽车系列等总质量12t以上车型,主要有12t、16t[图6-10a)]、20t、25t[图6-10b)]、31t[图6-10c)]、38t、48t、50t[图6-10d)]等型号;中型清障车的清障作业对象是中型载货汽车,中型客车等总质量4.5~12t车型,主要有5t[图6-11a)]、6t、8t[图6-11b)]等型号;轻型清障车作业对象是轻型载货汽车,微型客车及轿车等总质量4.5t以下车型,主要有2t、3t(图6-12)等型号。

二、主要功能

清障车具备托牵(拖曳)、牵引拖牵、起吊、绞盘牵拉(拖拽)、破拆、撑涨、扶正背载以及警示、照明等功能。其中,托牵(拖曳)、牵引拖牵、背载作业是清障车的"基本"功能,而起吊、绞盘牵拉则是清障车的"拓展"功能。清障车使用中所涉及的主要功能的专业术语如下。

a)16t托吊连体型

b)25t托吊连体型

c)31t托吊连体型

d)50t托吊连体型

图 6-10　清障车规格分级图例

a)5t托吊连体型

b)8t托吊连体型

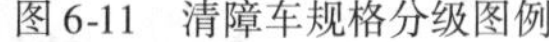

图 6-11　清障车规格分级图例

a)3t托吊连体型图

b)3t托吊分离型图

图 6-12　清障车规格分级图例

(一)清障

清障是指利用清障车辆和专业设备把事故车辆托(拖)运至道路的安全地带或指定场所的作业行为。

(二)托牵(拖曳)

托牵(拖曳)指用清障车的托举机构托起被托车辆的一端(轮胎离地)进行牵引行驶的一种作业行为。

(三)牵引拖牵

牵引分为硬牵引和软牵引两种。通常选用钢丝绳、麻绳或专用车辆牵引绳等软材料把牵引车和故障车连接起来进行牵引行驶,俗称"软连接牵引"。对制动系统无法正常工作的车辆,选用牵引杆把牵引车和故障车连接起来进行牵引行驶,俗称"硬连接牵引"(图6-13)。为保证安全,应尽量采用硬连接,汽车吊车和轮式专用机械车不得牵引车辆。

牵引拖牵(俗称"硬拖")就是指使用硬连接牵引装备把清障车和被拖车连接进行牵引行驶(轮胎不离地)的一种作业。拖牵能力与清障车的最大总质量及发动机功率有关。

(四)背载

背载是指通过将被清障车辆移至清障车平板机构上,再经过轮胎捆绑紧固后,运往指定位置的一种作业(图6-14)。常见于城市道路清障救援,特别适用于轿车故障、城市违章车辆及抢险救援。

图6-13　硬连接牵引示意图

图6-14　背载示意图

(五)绞盘牵拉

绞盘牵拉(也称"拖拽")是指清障车处于固定位置,用绞盘驱动钢丝绳将远离清障车的车辆或障碍物牵拉至预定位置的一种作业,如图6-15所示。通常清障车配备有若干个绞盘,配合吊臂、附近固定物或桩式地锚等锚点,完成对各种形式倾翻车辆的扶正和翻于深沟车辆的牵拉。

图6-15　绞盘牵拉示意图

（六）起吊

起吊是指利用清障车自身起重机构（包括随车起重机）或调用其他设备（如汽车起重机等），对事故车辆进行必要且必需的拯救、扶正、拖拽等清障救援作业。

（七）托举

托举能力是衡量清障车作业性能的重要技术参数之一。托举是指用托举机构托起被托车辆一端（轮胎离地）的一种作业，是清障车进行托牵前的一种作业工况，如图6-16所示。

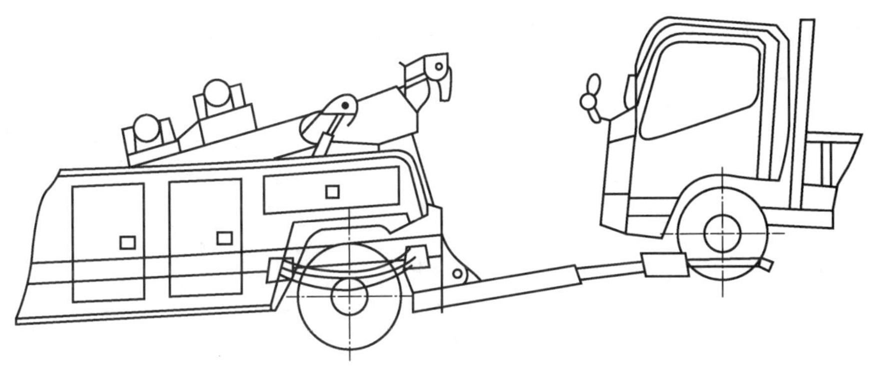

图6-16　托举示意图

（八）变幅

变幅是指清障车起重机构为改变其起吊作业半径而进行的吊臂俯仰或伸缩的运动。

（九）破拆

破拆是指应急救援时，利用专业设备将事故车辆妨碍清障车救援的部分切割或剪开的作业行为。一般清障车没有配备破拆工具。

（十）撑涨

撑涨是指利用专业设备，为事故车辆提供必要的支撑或将狭小空间撑开，以方便清障救援作业的行为。

(十一)扶正

扶正是指利用清障车和专业设备,使倾翻事故车辆恢复正常位置状态的作业行为。

(十二)警示照明

为了快捷地到达事故现场,清障车应设置警示灯和报警器装置,可使其清障作业时有明显的示警标志;清障车还有救援辅助照明功能,供夜间作业时使用。

第三节 清障车总体构造及技术参数

一、基本构造

清障车通常由专用底盘、专用作业装置、作业附件三大部分组成。

(一)专用底盘

底盘作用是保证清障车具有行驶功能,能使其实现快速的远距离转移。底盘的性能决定了清障车的基本性能。底盘分为一类底盘、二类底盘、三类底盘和四类底盘,具体分类说明及使用范围见表6-2。

底盘分类 表6-2

类型	说明	使用范围
一类底盘	整车	可用于道路运输的车辆
二类底盘	完整车辆去掉货箱(车厢)及专用装置的机械整体	可供液化气槽车、各类槽罐车、汽车起重机、冷藏车、厢式车等专用汽车使用的底盘
三类底盘	完整车辆去掉车身或驾驶室、货箱(车厢)及专用装置的机械整体	供客车厂改装各类大中型客车使用
四类底盘	散件状态的三类底盘	用于组装三类底盘

目前我国清障车所选用的底盘并非真正意义上的专用底盘,主要是采用载货汽车的二类汽车底盘,主要有驾驶室、发动机、变速箱、车架、悬架(钢板弹簧、空气悬等)前后车桥、传动轴、制动系统等组成,可以独立行使。载货汽车的二类底盘在整车的结构布局和承力方式上有许多不满足清障车专用作业装置的布局需求,为了满足清障车的特殊要求,要对汽车底盘进行改装,一般主要涉及发动机、传动轴、制动系统、电器装置和其他附件的布置。清障车底盘的专用化,即"专用底盘",是我国整个清障车行业发展的必然趋势。

对专用底盘的一般要求如下:

(1)在满足机动性的前提下,专用底盘的轴距应较长一些,以增大器材配置空间和托举机构的额定托举质量。

(2)对于专用作业装置的功能匹配,应按实际要求配备相应规格的取力器。

(3)对于配有电动绞盘的清障车,应考虑选择装配大容量蓄电池。

(二)专用作业装置

专用作业装置由多种不同作业装置组成。不同类型的清障车根据作业对象的不同,所配置的专用作业装置也不同,其布置形式亦有差别。常见的专用作业装置有:

(1)托举机构。托举机构是清障车作业装置中最重要的执行部件,装备有托臂、承载类辅具灯部件,能够完成托举作业。

(2)起重机构。起重机构由吊臂、绞盘、吊钩等部件组成,通常用于起吊、绞盘牵拉等辅助清障作业,将远离清障车的车辆吊起或拖拉至预定位置。

(3)支腿机构。支腿机构在起吊和绞盘牵拉事故车辆时用于支撑地面,以提高整车的稳定性,防止清障车轮胎过载。支腿机构包括前支腿和后支腿等部件。

(4)平板机构。平板机构是平板型清障车参与救援工作的主要部件,可实现被救车辆的背载运输。平板机构包括平板、副车架、滑梁、滑块、平板升降油缸、平板伸缩油缸等部件。

(5)牵引机构。由有绞盘、钢丝绳、拖钩等部件组成,通常用于绞盘牵拉辅助清障作业,将远离清障车的车辆拖拉至预定位置。牵引机构是起重机构的重要组成部分。

(三)作业附件

作业附件是指完成托举牵引(拖曳)、牵引拖牵(硬拖)、起吊、绞盘牵拉(拖拽)等各类清障救援工作的辅助工具,具体类型包括承载类辅具、牵引类辅具、破拆类辅具、吊装类辅具、消防类辅具等。不同类型的清障车,根据作业对象的不同所配置的作业附件在数量、种类上均有所差异。具体分类如下:

(1)承载类辅具。承载类辅具包括抱胎托举装置、托叉托举装置、专用辅助车轮等,用于被托车辆的托牵行驶,是清障车随车配备常规作业用的必备作业附件。

(2)牵引类辅具。牵引类辅具主要用于清障车拖牵故障车的行驶,一般分为硬连接牵引装置(俗称“硬拖”)和软连接牵引装置(俗称“软拖”)两类。

(3)破拆类辅具。破拆类辅具用于将被困、卡、夹、压于事故车内的人员营救出来,或将因碰撞变形后“粘”在一起的车辆分离。破拆类辅具按结构和功能分为扩张器、剪切器、剪扩器、撑顶器等。

(4)吊装类辅具。吊装类辅具(或称“吊索”)是用于连接起重机构的吊钩和被吊装设备。吊索主要有金属吊索和合成纤维吊索两大类。若必须用吊装方式装卸时,需用专用吊具装卸,以防损伤作业对象。

(5)消防类辅具。消防类辅具是清障车不可或缺的重要组件,主要用于易燃、可燃液体和气体及带电设备的初期火灾救援。

二、主要技术参数

道路清障救援从业人员需要掌握清障车主要技术参数,包括尺寸参数和性能参数,并根据不同车辆类型选择合适的吨位和类型的清障救援装备。常规清障车技术参数如下。

(一)尺寸参数

(1)托臂有效长度(mm):当托臂处于水平位置时,垂直于清障车纵向轴线的平面从托举中心开始沿托臂上轮廓线无阻挡地向前平行移动的最大距离。

(2)后托距(mm):托举中心至清障车后轴中心垂直平面的距离。

(3)平板机构的最小作业角度(°):在正常工作状态下,平板机构与地面形成的最小夹角。

(4)平板长宽(mm):平板背载型清障车的平板机构最外围纵向、横向的数据。

(二)性能参数

(1)额定托举质量(kg):托臂有效长度为最小值时清障车的额定托举质量。

(2)最大托举质量(kg):托举中心处于不同位置时清障车所允许托起的最大质量。

(3)原地托举质量(kg):支起后支腿时,托臂有效长度为最小值时清障车允许托起的最大质量;没有后支腿时,原地托举质量等于最大托举质量。

(4)最大托举质量(kg):清障车允许托举的最大质量。

(5)额定起吊质量(kg):起重机构在各种工况下安全作业所允许起吊物体的最大质量。

(6)最大起吊质量(kg):起重臂处于正常工作条件下,允许起吊物体的最大额定起吊质量。

(7)最大平板装载质量(kg):平板机构在正常工作条件下,允许承载的最大质量。

(8)绞盘额定牵引质量(kg):牵引机构安全作业所允许牵引物体的最大质量。

(9)最大总质量(kg):整车整备质量、最大托举质量或加上平板机构的最大装载质量、额定乘员质量之和。

此外,通常所说的3t清障车、5t清障车、8t清障车、20t清障车等规格的清障车,实际上是指该种清障车采用的底盘的承载能力(即"载质量"或者"有效载荷"的等级)。总质量越大,清障车的作业能力也相应要大。

三、基本技术要求

清障车基本技术要求包括外廓尺寸限值、最大允许总质量限值、最大允许轴荷限值及其他相关要求。

(一)外廓尺寸限值要求

清障车的外廓宽度和高度不应超过表6-3所要求的最大限值。

外廓尺寸最大限值单位(mm) 表6-3

长度	宽度	高度
相关标准要求	2550	4000

(二)最大允许轴荷及总质量限值要求

清障车各轴最大允许轴荷不超过13000kg,最大允许总质量不应超过55000kg。各单轴的轴荷及总质量最大限值见表 6-4。

平板型清障车技术参数　　表 6-4

车辆形式		轴荷最大限值(kg)	总质量最大限值(kg)
二轴	前每侧单胎	8000	20000
	后每侧双胎	12000	
三轴	前每侧单胎	8000	34000
	后每侧双胎	13000	
四轴	前每侧单胎	9000	44000
	后每侧双胎	13000	
五轴	前每侧单胎	9000	55000
	后每侧单胎	11000	
	后每侧双胎	13000	

(三)其他要求

清障车的最大托牵质量小于或等于其最大总质量。清障车在托牵状态下,前轴轴荷大于或等于最大总质量的 15%,其行驶速度不得超过 30km/h。清障车的托举质量与托牵质量的比值大于或等于 20%。

四、基本技术参数实例

本节以平板型和托吊型清障车为例说明不同类型清障车的基本技术参数。

(一)平板型

平板型清障车主要完成背载、托牵作业,操作人员需掌握平板机构、托举机构等专用作业装置的基本技术参数要求,具体参数见表 6-5。

平板型清障车技术参数　　表 6-5

作业装置	技术指标	具体参数
平板机构	长(mm)×宽(mm)	8000×2490
	主板倾斜角(°)	17
	副板倾斜角(°)	8
	平板最大承载质量(kg)	8000
	绞盘额定牵引质量(kg)	8000
	钢丝绳长度(m)	30
托举机构	托臂最大有效长度(mm)	1600
	额定托举质量(kg)	6700
	全伸出最大托推举质量(kg)	3500
	额定托牵质量(kg)	15795

(二)托吊型

托吊型清障车主要完成起吊、托牵作业。操作人员需掌握起重机构、托举机构等专用作业装置的基本技术参数要求,具体参数见表 6-6。

托吊型清障车技术参数

表 6-6

作业装置	技术指标	具体参数
起重机构	最大起吊质量(kg)	1500
	最大起吊高度(mm)	3630
	吊臂伸缩行程(mm)	1600
	绞盘额定牵引质量(kg)	4000
	钢丝绳长度(m)	21
托举机构	托臂最大有效长度(mm)	1750
	全伸出最大托举质量(kg)	1500
	额定托牵质量(kg)	4495

第四节　专用作业装置

一、专用作业装置基本工作原理

目前清障车上的专用作业装置大多数是以专用底盘自身的发动机为动力源。发动机输出动力经过取力器,驱动齿轮液压油泵。液压油泵经液压多路换向阀控制产生高压液压油。通过控制多路换向阀各执行部件操纵手柄,分配给托举机构、平板机构、起重机构、支腿机构等工作装置的功能油缸或液压马达,以驱动各工作装置完成托举、平板伸缩、平板倾斜、牵引、变幅、起吊等救援作业所需的各种动作。此外,清障专项作业也有通过气动系统辅助控制绞盘气动离合,或蓄电池直接控制电动绞盘等方式操纵牵引机构,实现钢丝绳快速收放、定滑轮牵引等工况,从而提升作业效率并保障作业安全。

清障车专用作业装置的工作原理,如图 6-17 所示。

二、专用作业装置的结构

清障车是一种高度定制化的专用车辆,其作业装置的技术参数因改装厂不同而存在显著差异,即使在同一吨位级别下,相同功能的作业装置也会有所不同。本节将重点介绍托举机构、起重机构、平板机构和牵引机构等常见专项作业装置的结构形式及其功能。

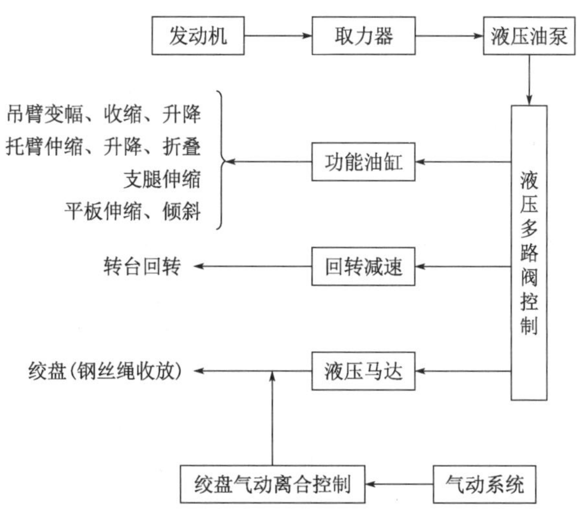

图 6-17　工作原理示意图

(一)托举机构

托举机构作为连接清障车与被清障车的关键结构,是主要承载部件,通常具有折叠、升降伸缩等功能。其中,托臂是托举机构最重要的部件之一,用于完成被托车辆的托举作业。按托臂的工作方式,可进行如下类型的划分。

(1)根据托臂与吊举的关系,可分为托吊分离型、托吊连体型;根据托臂升降方式,可分为杆系型、道轨型;根据托臂长度变化,可分为不可伸缩、可伸缩式;根据托臂是否可折叠,可分为折叠型、不折叠型。

托臂主要由垂直臂、水平臂和摆臂三大部分组成。具体结构以某托吊分离型托臂为例,如图 6-18 所示。托臂结构连杆前支座固定在清障车副车架后部;连杆设有上下两对,两对连杆的两端均分别与连杆前支座和垂直臂铰链。

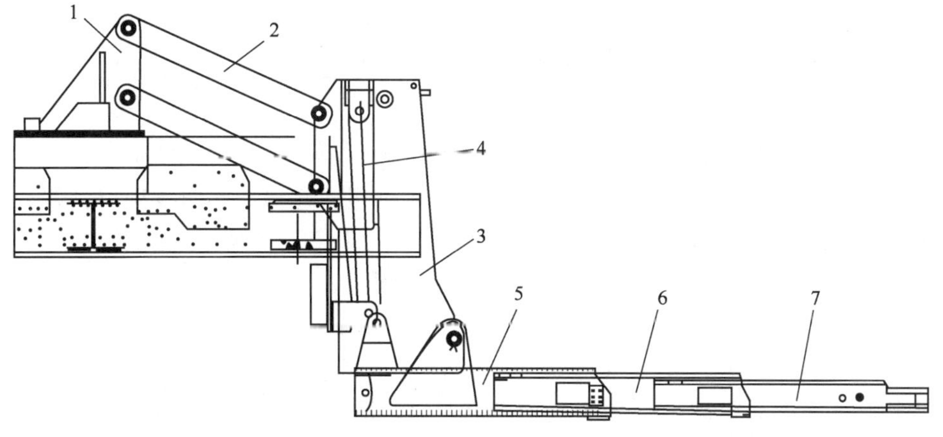

图 6-18　托臂结构示意图

1-连杆前支座;2-连杆;3-垂盘臂;4-水平臂变幅油缸;5-水平基本臂;6-第一伸缩臂;7-第二伸缩臂

水平臂包括水平基本臂、第一伸缩臂和第二伸缩臂。第一伸缩臂与水平基本臂滑动连接。第二伸缩臂与第一伸缩臂滑动连接。水平臂变幅油缸的缸体固定在垂直臂内,水平臂变幅油缸推杆与水平基本臂的后部铰接,水平基本臂的中部与垂直臂铰接。

(2)根据机构的托举能力,托臂可分为超重型、重型、中型、轻型和微型。托臂类型与托举质量关系见表6-7。

托臂类型与托举质量关系 表6-7

托臂类型	最大托举质量(kg)	被托车辆类型	托臂最大有效长度(mm)
超重型	≥10000	8×4等	2800
重型	5000~10000	重型货车、客车	≥2000
中型	2500~5000	中型货车、客车	≥1500
轻型	1100~2500	越野车、轻型货车	
微型	≤1100	微型车、轿车	

(二)起重机构

起重机构通常用于起吊、绞盘牵拉等辅助清障作业,将远离清障车的车辆吊起或拖拉至预定位置。起重机构具体装备由吊臂、绞盘、吊钩等组成。

以吊臂旋转的托吊分离型为例,起重机构包括转台、吊臂基本臂、吊臂伸缩臂、绞盘、吊钩等部件,具体结构如图6-19所示。吊臂基本臂和吊臂伸缩臂合称为吊臂,吊臂安装于转台上部,能够实现回转、变幅、伸缩以及绞盘钢丝绳的收放等动作;转台的回转部分与车架平台相连,上铰点与吊臂基本臂相连接。吊臂配合绞盘和动力装置可实现对故障车辆的起吊、侧拽、扶正等辅助清障作业。

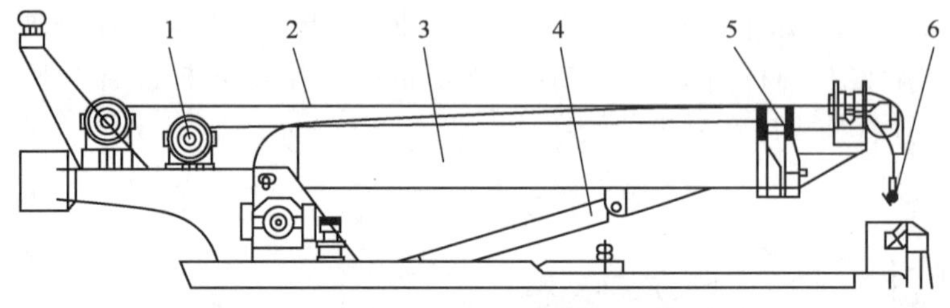

图6-19 起重机结构图

1-绞盘;2-钢丝绳;3-吊臂基本臂;4-吊臂变幅油缸;5-吊臂伸缩臂;6-吊钩

起吊作业过程中,清障救援从业人员应依据具体机型的起重特性曲线确定其臂长。起重特性曲线表示吊臂起重量与幅度的关系曲线(图6-20),规定了在某一幅度下,安全起吊的最大起重量。

(三)平板机构

平板机构是指配有绞盘,或具有倾斜、伸缩等功能,能够牵引、装载汽车或其他机械设备的平台装置。平板机构主要由平板、副车架、滑梁、滑块、平板升降油缸、平板伸缩油缸等部件组成,如图6-21所示。

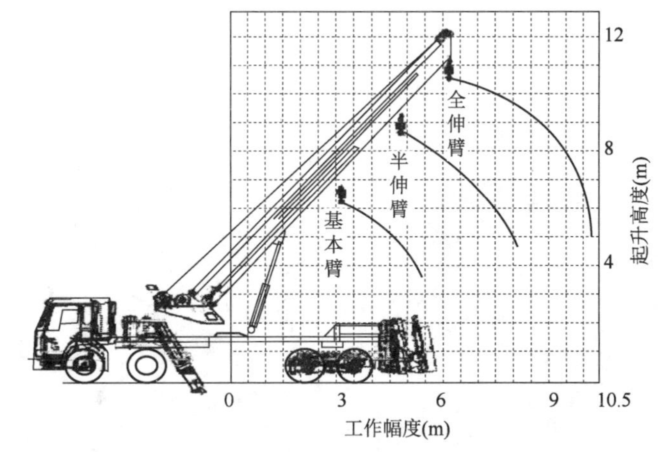

图 6-20　起重特性曲线

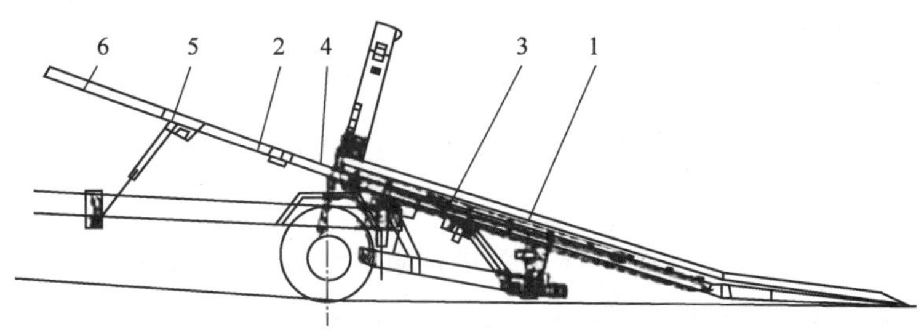

图 6-21　平板机构

1-平板;2-副车架;3-滑梁;4-滑块;5-平板升降油缸;6-平板伸缩油缸

副车架是清障车的重要组成部分,既是各个专用作业装置的安装基础,也是平板滑动的支撑骨架。通过滑梁与副车架沿块之间的滑动连接,平板伸缩油缸推动清障平板前后滑动,实现位置的灵活调整;同时,平板升降油缸推动副车架,使平板能够倾斜,以适应不同路面的作业需求。平板表面采用花纹底板设计,增加摩擦力,防止背载对象打滑,确保作业安全。此外,清障车在不同路面作业时,平板机构的最小作业角度被限制为不大于 12°,以保证作业的稳定性和高效性。

(四)牵引机构

牵引机构是指将远离清障车的车辆拖拉至预定位置的牵拉装置,可在事故现场或雪地、沼泽、沙漠、海滩、泥泞山路等恶劣环境中进行自救和施救。其主要由绞盘、钢丝绳、吊钩组成。

1. 绞盘

绞盘是牵引机构的关键组件,按其动力源的不同可分为液压绞盘和电动绞盘两种。

(1)电动绞盘。

电动绞盘(图 6-22)是一种依靠车辆自身电力驱动的装置,即便在车辆熄火的情况下,仍可短时间正常运行。其安装过程简便,支持多位置安装,并能快速进行移位。但由于受限于车辆电力系统的容量以及设备自身易发热等特性,通常无法长时间连续工作,且提供的驱动力相对有限。

(2)液压绞盘。

液压绞盘(图 6-23)由液压马达驱动,其动力源自底盘取力器所带动的液压泵,因此能够持续输出较大的拉力,且单次使用时间较长,不存在因发热而影响性能的问题。但必须依赖发动机提供动力,因此在发动机停止运转时无法使用。

图 6-22　电动绞盘

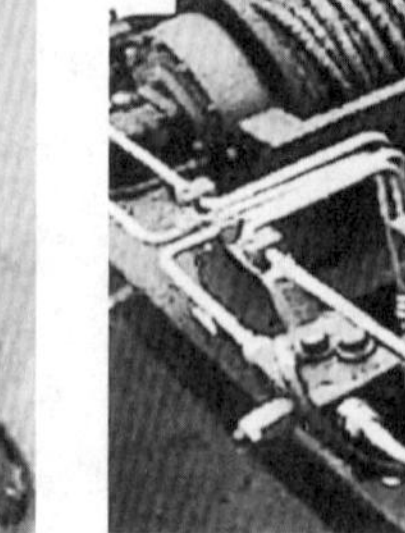

图 6-23　液压绞盘

此外,钢丝绳收放装置应能自锁,在卷筒上钢丝绳应排列整齐,不得出现乱绳和扭曲现象。钢丝绳在收放过程中不得脱离滑轮槽面或发生卡滞,与钢丝绳接触的构件不得损伤钢丝绳。

2. 牵引机构案例

受限于空间布局,在中小型清障车中牵引机构通常作为起重机构的一个组成部分。此外,为满足多绞盘作业的需求,清障车还配备了独立布置的牵引机构。根据绞盘的布置形式,清障车可分为单绞盘、双绞盘、四绞盘、六绞盘及七绞盘等多种类型。其中,单绞盘和双绞盘的布置形式在实际应用中较为常见。

以七绞盘布置结构为例,救援清障车的吊臂上安装有四个绞盘,车身两侧和前部各安装一个绞盘,从而形成七绞盘布局(图 6-24)。具体而言,转台上沿纵梁方向前后并列安装有两个第一组绞盘装置,吊臂两侧对称安装有两个第二组绞盘装置,副车架上左右并排安装有两个第三组绞盘装置。此外,在底盘前保险杠处增设一个绞盘,通过附加支架与底盘车架连接,最终构成七绞盘布置。该绞盘能够有效固定救援清障车自身,防止因被救车辆质量过大而导致救援装备倾翻或被拖拽的二次事故发生。

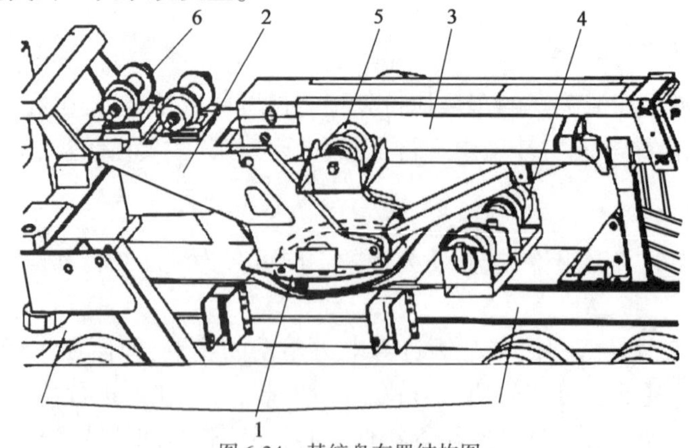

图 6-24　某绞盘布置结构图

1-副车架;2-转台;3-吊臂;4-第三绞盘装置;5-第二绞盘装置;6-第一绞盘装置

(五)其他机构

1. 支腿机构

起吊作业时,底盘主车架将受到较大的附加集中载荷,为了保证车架的强度和提高整车的起重能力,必须设置支腿机构。支腿机构主要功能是在起吊、侧拽、扶正故障车辆时替换轮胎支撑地面,增大跨距,以提高整车的抗倾翻能力。按支腿位置不同,支腿机构分为前支腿和后支腿。前支腿是由水平油缸、前固定支腿、前活动支腿、垂直油缸、撑脚等组成。后支腿是由垂直油缸、垂直支腿、水平支腿、撑脚等组成如图 6-25 所示。常见的支腿形式有“A”形、“H”形、“摆腿式”三种。除吊臂旋转的托吊分离型外,其他型清障车的支腿机构仅有后支腿。

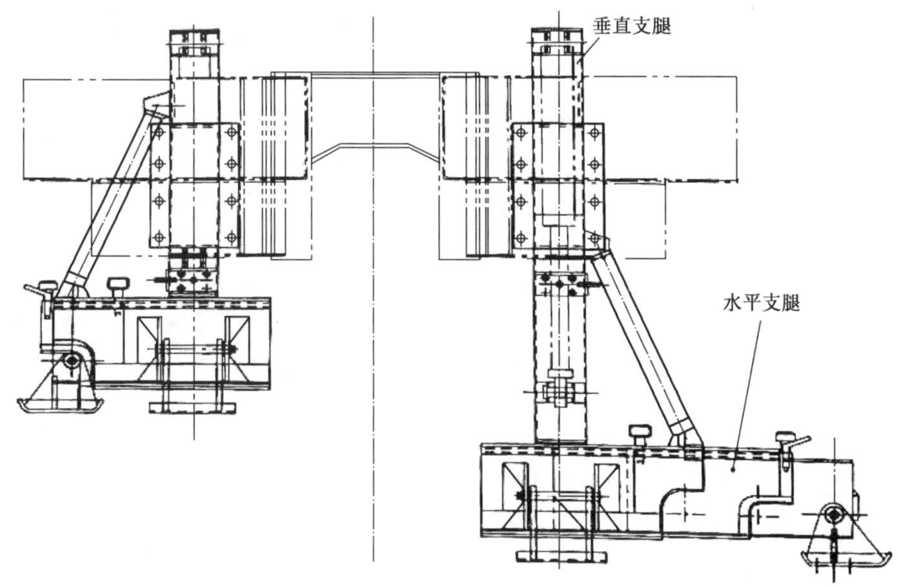

图 6-25　后支腿结构图

2. 回转装置

回转装置作为回转定位的关键部件总成,可实现清障车吊臂 360°回转或其自身 360°自转向。以托吊分离型的吊臂回转为例,回转装置由回转机构、回转支撑、中心回转接头、吊臂支座等组成,如图 6-26 所示。其中,回转机构由驱动装置(也称“液压马达”)、制动装置(也称“制动器”)、减速装置(也称“行星减速器”)、执行装置(也称“输出齿轮”)四部分组成。回转支撑由外圈、内圈及滚珠组成,内外圈可以相互转动。外圈通过螺栓与副车架固定连接,内圈通过螺栓与吊臂支座固定连接。

回转机构固定在吊臂支座上,与回转支撑外圈周边齿轮啮合。回转作业过程中,通过操纵回转手柄控制多路换向阀,向回转机构的液压马达分配液压油,以驱动回转机构带动回转支撑内圈及吊臂旋转。中心回转接头作为接通油路和电路的内部通道,分为上部旋转部分和下部不旋转部分。下部不旋转部分与回转支撑底座连接,上部旋转部分跟随吊臂支座回转。区别于汽车起重机,吊臂旋转的托吊分离型清障车未设置转台锁止装置。

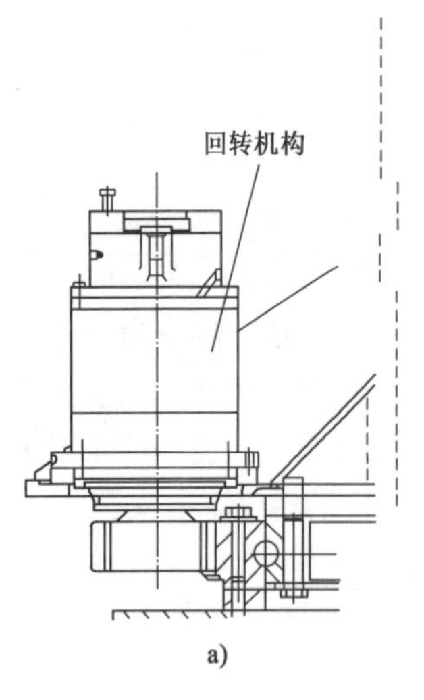

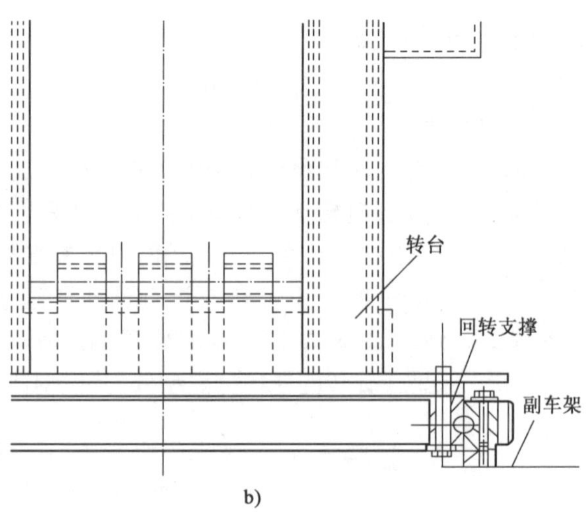

图 6-26　回转装置结构图

此外,清障车自身 360°自转向装置主要适用于隧道、高架桥等作业空间狭窄复杂环境下清障作业。回转装置的回转半径,因车型的不同而不同。

3. 操纵装置

操纵装置由取力器控制开关、远程油门控制器、液压控制开关(也称“执行部件操纵手柄”)、电气开关等部件组成,主要用来控制液压系统完成各种动作。常规的控制方式为手动,也可通过有线或无线遥控来进行。通常在车身后部两侧有两个操纵箱,始终保证工作服人员处在安全的一侧操纵。

操纵装置的安装位置应使操作人员能方便地观察到作业的全过程,且保证操作人员处于安全位置,如图 6-27a)所示。所有操纵位置均设置明显的中文操纵指示标识,如图 6-27b)所示。

a)处于安全位置

b)操纵指示标识

图 6-27　操纵装置

例如托吊型清障车的操作面板上有许多操作手柄,对应于吊臂变幅、吊臂伸缩、托臂折叠、托臂伸缩、前左支腿、前右支腿、后左支腿、后右支腿等作业动作。其他开关为绞盘的离合控制开关,主绞盘收放和侧绞盘收放的操纵位于遥控端,均有相应标识标明操作。

4.液压系统

液压系统主要由取力器、液压油泵、多路换向阀、平衡阀、双向液压锁、液压管路、液压油缸、液压马达、液压油箱等部件组成。

(1)取力器。

清障车主要是通过取力器来获取救援作业时所需的额外动力。取力器通常附加在变速箱的外侧,通过变速箱的某一齿轮获取动力。动力的接通或断开(图6-28)由驾驶室内的电磁阀进行控制。当取力器启动后,驱动液压油泵运转,从而为清障救援作业提供所需的动力支持。

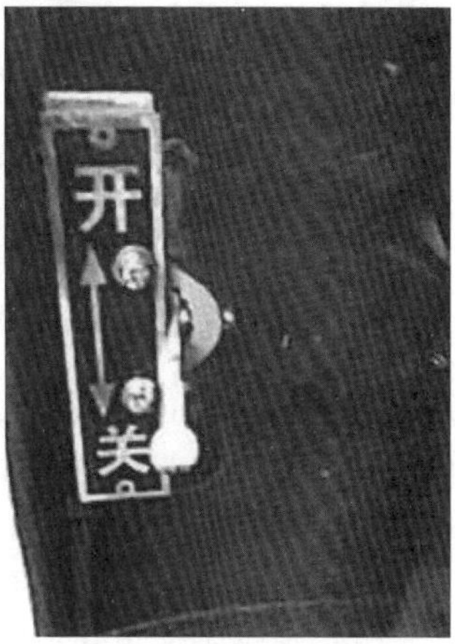

根据控制方式的不同,取力器有机械控制、液压控制、气控、真空源控制、电控等操纵方式。其中,气控、机械控制较为常见。行驶中误按取力器控制开关时,应立即踩下离合器踏板,否则非常危险。

图6-28　取力器开关

(2)多路转向阀。

以平板型清障车为例,其多路换向阀控制主要由平板升降油缸(起、落)控制阀、液压绞盘(牵、放)控制阀、平板伸缩油缸(收、放)控制阀、托臂举升油缸(起、落)控制阀、水平臂伸缩油缸(伸、缩)控制阀,以及溢流阀等并联组成。液压系统原理如图6-29所示。

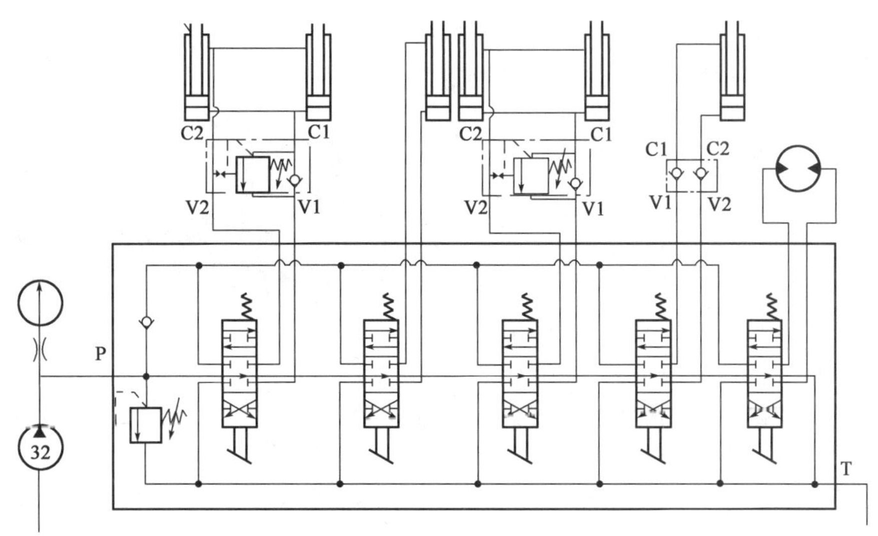

图6-29　液压系统原理图

多路转向阀(图6-30)上附装有安全溢流阀以防止液压系统超载。当液压系统油压高于溢流阀限值(16MPa)时,溢流阀将自动开启,液压油直接卸载回流至液压油箱。多路换向阀的一侧有远程油门控制器控制发动机转速,从而控制各个系统的动作快慢。正常行驶时,多路换向阀各操作手柄应处于中间位置。

图 6-30 多路转换阀

(3)液压油缸。

托吊型清障车的吊臂、托臂等关键部件作业主要以吊臂变幅油缸、水平臂变幅油缸及水平臂伸缩油缸等执行机构工作实现。以吊臂变幅油缸为例,将吊臂变幅操纵手柄置于“起”的位置,吊臂变幅油缸活塞杆伸出,顶起吊臂,实现变幅,吊臂变幅油缸举升到额定行程后,高压油通过溢流阀和回油管流回液压油箱。反之,当把吊臂变幅操纵手柄置于“落”的位置:吊臂变幅油缸活塞杆被压回,带动吊臂落下,到达初始位置后,高压油通过溢流,和回油管流回液压油箱。如要使吊臂停在任何一个位置,只要在吊臂变幅油缸起或落到该位界时,松开吊臂变幅操纵手柄即可。

(4)平衡阀。

平板型清障车的平板升降油缸及托臂举升油缸的下端接有平衡阀,以防止液压油缸在向下运动的过程中产生冲击,起到保压作用。在托臂型清障车的吊臂变幅油缸双缸之间安装平衡阀,用来调整保持双缸之间的压力平衡,同时平衡阀具有保险作用。即当吊臂变幅油缸在举升或降落时,遇到液压管路破裂时,平衡阀能自动锁死,防止吊臂受力时急速落下。水平臂变幅油缸和水平臂伸缩油缸工作原理与吊臂变幅油缸相同。

5. 电气系统

电气设备包括畜电池、发电机与调节器、起动机、点火系统、仪表和指示系统、照明与信号系统(图 6-31)、电子控制系统、辅助电器设备、线束等。这些设备构成了清障车电气系统,使清障车运行与驾驶更加简单、可靠、安全。其中,照明与信号系统区别于其他车辆,主要包括警示灯、高位行车信号指示灯以及侧标志灯,如图 6-31所示。

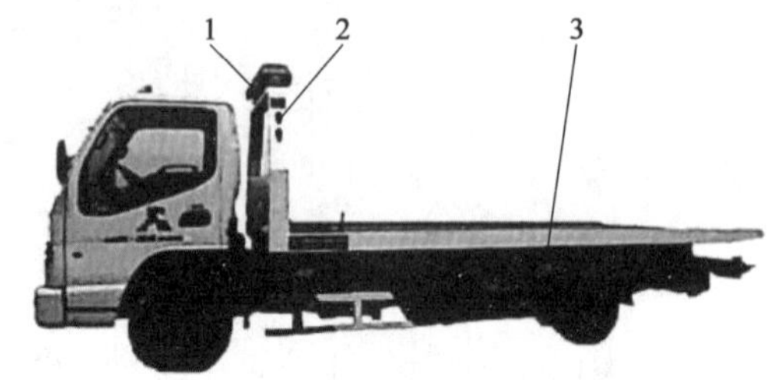

图 6-31 照明与信号系统
1-警示灯;2-高位行车信号指示灯;3-侧标志灯

(1)清障车警示灯分为工程黄(民用)和红蓝(警用)两种颜色。国家规定,清障车如需安装红蓝警灯,应在当地有关部门申请警灯使用证并办理相关手续。

(2)高位行车信号指示灯。高位行车信号指示灯主要用于对其他人及车辆起到警示作用。高位行车信号指示灯包括转向灯、制动信号灯以及倒车灯。其中,转向灯用于车辆转弯时警示车前或车后的行人和车辆,其颜色为黄色。制动信号灯(简称“制动灯”,俗称“刹车灯”),用来提醒后面的车辆本车已采取制动措施,其颜色为红色。倒车灯用于照亮车后道路和告知车辆和行人,车辆正在倒车或准备倒车,其颜色为白色。高位行车信号指示灯安装位置应在托牵状态下保证清晰的信号,其最大高度不超过 3800mm。

(3)侧标志灯。除了带驾驶室的底盘外,长度大于 6m 的车辆必须配备侧标志灯。在遇到减速、制动、故障或事故时,侧标志灯应闪烁,以提醒途经的其他车辆,避免道路交通事故的发生。平板型清障车在平板左右外侧均设置三只侧标志灯，如图 6-32 所示。

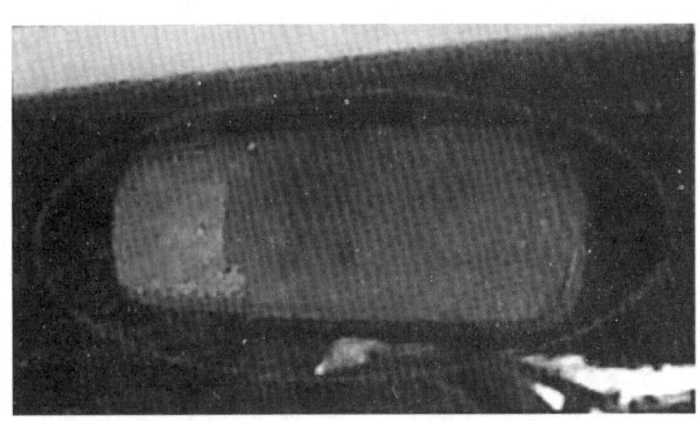

图 6-32　侧标志灯

此外，最大托牵质量 Q > 16t 的清障车应配置供被拖车辆使用的辅助制动装置和辅助行车信号指示灯。

6. 工具箱

工具箱一般为金属结构，可用于放置清障车的修理工具、各种作业附件及其备件。工具箱布置的原则是：

(1)重型器材尽量置于下部。

(2)精密器材尽可能布置于前部，并视情况加装防震装置。

(3)使用频率高的器材布置在随手可及的地方。

(4)将一些不常用的器材放置在中部。

第五节　作业附件

作业附件是清障车进行清障和救援作业时必不可少的辅助器具，对提高清障和救援效率有极为重要的意义。在车辆制造成本增加不多，不影响整车性能的前提下，尽量多配置一些作业附件，以增加清障车的功能，扩大其作业范围。

一、承载类辅具

承载类辅具(俗称“托具”)是清障车随车配备常规作业用的必要作业附件。按作业方式不同，可分为抱胎托举装置、托叉托举装置、专用辅助车轮等。

(一)抱胎托举装置

抱胎托举装置(亦称“抱胎托架”)是指用于托举汽车轮胎进行托牵作业的辅助工具，且结构左、右对称，通过销轴固定的方式安装在托臂的摆臂两侧。按其结构形式不同，抱胎托举装置可分为 L 形和 U 形两类。

1. L 形抱胎托举装置

L 形抱胎托举装置是清障车使用中最常见的作业附件，由轮胎前托架(亦称“十字形套管")和轮胎后托架(亦称"L形拖杆")、挂钩、锁销等组成,其结构如图6-33所示。

L形抱胎托架在摆臂上有多个可横向调节宽度的销轴穿装孔;在轮胎后托架前端以插装的方式通过连接销轴安装有轮胎前托架,在轮胎后托架与轮胎前托架的插装配合段,有多个可调节滑梁伸出长度的销轴穿装孔,以满足不同轮胎、不同轮距的需要。在轮胎后托架前端内侧固定设置有轮胎后挡,在轮胎前托架的后端内侧固定设置有轮胎前挡,轮胎前托架和轮胎后托架组合可实现夹持轮胎功能,并配有安全链条固定锁孔,便于被托车轮与托架绑扎固定。

2. U形抱胎托举装置

U形抱胎托举装置适合于中、重型车辆的前、后轮胎的托举作业,常见于大中型客车清障救援。U形抱胎托举装置由前托架(或称"U形托架")、后托架(或称"托架后挡轴")、挂钩、锁销等组成,其结构如图6-34所示。

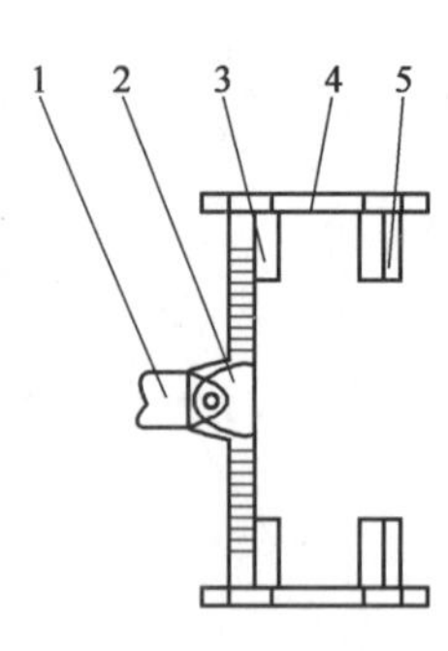

图6-33 L形抱胎托架结构

1-水平伸缩臂;2-摆臂;3-轮胎前托架;4-滑梁;5-轮胎后托架

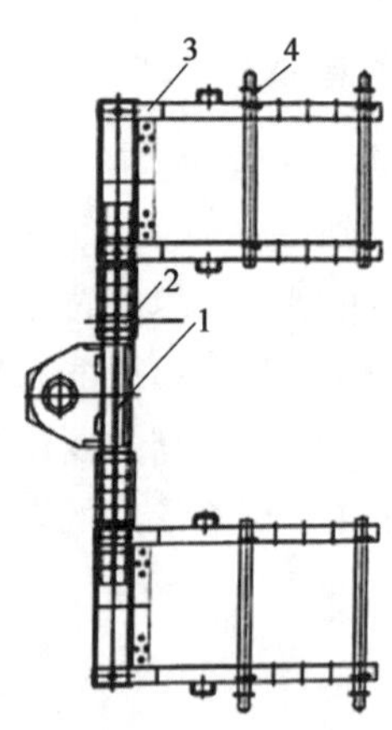

图6-34 U形抱胎托架结构

1-摆臂;2-托架套;3-前托架;4-后托架

U形抱胎托举在摆臂上配有可调节横向宽度的托架套;在前托架前端以插装的方式通过连接销轴安装于摆臂两端,在后托架与前托架的插装配合段上有多个可调节的销轴穿装孔,以满足不同轮胎、不同轮距的需要。后托架插装在前托架的销轴穿装孔内锁销固定,用安全链条或捆绑带将轮胎锁牢,实现夹持轮胎功能。

(二)托叉

托叉和叉座是用于托举汽车的车轴、纵梁或钢板弹簧进行托牵作业的辅助工具,是中、重型清障车必须配置的作业附件。

托叉通过插入的方式安装于摆臂两侧的叉座中,且结构左、右对称。按叉举位置的不同,托叉分为车轴托叉、纵梁托叉、板簧托叉,分别托举的位置为车轴、底盘纵梁的前端或后端、车轴上的弹簧钢板前铰点处。其中,车轴托叉[图6-35a)]和纵梁托叉[图6-35b)]由开U形缺口的叉板和销轴焊接而成。板簧托叉[图6-35c)]由槽形叉、转轴和两根锁定杆组成。使用连接状态如图6-35d)所示。

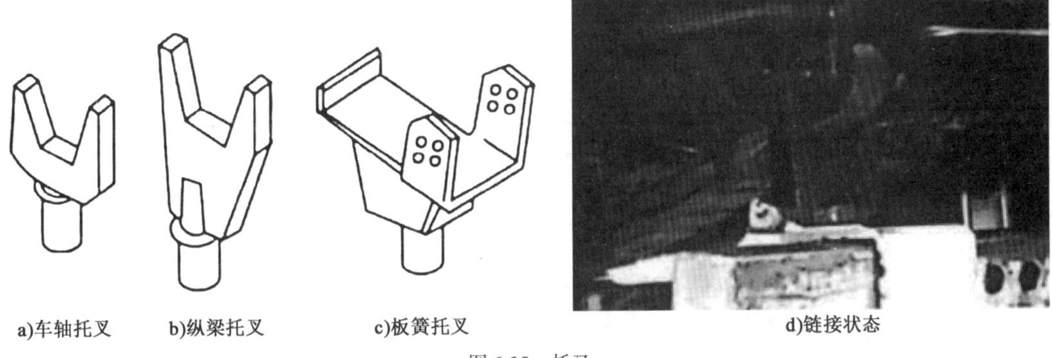

图 6-35 托叉

叉座是连接固定托叉的支承座,由矩形套管、销轴孔、挂钩、弹簧插销等组成,如图 6-36 所示。托叉与叉座需配合使用,按照支撑点和承载吨位的要求,选择相应的托叉装入叉座上的销轴孔,托住被托车辆的车轴、纵梁或钢板弹簧,再托举被托车辆。

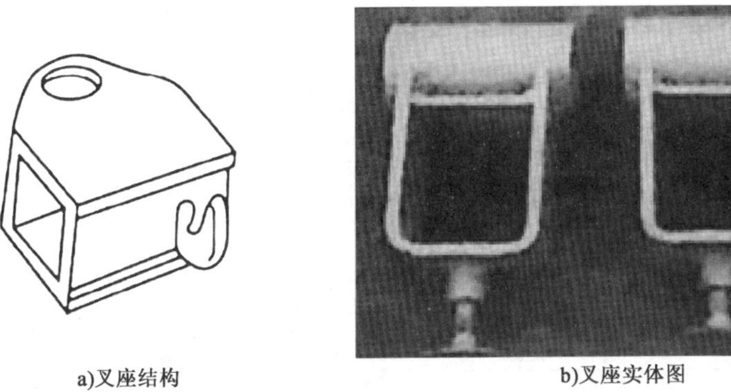

图 6-36 叉座

(三)专用辅助车轮

当被清障车辆无法松开驻车制动器,前后轮均被锁牢,或前后轴均损坏时,可利用专用辅助车轮直接将被清障车辆拖走。

专用辅助车轮由辅助轮支架、轮胎、轮架杆、弹簧锁销、加力杠杆(或称撬棍)等组成,适合于城区道路违章停放车辆的清障作业,如图 6-37 所示。

二、锁紧类辅具

锁紧类辅具包括捆绑带及紧固器、安全链条及锁紧器,主要用于背载或托牵作业时连接清障车和被清障车辆,以防止被清障车辆脱离清障车。锁紧类辅具是背载、托举以及托牵车辆行驶过程中,必须使用的安全保障辅具。

(一)捆绑带及紧固器

捆绑带和紧固器是辅助平板背载、抱胎托举、专用辅助车轮托牵等清障作业时成对配套使用的安全装置。捆绑带的作用是绑紧平放在平板或抱胎托举装置上的被清障车辆的轮胎,保障清障作业过程运行安全。

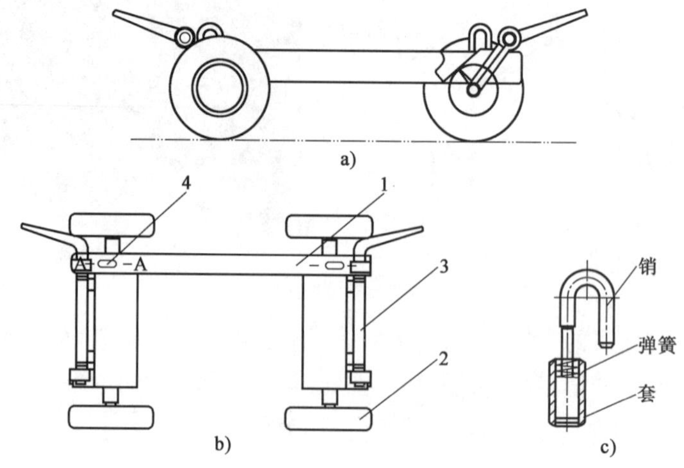

图 6-37　专用辅助车轮

1-辅助轮支架;2-轮胎;3-轮架杆;4-弹簧锁销

捆绑带一般选择尼龙材质,为了捆绑大小不同的轮胎,常分为两种类型:一是一端带钩,另一端呈自由状态,中间为三角形活动环,其长度较长约为 1300mm;二是一端带钩,另一端带三角形环,其长度较短约为 300mm。捆绑带钩上均带有防松脱装置,并常以"D"形环的方式绑紧轮胎,如图 6-38 所示。

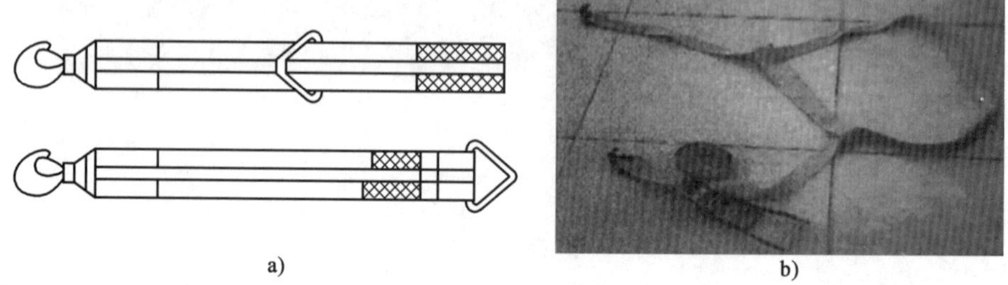

图 6-38　轮胎捆绑带

紧固器由棘轮、卷带轴、开放支板、手柄等组成,如图 6-39 所示。捆绑时,捆绑带自由端头穿入紧固器卷带轴中并予拉紧,摆动手柄使卷带轴转动,收紧捆绑带将轮胎绑紧;松开时,将拇指扣握手柄,四指提升开放支板,转动手柄使紧固器展开呈"一"字形,松弛捆绑带。

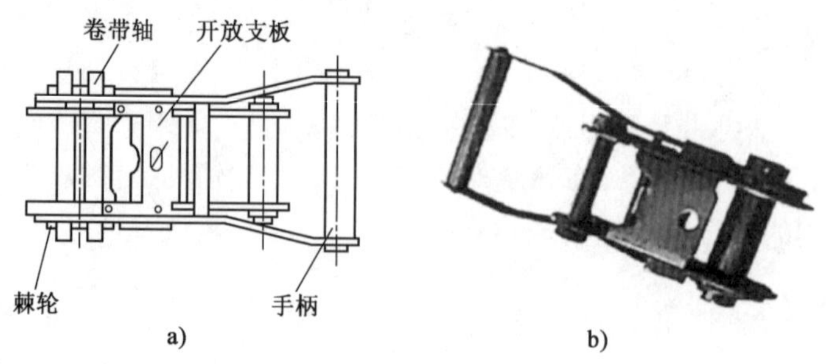

图 6-39　紧固器

(二)安全链条及锁紧器

在托牵作业时,必须使用安全链条将清障车与被清障车辆连接起来,以防止被清障车辆意外脱离。安全链条常分为单钩钢链[图6-40a)]和双钩钢链[图6-40b)]。其中,双钩钢链早期常用于被装载车辆被拖端下部未设置牵引钩环的情况,目前救援企业已经很少选配。

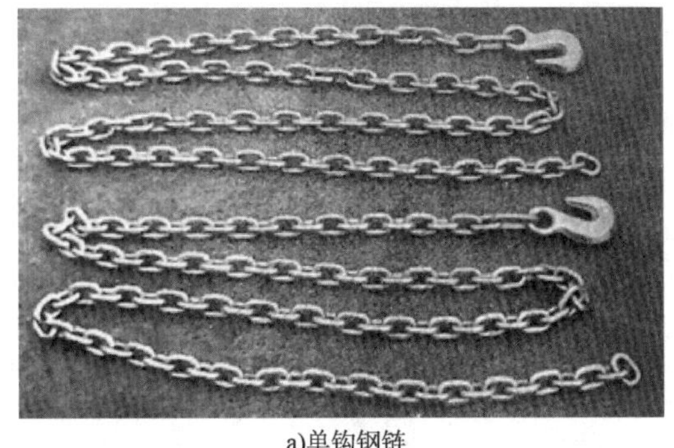

a)单钩钢链　　　b)双钩钢链

图6-40　安全链条

在托牵作业时,安全链条一端栓固在清障车后围板孔中,另一端绕过被托车辆的车轴、纵梁或者刚板弹簧处,并保证安全链条套在摆臂叉座的挂钩上。叉座的挂钩和车体之间的链条长度应留有足够的余量,以保证在车辆转弯的上下坡时被托车辆的自由转动。所使用的安全链条的强度等级要求见表6-8。

安全链条的强度等级　　　表6-8

被清障车辆总质量(kg)	每条链条的额定拉力(kN)	每条链条的最小破断力(kN)
<2000	18	20
$2000 \leqslant G_a < 6000$	25	38
$6000 \leqslant G_a < 12000$	33	73
$12000 \leqslant G_a < 18000$	42	236
$\geqslant 18000$	52	236

此外,锁紧器(图6-41)一端为手柄,另一端为两根带钩的钢链铰接于手柄上。作业时,成对使用,带钩一端挂接于叉座上,另一端绕过被托车辆的车轴、钢板弹赞等,用锁紧器锁牢。

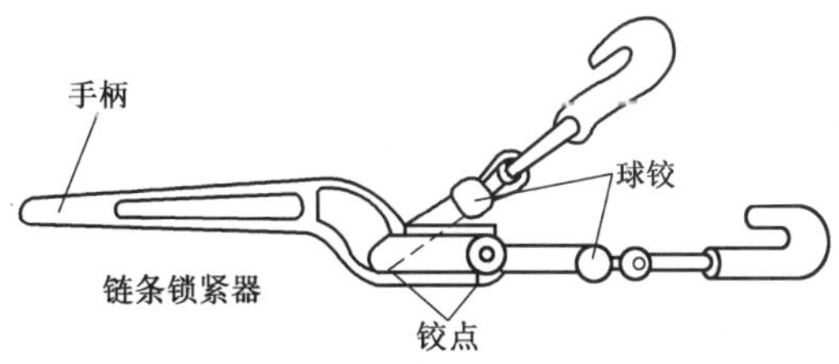

图6-41　锁紧器原理

三、牵引类辅具

牵引类辅具主要用于清障车牵引故障车辆拖离现场,确保道路畅通。按其结构组,常用的牵引类辅具可分为了软牵引工具、牵引架、硬拖具三类。

(一)软牵引工具

钢丝绳曾是最常见的软牵引工具,多用于无动力来源的车辆进行牵引。钢丝绳是先由多层钢丝捻成股,再以绳芯为中心,由一定股数的钢丝捻绕成螺旋状的绳。使用软连接牵引装置,牵引车与被牵引车之间的距离应当大于4m,小于10m。因软牵引作业的危险性较大,目前道路交通管理部门严禁软牵引作业。

(二)牵引架

牵引架由带环的硬拖杆(两根)、钩板、钢链、卸扣等组成,如图6-42所示。牵引架一端钩板铰接于故障车后部牵引钩上,另一端挂接于绕过被拖车辆的钢板弹簧或两纵梁的链条锁钩中。用牵引架拖牵作业时,应有效地保护好被拖车辆,避免划伤、碰损、摩擦等发生。目前牵引架应用场合较少,一般是根据用户需求配置。

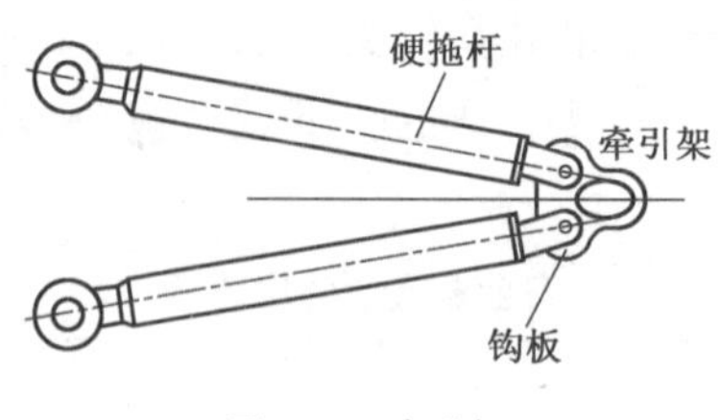

图6-42 牵引架

(三)硬拖具

硬拖具(俗称"牵引杆")由两只环座和一根无缝钢管焊接而成,如图6-43所示。硬拖具随车置于清障车侧下部,具有自身质量轻、牵引力大等特点,适用于无动力来源(即发动机、传动系等发生故障不能自行,而车轮、制动、转向等功能正常)的被清障车辆。使用硬拖具作业时,将其一端铰接于清障车后部支座上,另一端挂接于被牵引车辆牵引钩环位置,从而将清障车和被清障车辆连接起来。

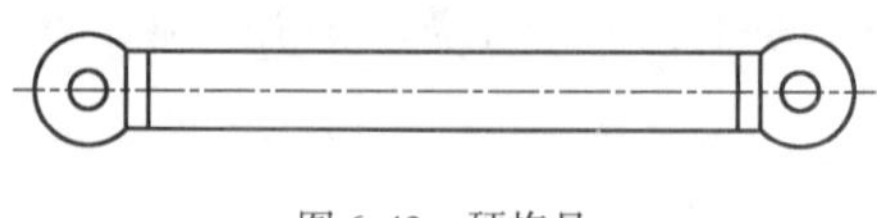

图6-43 硬拖具

四、破拆类辅具

破拆类辅具主要是用于交通事故救援时,将变形车辆内的被困人员救出,或者将碰撞变形后的车辆分离。按结构和功能分类,破拆类辅具可分为扩张器、剪切器、剪扩器、撑顶器等;按动力源分类,破拆类辅具可分为手动破拆工具、电动破拆工具、液压破拆工具等。

其中,液压破拆工具由于其操作简便、动力强劲等优点,是目前应用最为广泛的破拆类辅具之一。常用的液压破拆工具包括液压扩张器、液压剪切器、液压剪扩器、液压救援顶杆等,其工作时常配套液压泵(或机动泵、手动泵)及高压软管等,主要是通过将高压能量转换为机械能进行破拆、升举。

(一)液压扩张器

液压扩张器(图6-44)与液压泵(或机动泵、手动泵)配套使用,可实现扩张功能。液压扩张器重量轻,力量大,可实现通过控制扩张器的扩张、拉伸、撕裂、挤压及抬升来进行救援工作。

(二)液压剪切器

液压剪切器(图6-45)与液压泵(或机动泵、手动泵)配套使用,可实现剪切功能。液压剪切器重量轻,剪切力量大,可快速有效地剪断汽车金属或非金属结构件,达到救护的目的。

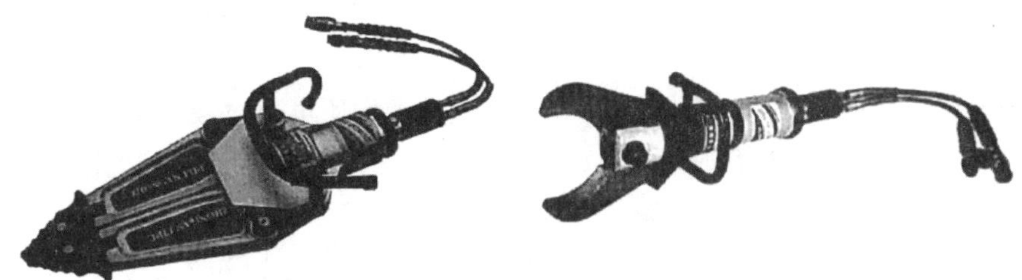

图6-44　液压扩张器图　　　图6-45　液压剪切器

(三)液压剪扩器

液压剪扩器,又称"液压多功能钳"(图6-46),与机动泵或手动泵配套使用,同时具有扩张和剪切功能。液压剪扩器重量轻、力量大,其扩张和拽拉功能,可用于撬开车门、分离金属或非金属构件等;其剪切和夹持功能,可用于用剪断汽车框架结构和其他金属或非金属结构件,达到救护的目的。

(四)救援顶杆

救援顶杆(图6-47)与机动泵或手动泵配套使用,可实现有限空间连续强力拓展功能。当发生交通事故时,可根据需要,应用救援顶杆,对车辆局部进行支撑或举升。

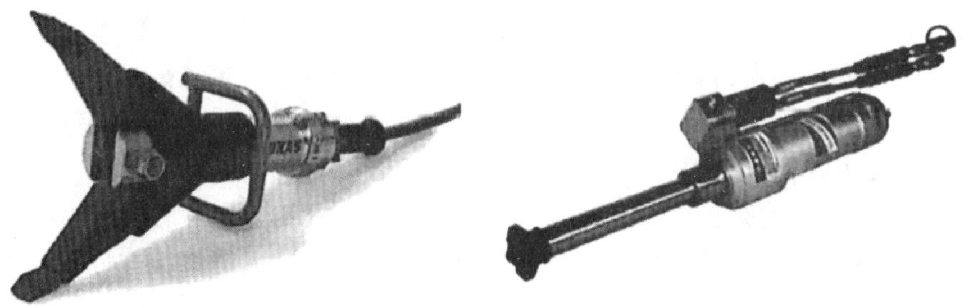

图6-46　液压剪扩器　　　图6-47　救援顶杆

(五)液压开门器

液压开门器(图6-48)用于将变形车门等金属结构件打开,以便施救人员实施救援作业。

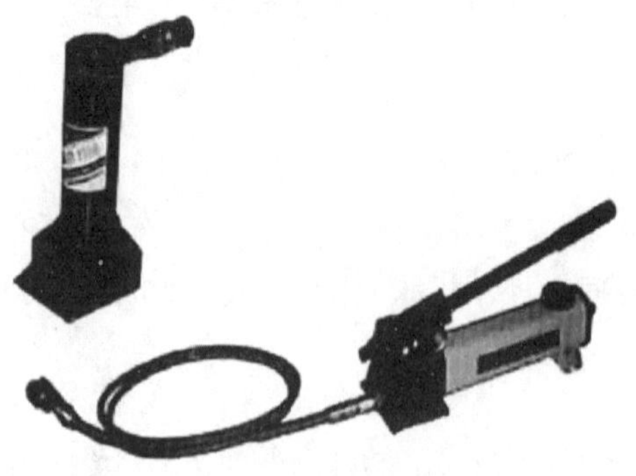

图6-48　液压开门器

(六)液压泵

当发生交通事故时,可通过液压机动泵(在易燃易爆场所可通过液压手动泵)连接高压软管,对各破拆工具实施动力供给,完成抢救救援工作中的扩张、拉伸、撕裂、挤压、剪切及抬升等动作,进行快速救援。成套破拆设备组成如图6-49所示。

图6-49　成套破拆设备

五、吊装类辅具

吊装类辅具(又称“吊索”)是用于连接被救车辆和清障车的辅助工具,包括非金属软性吊带、金属吊链和吊绳。非金属软性吊带主要有以锦纶、丙纶、涤纶、聚乙烯纤维为材料生产的绳类和带类吊索(又称“吊带”)。金属吊链、吊绳主要有钢丝绳类吊索、链条类吊索等。

此外,在实际吊装作业过程中,为平衡吊索斜拉所致的横向力,常采用平衡梁装置(又称“横吊梁”或“铁扁担”)辅助起吊,如图6-50所示。平衡梁为一根工字形截面梁或四支点固定式横梁框架,设置向上的吊耳与起重机构的吊钩相连,其四支点通过高强度尼龙吊带连接车辆的车轴或轮毂。

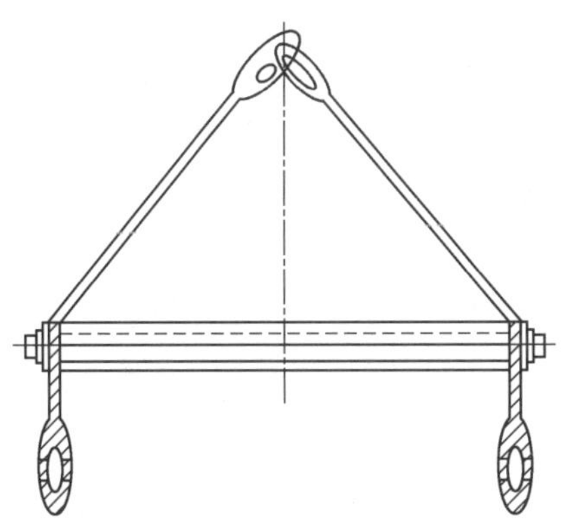

图6-50　平衡梁装置(吊具)

六、消防类辅具

为预防在救援过程由于碰撞、剐擦等引起的二次事故,清障救援车上常根据汽油或柴油的燃烧特性,配备适当的灭火剂等消防类辅具,以便发生火情时可及时对其进行扑救。适合汽车上配置使用的灭火器有泡沫灭火器[图6-51a)]、水基灭火器[图6-51b)]、干粉灭火器[图6-51c)]、二氧化碳灭火器[图6-51d)]等四种。

a)泡沫灭火器

b)水基灭火器

c)干粉灭火器

d)二氧化碳灭火器

图6-51　灭火器

(1)泡沫灭火器内有两个容器,分别盛放硫酸铝和碳酸氢钠溶液两种液体,两种溶液互不接触,不发生任何化学反应。(平时千万不能碰倒泡沫灭火器)当需要泡沫灭火器时,把灭火器倒立,两种溶液混合在一起,就会产生大量的二氧化碳气体。除了两种反应物外,灭火器中还加入了一些发泡剂。打开开关,泡沫从灭火器中喷出,覆盖在燃烧物品上,使燃着的物质与空气隔离,并降低温度,达到灭火的目的。

(2)水基型(水雾)灭火器,其在喷射后,成水雾状,可瞬间蒸发火场大量的热量,迅速降低火场温度,抑制热辐射;此灭火器中的表面活性剂可在可燃物表面迅速形成一层水膜,隔离氧气,具有降温、隔离双重作用,可以达到快速灭火的目的。

(3)干粉灭火器内充装的用作灭火剂的干粉是干燥且易于流动的微细固体粉末,这些粉末是以具有灭火效能的无机盐(如碳酸氢钠、改性钠盐、钾盐、磷酸二氢铵、磷酸氢二铵等)作基料,添加少量的防潮剂、流动促进剂、结块防止剂等添加剂经干燥、粉碎、混合而成的。干粉灭火器主要用于扑救石油、有机溶剂等易燃液体、可燃气体的初起火灾,也可用于扑灭一般火灾。干粉灭火器在使用的时候应该保持直立,不得横卧或者颠倒,否则不能喷粉。

(4)二氧化碳灭火器瓶体内贮存液态二氧化碳,工作时,当压下瓶阀的压把时。内部的二氧化碳灭火剂便由虹吸管经过瓶阀到喷筒喷出,使燃烧区氧的浓度迅速下降,当二氧化碳达到足够浓度时火焰会窒息而熄灭,同时由于液态二氧化碳会迅速气化,在很短的时间内吸收大量的热量,因此对燃烧物起到一定的冷却作用,也有助于灭火。

七、医疗类辅具

针对交通事故应急救援环境复杂的特点和伤员紧急救治的需求,清障救援车上可配备多功能担架(图6-52)、脖颈固定气囊、医药急救箱(图6-53)、救援安全绳、海绵垫等模块化医疗救援工具。若是在夜间救援,还应携带发电机和移动式照明用具等照明设施。

图6-52　多功能担架图

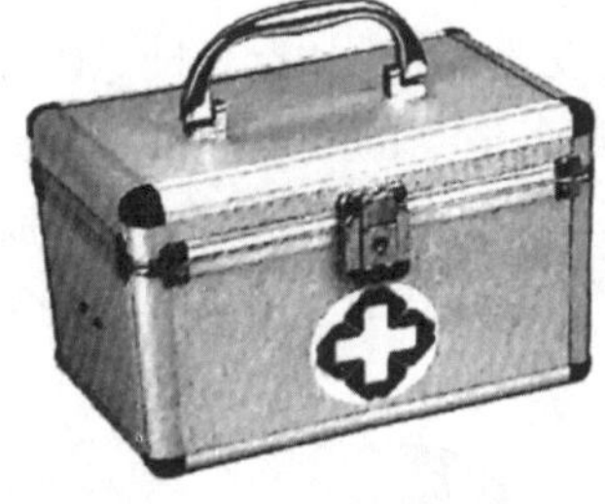

图6-53　医药急救箱

多功能担架用于运送交通事故现场受伤人员,可垂直或水平吊运、水平抬运、在光滑地面拖拉,其使用方便、存储简单。

医药急救箱用于当人员受到意外伤害时,在专业医生赶到之前提供有效的紧急保护。医药急救箱中常配有防水创可贴、医用消毒湿布、弹性绷带、医用胶水、无菌纱布、急救夹板、医用剪刀、镊子等急救用品。

八、侦检类辅具

常用的侦检类辅具包括有毒气体探测仪、可燃气体探测仪、声呐探测仪等。有毒气体探测仪、可燃气体探测仪主要用于危险化学品泄漏事故中对可燃、有害物质的侦检;声呐探测仪或"声呐探测器"(图6-54)主要用于落水事故中对被救车辆、人员的水下探测和定位。

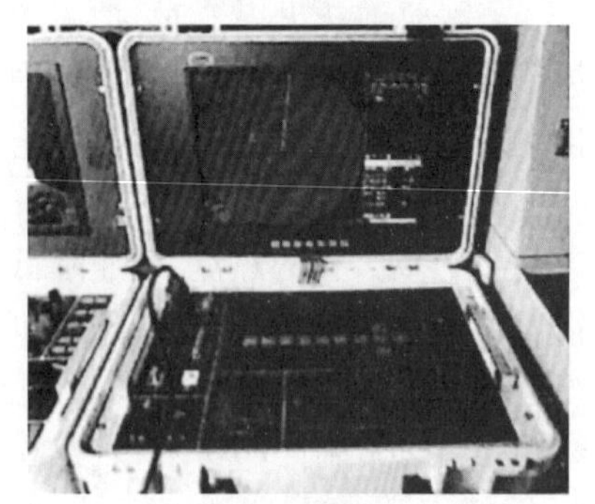

图6-54　声呐探测仪

九、通信类辅具

救援现场往往瞬息万变,救援组织形式复杂多样,这就需要协调运转,通力合作。通信类辅具在这一过程中发挥着举足轻重的作用。特别是在市郊山区或者偏僻野外少有基站服务覆盖，手机、电话、网络等常规通信手段无法实现时，卫星通信设备（图 6-55）、对讲机（图 6-56）等通信类辅具可以满足通信要求。

图 6-55　海事卫星电话　　　　图 6-56　对讲机

第六节　汽车起重机

目前，国内起吊救援主要由汽车起重机（俗称"汽车吊"）完成。汽车起重机是装在普通汽车底盘或特制汽车底盘上的一种起重机，其行驶驾驶室与起重机操纵室分开设置，作业时必须伸出支腿保持稳定。

汽车起重机是由底盘部分和起重机两大部分组成，如图 6-57 所示。汽车起重机的起重量的范围很大，一般在 8 ~ 2000t 区间，对应底盘的车轴数可达 2 ~ 12 根。

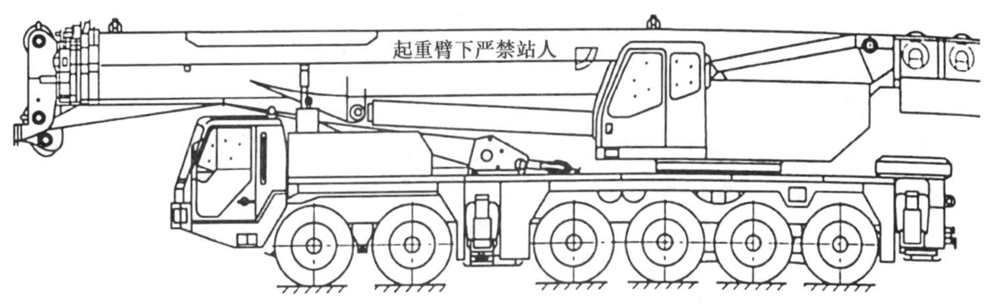

图 6-57　汽车起重机示意图

一、底盘

汽车起重机底盘分为专用底盘和通用底盘两大类。通用底盘只适用于小吨位的起重机，一般不超过 16t。专用底盘与通用底盘的最大区别在于车架，专用底盘能安装回转支承，其不仅承载能力大，而且具有极强的抗扭曲功能。而通用底盘则只有在其原底盘车架上再设计一个能安装回转支承、抗扭功能极强的辅助车架，才能满足起重作业的需要。因此，通用底盘安装的起重机重心高，使行驶速度受到了较大限制。

二、起重机部分

起重机部分的主要性能参数、功能设置、各机构的配置及可靠性是一个产品品牌好坏的重

要标志,也是用户选择某个产品的重要依据,其主要由如下的机构和部件组成:

(一)液压油泵及其取力、传动装置

液压油泵是汽车起重机各种液压执行部件的动力来源。主要通过发动机带动取力器传递给液压油泵,液压油泵泵出高压油以驱动各种执行元件(液压缸、液压马达)实现各种机构的动作。

(二)支腿及其伸缩机构

汽车起重机为了增加中大幅度时的起重能力(由稳定性决定的),都设计有可移动的支腿以增大起重时的稳定力矩。其支腿及其伸缩机构,如图6-58所示。目前汽车起重机多采用"H"形支腿,其主要特点是受力均匀,跨距可以做得很大,起重机易于调平。

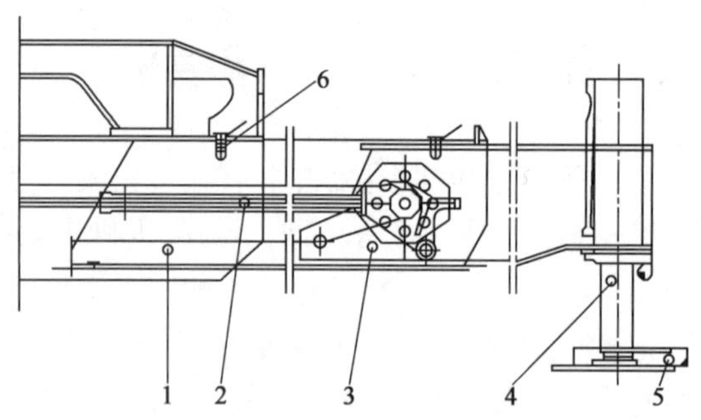

图6-58　支腿及其伸缩机构

1-活动支腿Ⅰ;2-水平油缸;3-活动支腿Ⅱ;4-垂直油缸;5-支脚板;6-插销

支腿由固定支腿箱与活动支腿箱组成。固定支腿箱与车架焊接成一整体,活动支腿可以在其里面自由伸缩。活动支腿箱一般做成一节,但有时为了加大支腿的横向跨距,以便起重机获得较大稳定力矩,也有做成两节的。

支腿的伸缩是由一个水平油缸带动的。如是两节活动支腿,则是通过一个水平油缸带动一级同步伸缩机构以实现两个活动支腿的同步伸缩。在活动支腿上还安装一个垂直油缸又称垂直支腿。其作用是在起重作业时将整个底盘抬起以增加作业的稳定性。

(三)吊臂及其伸缩机构

吊臂是起重机最主要的部件之一,起重作业的几个主要参数都和它有直接关系。吊臂分主臂和副臂两种。其中,主臂是自底部与转台相铰接的铰点处到端部装设的主起升定滑轮组轴心线间的结构件;副臂是铰接在主臂端部以延长吊臂的长度的一节或多节结构件。

(四)起升机构

起升机构一般由驱动装置、钢丝绳卷绕系统、取物装置和安全保护装置等组成。驱动装置包括减速机、制动器、马达等部件;钢丝绳卷绕系统包括钢丝绳、卷筒、定滑轮组及动滑轮组(与吊钩作成一体)等;取物装置有吊钩、抓斗、电磁吸盘、吊具、挂环等多种形式;安全保护装置包括平衡阀、起升高度限位器、三圈过放装置、力矩限制器等。

(五)回转机构

回转机构由回转支撑和回转驱动装置组成,有电机驱动和液压驱动两种常见形式。汽车起重机的回转机构主要是液压驱动。

(六)变幅机构

用来改变吊钩和重物幅度的机构,叫变幅机构。起重机的变幅是通过单个或多个双作用的伸缩油缸致使吊钩中心与回转中心的水平距离(即幅度)发生变化来实现的。

(七)电气系统

电气系统是为了起重机正常、安全作业以及夜间作业(行驶)所必须设置的系统,常发挥警示、报警、切断、照明等作用,是起重机最重要的组成部分之一。电气系统主要由各类照明灯、信号灯、行程开关、接近开关、传感器、继电器、电磁换向阀等组成。

第七节　叉　　车

叉车作为一种搬运机械,广泛应用于工业领域的各个行业,在提升装卸效率、减轻劳动强度方面发挥了显著作用。针对道路拥堵和狭窄巷道环境,常规清障车常因空间限制而难以施展。为解决这一问题,可通过叉车将车辆叉举至平板型清障车上进行背载运输(图6-59),从而大幅提高清障救援效率。这一方法尤其适用于公安交管部门对道路车辆秩序治理。

图6-59　叉车用于道路车辆违章治理

一、叉车分类

叉车一般可以按其动力装置和结构形式来分类。具体分类包括如下:

(一)按动力装置分类

按动力装置不同,可分为内燃叉车和蓄电池叉车两大类。

1. 内燃叉车

内燃叉车是以内燃机为动力的叉车,具有功率大、运行速度快、装卸效率高、寿命长、路况适应性强以及能进行多种作业的优点,被广泛地应用于工厂企业的各个部门。

2. 蓄电池叉车

蓄电池叉车是以蓄电池为动力的叉车,具有结构简单、维修方便、运行平稳、节约能源、无污染无噪声等优点。由于它的功率小、运行速度慢、装卸效率低、路况适应能力较差以及不宜在易燃易爆场合工作等缺点限制,其应用范围相对较窄。

(二)按结构形式分类

按结构形式的不同,叉车可分为平衡重式叉车、侧叉式叉车和跨车三大类。

1. 平衡重式叉车

平衡重式叉车是叉车中最常见的形式,在车架后部装有平衡重块,用来与货叉上的载荷相平衡,以提高叉车的纵向稳定性。是目前使用最广泛的一种,约占叉车总数的80%以上。

2. 侧叉式叉车(或称前移式)

侧叉式叉车(图6-60)的货叉布置在车体的侧面,主要适用于长件货物的装卸和搬运。其货叉不仅能做升降运动,还可以前后伸缩。同时该车车体前后设置有两平台以便稳妥放置货物,因此该种叉车稳定性较好。

3. 跨车

跨车(图6-61)是利用车体与两车轮之间的空间夹抱和搬运诸如木材、钢材、集装箱等长大货物的叉车。跨车特点是装卸动作快,甚至可以不停车装卸,缺点是空载行驶重心高、稳定差。由于该叉车起升高度较小,所以不能堆垛作业。

图6-60　侧叉式叉车

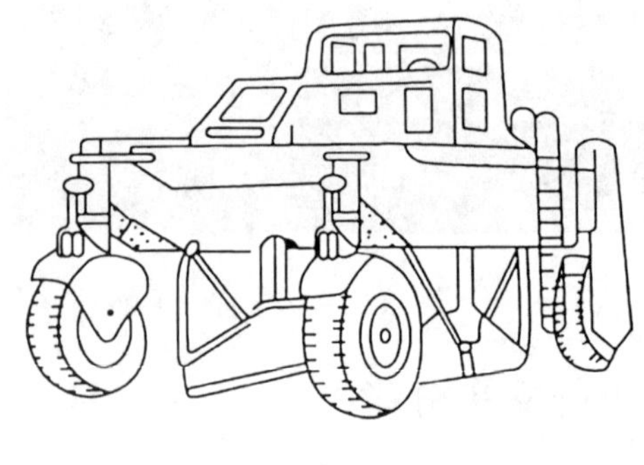

图6-61　跨车

除上述传统三大主要形式外,近年来出现并流行的有全液压传动叉车、门架旋转式叉车、多级门架叉车、自动控制叉车等新车型。

二、基本结构及技术参数

(一)基本结构

叉车种类繁多,但其构造基本相似,主要由发动机、底盘(行走机构)、车体、起升机构、液压系统及电气设备等组成,其结构如图6-62所示。

1. 发动机

发动机是内燃叉车的动力源,通过将燃料产生的热能转化为机械能量,并经发动机的飞轮向外输出动力。

2. 底盘

底盘主要是用来承载车身,接受发动机输出的动力,并保持叉车的行方向。由传动装置、行驶装置、转向装置和制动装置等部件组成。叉车常采用前轮驱动、后轮转向的底盘配置。

3. 车体

叉车的车体与车架合为一体,由型钢组焊而成。置于叉车后部、以与车型相适应的铸铁块为配重,其重量根据叉车额定起重量的大小而决定,在叉车载重时起平衡作用,以保持叉车的稳定性。

4. 起升机构

起升机构主要由门架和货叉组成。门架铰接在前桥支架车体上,由一套并列的钢框架和固定货叉的滑动支架所组成。货叉是两个弯曲90°的钢叉,装在滑动支架上,是承载物料的工具。货叉的规格根据叉车的最大载荷而设计。货叉可通过倾斜液压缸完成前倾、后仰等动作。

5. 液压系统

液压系统由升降油缸、倾斜油缸、主泵、控制阀以及流量调节器等组成。

(1)其升降油缸柱塞顶端与升降门架固紧在一起,控制货叉的起升或降落。

(2)其倾斜油缸柱塞顶端与门架铰接,控制门架的前倾或后仰。

(3)液压油泵可以是叶片泵或齿轮泵。液压油泵输出高压油(6.37~15.7MPa),驱动升降油缸和倾斜油缸。

(4)控制阀由阀体、升降油缸阀芯,倾斜油缸阀芯和安全阀组成。其作用是按货叉升降和倾斜的工作需要,通过操纵手柄控制升降或倾斜油缸阀芯动作,将高压油输入升降或倾斜油缸。控制阀中安全阀的作用当液压系统中油压超过一定值时,使油液从回油管流回液压油箱。

(5)流量调节器装于升降油管的管路中,其作用是增大油液的流动阻力,当升降油缸泄压时,保证货叉缓慢下降。

6. 电气设备

电气设备由电源、发动机起动系统和点火系统、叉车照明及信号等用电设备所组成。

三、工作原理

启动叉车后,液压油由主泵吸入并输送至控制阀;控制阀中的优先阀将液压油优先供给转向系统;当控制阀杆处于静止状态时,阀体压力达到设定值后,压力油通过控制阀回流至油箱;当控制阀杆/转向轮有动作时,压力油则分别供给升降/倾斜油缸及转向系统。流量调节器通过调节进入升降油缸的液压油流量来控制起升速度;流量保护阀则用于防止因管路压力突变引发的意外危险。其工作示意图如图 6-62 所示。

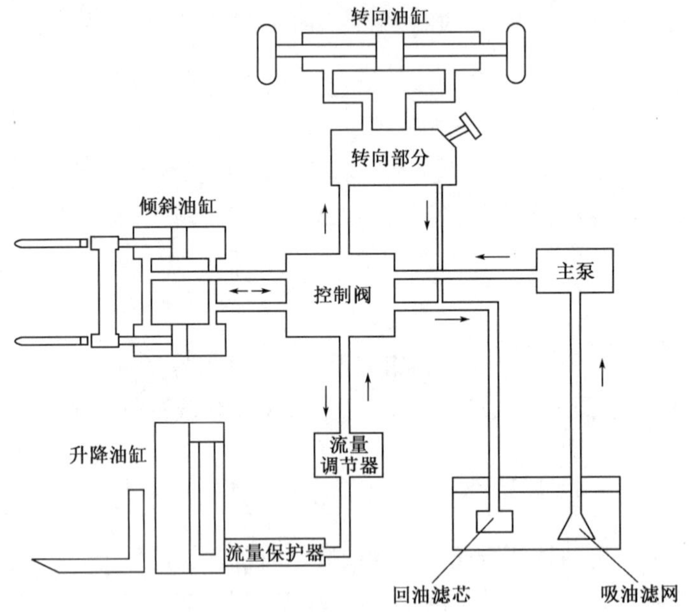

图 6-62　液压系统工作示意图

第七章

高速公路应急救援组织

本章主要介绍了高速公路应急救援组织机构的概念、应急救援组织结构的设计、应急救援组织管理机构的职责、应急救援人员的职责等内容。

第一节　组织管理结构

一、高速公路应急救援的组织机构

(一)高速公路应急救援组织机构概念

组织机构是指一个组织内部各个部门、岗位和人员之间的关系和职责划分。它决定了信息和决策的流动路径,以及各个部门和岗位之间的协作方式。一个良好的组织结构应该能够使组织的各个部门和岗位之间的关系明确、职责清晰,从而提高工作效率和绩效。高速公路应急救援组织机构是指高速运营管理组织根据高速公路应急救援工作的特征,设置并规定应急救援组织工作中的相关部门、岗位和人员之间的关系和职责。

(二)高速公路应急救援组织机构设置

高速公路的应急救援工作是一个复杂、全面的系统工程,其核心是高速公路应急救援员能够快速处置高速公路上发生的突发事件,确保道路通畅。一个快速、安全、高效的高速公路应急救援系统应包括快速准确的事件检测系统、积极迅速的事件反应系统、合理高效的现场救援作业、完善优质的信息服务系统等。其中,合理高效的现场救援作业是整个高速公路应急救援系统的重点,但快速准确的事件检测系统、积极迅速的事件反应系统、完善优质的信息服务系统是必不可少的辅助系统,四者相辅相成。

现场救援作业、事件检测系统、事件反应系统、信息服务系统等四个方面功能实现的手段不同。其中,合理高效的现场救援作业是建立在先进的救援装备和技术过硬的应急救援队员的基础上,快速准确的事件检测系统、完善优质的信息服务系统则主要建立在完善的监控、通信系统之上,而积极迅速的事件反应系统取决于高标准的运营调度管理。

高速公路应急救援组织机构设置紧紧围绕现场救援作业、事件检测系统、事件反应系统、信息服务系统等四个系统功能进行建设。我们以江苏省京沪高速公路有限公司为例,公司组建以总经理为总负责的高速公路救援工作管理组织机构,由交通调度指挥中心(总值班室)牵头,负责救援响应、信息服务和全线调度工作。交通调度指挥中心(总值班室)负责的救援响应、信息服务以及全线救援调度管理组织机构,采用交通调度指挥中心(总值班室)、监控分中心二级管理模式。交通调度指挥中心(总值班室)负责全线救援调度、对发布信息的监督以及重、特大事故的上报工作。而各监控分中心负责事故接发警以及相关信息的发布工作。交通调度指挥中心(总值班室)、监控分中心配备了先进的监控、通信系统,确保通讯、监视畅通。这两个管理机构相互协作,共同完成救援任务。

(三)高速公路应急救援组织机构设置原则

高速公路运营管理组织应建立应急救援处置机构。机构设置时应当遵循以下原则:

(1)人民至上和保通保畅相结合:高速公路应急救援机构的设置应以保护人民生命和财产安全为核心,以道路畅通为目标。应急救援工作要以人民的需求和利益为出发点,在应急事件中时刻关注人员的生命和财产安全,尽最大努力实现道路及时畅通。

(2)统筹协调和预防为主相结合:统筹协调是建立高速公路应急救援机构需要协调地方政府部门、组织和社会力量的合作。应建立起高效的指挥体系和信息共享机制,确保各部门的工作无缝衔接,并能够快速响应和协调应对突发事件,实现资源的最大化利用。高速公路应急救援机构要以预防为主,提前制定应急预案,进行风险评估和预警,加强宣传教育和培训,提高公众的应急意识和应对能力。通过科学规划和建设,减少高速公路突发事件的发生和损失,提高救援效率。

(3)紧急救援和道路恢复相结合:高速公路应急救援机构要既注重紧急救援,又重视道路恢复工作。在应急事件发生后,要及时派出专业救援队伍进行紧急救援,同时组织力量进行道路修建和恢复工作,以尽快恢复正常交通秩序。

(4)技术支撑和制度建设相结合:高速公路应急救援机构的建立需要充分利用科学技术手段。要加强对先进应急救援技术和设备的研发和引进,提高救援能力和效率。同时加强信息化建设,利用大数据、人工智能等技术手段进行信息收集、分析和预测,提升应急决策能力。高速公路应急救援机构的建立要坚持法治原则,加强制度建设。要根据相关法律法规,制定和完善相关的应急救援管理制度,明确各级机构的法定职责,并建立健全救援队伍的制度保障机制,保证救援工作的制度化、规范化和专业化。

二、高速公路应急救援组织结构设计

(一)高速公路应急救援组织结构设计的内容

1.职能设计

职能设计是指高速公路应急救援组织结构职能设计。高速公路应急救援组织作为一个应急救援机构,要根据其应急救援任务设计救援、管理职能。如果救援机构的有些职能不合理,那就需要进行调整,对其弱化或取消,以提高救援效率和能力。

2. 框架设计

框架设计是高速公路应急救援组织机构设计的主要部分,运用较多。其内容简单来说就是纵向的分层次、横向的分部门。高速公路应急救援组织机构一般应以垂直指挥为主。

3. 协调设计

协调设计是指协调方式的设计。框架设计主要研究分工,有分工就必须要有协作。协调方式的设计就是研究分工的各个层次、各个部门之间如何进行合理的协调、联系、配合,以保证其高效率的配合,发挥救援系统的整体效应。

4. 规范设计

规范设计就是救援规范的设计。救援规范就是高速公路应急救援的规章制度,也是救援的规范和准则。结构本身设计最后要落实并体现为规章制度。救援规范保证了各个层次、部门和岗位,按照统一的要求和标准进行配合和行动。

5. 人员设计

人员设计就是救援人员的设计。高速公路应急救援结构本身设计和规范设计,都要以救援人员为依托,并由救援人员来执行。因此,按照机构设计的要求,必须进行人员设计,配备相应数量和质量的救援人员。

6. 激励设计

激励设计就是设计激励制度,对救援人员进行激励,其中包括正激励和负激励。正激励包括工资、福利等,负激励包括各种约束机制,也就是所谓的奖惩制度。激励制度既有利于调动救援人员的积极性,也有利于防止一些不正当和不规范的行为。

(二)高速公路应急救援组织结构设计的基本原则

西方管理学家曾提出过一些组织设计基本原则,如管理学家厄威克曾比较系统地归纳了古典管理学派泰罗、法约尔、马克斯·韦伯等的观点,提出了8条指导原则:目标原则、相符原则、职责原则、组织阶层原则、管理幅度原则、专业化原则、协调原则和明确性原则。美国管理学家孔茨等,在继承古典管理学派的基础上,提出了健全组织工作的15条基本原则:目标一致原则、效率原则、管理幅度原则、分级原则、授权原则、职责的绝对性原则、职权和职责对等原则、统一指挥原则、职权等级原则、分工原则、职能明确性原则、检查职务与业务部门分设原则、平衡原则、灵活性原则和便于领导原则。在高速公路的应急救援工作长期实践活动中,我国高速公路企业在组织结构的变革实践中积累了丰富的经验,也相应地提出了一些设计原则,现可以归纳如下:

1. 任务与目标原则

组织设计的根本目的,是为实现组织的战略任务和管理目标服务的。这是一条最基本的原则。组织结构的全部设计工作必须以此作为出发点和归宿点,即救援任务、目标同组织结构之间是目的同手段的关系；衡量组织结构设计的优劣，要以是否有利于实现救援任务、目标作为最终的标准。从这一原则出发，当救援的任务、目标发生重大变化时，组织结构必须作相应的调整和变革，以适应任务、目标变化的需要。

2. 专业分工和协作的原则

现代高速公路的应急救援，工作量大，专业性强，分别设置不同的专业部门，有利于提高救援工作的质量与效率。在合理分工的基础上，各专业部门只有加强协作与配合，才能保证各项专业管理的顺利开展，达到组织的整体目标。贯彻这一原则，在组织设计中要十分重视横向协调问题。主要有以下措施：

（1）实行系统管理，把职能性质相近或工作关系密切的部门归类，成立各个管理子系统，分别由各副总指挥负责管辖。

（2）设立一些必要的委员会及会议来实现各部门的层次协调。

（3）创造协调的环境，提高救援人员的全局观念，增加相互间的共同语言。

3. 有效管理幅度原则

由于受个人精力、知识、经验条件的限制，一名领导人能够有效领导的直属下级人数是有一定限度的。有效管理幅度不是一个固定值，它受职务的性质、人员的素质、职能机构健全与否等条件的影响。这一原则要求在进行组织设计时，领导人的管理幅度应控制在一定水平，以保证救援工作的高效性。由于管理幅度的大小同管理层次的多少呈反比例关系，这一原则要求在确定救援组织的管理层次时，必须考虑到有效管理幅度的制约。因此，有效管理幅度也是决定救援工作管理层次的一个基本因素。

4. 集权与分权相结合的原则

救援组织设计时，既要有必要的权力集中，又要有必要的权力分散，两者不可偏废。集权是统一指挥的客观要求，它有利于保证救援工作的统一领导和指挥，有利于人力、物力、财力的合理调配和使用。而分权是调动下级积极性、主动性的必要组织条件。合理分权有利于救援现场根据实际情况迅速而正确地做出决策，也有利于上层指挥者领导摆脱具体事务，集中精力抓重大问题，协调重要资源。因此，集权与分权是相辅相成的，是矛盾的统一。没有绝对的集权，也没有绝对的分权。救援工作在确定内部上下级管理权力分工时，主要应考虑的因素有：救援事件影响程度的大小，救援事件特点，各项专业工作的性质，各救援单位的管理水平和救援人员素质的要求等。

5. 稳定性和适应性相结合的原则

稳定性和适应性相结合原则要求组织设计时，既要保证组织在外部环境和救援任务发生变化时，能够继续有序地正常运转；同时又要保证组织在运转过程中，能够根据变化了的情况做出相应的变更，组织应具有一定的弹性和适应性。为此，需要在组织中建立明确的指挥系统、权责关系及规章制度；同时又要求选用一些具有较好适应性的组织形式和措施，使组织在变动的环境中，具有一种内在的自动调节机制。

第二节　组织管理机构职责

一、高速公路应急救援的组织机构职责

（一）应急救援主管部门职责

（1）认真贯彻执行党和国家的路线、方针和政策，严格遵守各项法律、法规，贯彻落实好上级的决定和指示。

（2）负责公司安全生产管理工作，建立健全公司安全管理组织网络，制定完善有关规章制度、操作规程和应急处置预案，负责组织生产安全事故调查处理和安全生产检查评比与考核奖惩工作，组织开展安全生产活动，督促各单位加强安全生产管理，防止发生责任性生产安全事故。

（3）负责公司交通调度管理工作，建立健全公司交通调度组织网络，制定完善有关规章制度、操作规程和应急处置预案，负责道路交通管制等重要指令的下达工作，指导督促公司所属各单位及交通调度指挥中心（总值班室）加强交通调度管理，保障道路安全畅通。

（4）负责公司清障业务日常管理工作，建立健全公司清障组织网络，制定完善有关规章制度、操作规程和清障预案，负责重特大道路交通事故现场处置的协调工作，指导督促各单位加强清障管理，提高道路运营效率。

（5）负责督促所属各单位做好安全生产管理工作，组织事故的调查、处理和安全生产检查评比及考核奖励工作。

（6）负责检查、指导清障大队做好清障业务管理和文明服务工作。指导清障大队道路清障救援工作，定期对清障大队清障设备和救援装具、器材维护保养工作的检查，督促清障大队做好清障人员业务培训工作。

（二）应急救援调度指挥中心职责

（1）认真贯彻执行党和国家的路线、方针和政策，严格遵守各项法律、法规，贯彻落实好上级的决定和指示。

（2）负责对全线监控、拆账和通信系统进行生产调度管理，负责公司日常值班工作。

（3）严格按照规定程序及时限向上级单位及领导汇报相关信息。

（4）视情协调省指挥调度联合值班室实施各类交通管制措施。

（5）负责交通调度指令的传达，定期向有关领导汇报应急指挥系统运行情况。

（6）负责了解气象信息并进行网络填报。遇有各类突发公共事件时，通过可变交通信息发布系统向道路使用者发布相关提示信息。

（7）负责定时检查各管理处监控分中心信息发布的准确性，及时督促纠正错发信息，分析汇总管理处监控分中心上传的信息数据，形成各种报表。

（8）负责监视全线监控设备的运行情况，发现问题及时通知有关管理处。

(9)负责保持各机房环境良好和工作秩序正常。

(10)负责监控、投诉表扬、拆账和道路运营报表的汇总、电子填报、打印和呈报。

(11)负责做好总值班室员工队伍建设。

(三)应急救援监控分中心职责

(1)认真贯彻执行公司各项规章制度,执行总值班室下达的各项控制指令。

(2)负责辖段内报警电话的接听和记录,按照各种事件的处置流程,及时通知交警、路政、清障、消防、救护等部门,如遇重大事故和重要事件时,严格按照重大事故及重要事件处置预案的汇报流程,及时向上级领导汇报,并确保各类信息在上传下达过程中的准确无误。

(3)按照辖区交巡警、公司总值班室要求做好恶劣天气以及其他特殊情况下的道路管制工作。按照要求通知相关收费站、发布情报板信息等形式,并以短信方式通报相关单位。

(4)遇有异常情况(交通事故、异常天气、道路抢修、交通管制、突发性事件等)时,通过可变情报板、可变限速标志向司机提供信息和指令,有效保障车辆的安全行驶。

(5)负责24小时收费监控,规范收费站当班人员的各项操作流程,确保收费工作的正常有序。

(6)负责保持机房内良好的工作环境和正常工作秩序。

(7)负责定期检查机房内设备、设施的运行情况,发现问题及时上报。

(四)应急救援大队职责

(1)认真贯彻执行党和国家的路线、方针和政策,严格遵守各项法律、法规,贯彻落实好上级的决定和指示。

(2)负责大队安全生产管理工作,建立健全安全管理组织网络,开展安全教育培训、演练活动,组织安全检查,确保安全生产。

(3)负责组织实施现场处置救援,保障道路畅通。

(4)负责收集本辖段内各种清障信息,建立与地方具备清障实力单位和卸驳应急队伍的联系网络。

(5)负责救援辅助设备和救援装具、器材的维护保养,保证其处于完好状态,储备必备的易损零部件。

(6)按拟定的各种救援处置预案和作业程序,定期开展演练,提高业务技能和处置能力。

(7)负责清扫夜间事故现场散落物。

(8)负责本大队党风、廉政建设及文明创建工作。

(9)负责本大队员工的政治理论教育、岗位技能培训和考勤考核等工作。

(10)负责本大队党、工、团工作。

二、高速公路应急救援人员职责

(一)应急救援大队长职责

(1)认真贯彻执行党和国家的路线、方针和政策,严格遵守各项法律、法规,贯彻落实好上级的决定和指示。

(2)主持应急救援大队全面工作,保证清障工作计划、任务、各项指标和目标在本大队得到落实。

(3)负责大队的政治思想教育工作及党风廉政建设工作。

(4)负责调度安排应急救援工作,做到精心组织、合理安排、处置迅速。遇有重、特大事故要亲临现场,指挥救援,协调关系,确保道路安全畅通。

(5)负责本大队安全生产管理工作。

(6)做好救援队员的岗位技能培训工作。

(7)负责与各联动单位保持经常性联系。

(8)负责本大队廉政建设和文明创建工作。

(二)应急救援大队管理人员职责

(1)协助大队领导抓好大队综合管理工作。

(2)协助大队领导做好安全生产管理工作,定期开展安全生产宣传、教育和督促、检查工作。

(3)协助大队领导做好二级以上救援作业现场的指挥、协调工作。

(4)负责建立和完善大队各项管理制度,做好台账、档案等基础资料的收集、整理及日常管理工作。

(5)负责大队综合文字工作。

(6)负责大队固定资产管理工作。

(7)负责各类报表、材料的报送工作。

(三)应急救援中队长职责

(1)在大队的统一领导下,负责本中队全面工作。

(2)严格落实安全防范措施,做好本中队安全管理的督促、检查工作。

(3)熟练掌握各类救援预案,负责救援的现场指挥。

(4)负责做好救援车辆设备的检查、保养工作,并及时做好记录。

(5)负责做好救援作业和交接班工作,并及时做好记录。

(6)定期组织本中队人员进行业务知识交流和岗位技能练兵活动,努力提高中队救援技能水平。

(7)负责做好中队人员的内务管理和检查工作,完善台账。

(8)关注中队人员思想动态,做好人员思想工作。

（四）应急救援队员职责

（1）在中队长的领导下，负责做好救援工作。
（2）负责做好设备维护保养工作。
（3）负责做好工作日志的记录、交接。
（4）负责包干区内环境卫生，保持环境干净整洁。
（5）负责接受客人投诉，并及时向领导汇报。
（6）落实安全生产措施，保障安全生产。

第八章

医疗救护基础知识

本章主要介绍了高速公路事故现场环境安全性的评估、急救知识、搬运、心肺复苏、窒息急救等常识性科普内容，人员救护操纵须交由专业医护人员。

第一节　事故现场安全性评估

一、事故现场环境安全性评估

高速公路应急救援人员进入现场前，首先应通过观察、询问了解现场环境，根据已知的现场情况对事件的性质、可能发生的损伤以及存在的潜在危险等进行安全性评估。

(1)交通事故：发动机是否熄火，车辆是否稳定(是否拉紧手刹)，有无油料泄漏及起火、爆炸的可能，交通情况，道路现场有无明显的警示标志等。

(2)火灾：有无易燃、易爆品或可燃性气体，有无毒气泄露、液体泄漏等。

(3)触电：有无电线脱落、触电者是否已脱离电源。

(4)地质灾害：地震有无余震，有无洪水、泥石流、山体滑坡的可能。

(5)气象灾害：闪电、雷击等。

(6)化学因素：有无易爆、易燃品，有无异常气味(毒气泄漏)等。

(7)人员因素：酗酒、精神异常或犯罪者情况、有无暴力行为等。

(8)动物伤害：如野蜂、毒蛇、狂犬、猛兽等，有无可能继续伤人等。

二、人员伤情安全性评估

对伤情评估及分类，即检伤分类。人员损伤程度轻重不一，轻至皮肤擦伤，可不做任何处理；重至生命器官严重损伤，如颅脑损伤、心脏贯通伤、张力性气胸、脏器脱出、失血性休克、吸入性损伤、窒息等，必须即刻全力抢救。

评估内容主要检查生命体征，是对伤员全身状态的概括性观察，以望诊为主，也需使用触诊。具体包括：

1. 神经系统

(1)意识:意识状态是脑功能的综合体现,正常人意识清晰、思维合理、语言清晰、表达准确。如出现意识模糊、谵妄、嗜睡、昏迷等,均为意识障碍,可见于颅脑损伤、休克以及各种疾病等。

(2)瞳孔:瞳孔大小、对光反射如何,是否等大正圆。

(3)肢体感觉与运动有无异常。

(4)生理反射是否存在,是否出现病理指征。

2. 呼吸系统

(1)判断气道是否通畅,呼吸是否存在。

(2)有无呼吸困难,呼吸频率、节律、深度是否正常。

3. 脉搏和血压

(1)脉搏:判断颈动脉是否搏动,桡动脉搏动速率、强度等。

(2)血压:有条件时应测量血压,了解血压情况,评估是否有休克发生的可能。

4. 出血和疼痛现象

(1)出血:有无大出血,尤其是活动性出血;有无肢体断离、脏器脱出、异物插入体内等。

(2)疼痛:疼痛部位通常发生在受伤部位,有无形态改变、压痛等。

5. 具体损伤部位

(1)头面部:检查头面部有无畸形、肿胀、破损、出血及脑组织膨出等。

①眼:有无出血或淤血,有无视力障碍;眼球活动是否正常,瞳孔大小、对光反射有无改变等。

②耳鼻:有无畸形、破损、出血、肿胀,有无耳漏、鼻漏等。

③口腔、颌面:有无畸形、破损、出血,下颌关节活动及牙齿咬合关系是否正常,口腔内有无血块、有无脱落的牙齿等异物,咽部有无肿胀等。

(2)颈部:颈部有无肿胀、出血、皮下气肿,气管是否居中,颈部活动是否正常等。

(3)胸部:胸部有无畸形、破损、出血、皮下气肿,有无压痛等。

(4)腹部:有无压痛、反跳痛、肌紧张,有无膨隆、破损及脏器脱出等。

(5)脊柱:有无疼痛、腰痛、畸形,有无肢体感觉、运动障碍等。检查时动作轻柔,避免因检查造成二次损伤。

(6)骨盆及外生殖器:有无疼痛、压痛、肿胀、畸形、破损等。

(7)四肢:有无畸形、压痛、破损、出血、断离、活动障碍等。

(8)躯干:除胸腹部、脊柱外,背部、腰骶部有无异常。

三、损伤程度

各种损伤程度之间没有截然不同的界限,可互相转化,抢救应按轻重缓急进行。

1. 轻度损伤

多为软组织损伤、轻度骨折等，无脏器损伤，生命体征无改变，不影响生活能力，多可行走。

2. 中度损伤

多为四肢骨折或一般脏器损伤、生命体征可有改变，较为严重，已影响生活能力，但暂缓处理并无生命危险或导致身体残疾。

3. 重度损伤

多为重要脏器严重损伤，生命体征可有明显改变，可危及生命。这部分伤员是首先要重点抢救的伤员，通过抢救可能有生存的机会。

4. 死亡

心搏、呼吸已经停止。急救人员进入现场前，首先应通过观察、询问了解现场环境，根据已知的现场情况对事件的性质、可能发生的损伤以及存在的潜在危险等进行评估。

第二节　急　　救

一、急救的定义

急救即紧急救治，是指当有任何意外或急病发生时，施救者在医护人员到达前，按医学护理的原则，利用现场适用物资临时及适当地为伤病者进行的初步救援及护理。

二、常见的急救知识

1. 低血糖急救知识

低血糖临床症状主要表现为低血糖综合征，发病时可以有心慌、心悸、饥饿、软弱、手足颤抖、皮肤苍白、出汗、心率增加、血压轻度升高等症状。

急救措施：

发生轻度低血糖，伤员神志清醒，可以选择进食糖果、饼干或喝糖水，达到迅速纠正低血糖的效果，通常十几分钟后低血糖症状就会消失。

如果使用以上方法仍没有效果，或是伤员出现神志不清症状，则应立即送医院急救。

2. 创伤、突发急症急救知识

创伤发生后的1h之内，由于血气胸、肝脾破裂、骨盆及骨折等多发伤，很容易造成伤者的大出血及死亡，如抢救及时得当，大部分伤员可免于死亡。

急救措施：

在遇到创伤、突发急症的伤员时，及时拨打120电话，在等待医护人员到来的过程中，为伤员遮风挡雨，保温抗冻，避免其因外界环境症状加重。

3. 烧伤、烫伤急救知识

烧伤、烫伤造成的伤害80%以上都是余热造成的,所以急救的关键就是减少余热的损害。

急救措施:

以流动的自来水冲洗或浸泡在冷水中,直到冷却局部并减轻疼痛或者用冷毛巾敷在伤处至少10min。不可把冰块直接放在伤口上,以免使皮肤组织受伤。如果现场没有水,可用其他任何凉的无害的液体,如牛奶或罐装的饮料。

在穿着衣服被热水、热汤烫伤时,千万不要脱下衣服,而是先直接用冷水浇在衣服上降温,充分泡湿伤口后小心除去衣物。如衣服和皮肤粘在一起时,切勿撕拉,只能将未粘着部分剪去,粘着的部分留在皮肤上以后处理,再用清洁纱布覆盖伤面,以防污染。有水泡时千万不要弄破。

4. 骨折急救知识

(1)伤口处理:开放性伤口应及时恰当止血,去除表面异物,如果遇到骨折端外露,不要尝试将其放回原处。

(2)封闭伤口:用清洁、干净的布片等覆盖伤口,再用布带包扎,包扎时松紧适宜。

(3)临时固定:不要任意牵拉或搬运伤员,尽量保持伤肢位置固定。

(4)必要止痛:骨折严重时,疼痛可导致休克,需要时刻关注伤员,必要时给予止痛药。

(5)安全转运:转运伤者时,要密切注意伤者神志和全身状况的变化,并迅速送往医院抢救。

5. 应急止血知识

(1)指压止血法。

较大动脉止血时,可以用手指压迫伤口靠心脏方向的一侧,阻止血液流动,达到临时止血的目的。

(2)加压包扎止血法。

静脉、毛细血管或小动脉出血时,可用消毒纱布垫等覆盖伤口,然后用纱布或布条包扎固定。

(3)止血带止血法。

适用于四肢较大动脉出血。操作前,应先将伤肢抬高,止血带应尽量靠近出血部位,并注意每小时松开一次,避免缺血坏死。

6. 中暑-迅速降温散热

(1)搬运伤员。

将伤员搬至阴凉、通风处,解开其衣领裤带。

(2)帮助散热。

使用电风扇、空调降温,并按摩伤员四肢及躯干,促进散热。用冷水擦拭身体,或将冰袋放置额头、颈部、腋窝或大腿根部腹股沟处。

(3)正确补水。

多喝淡盐水,少量、多次饮水,每次不超过300mL,切忌狂饮。

(4)及时就医。

轻症者,经过休息后,若症状不减反增,应及时就医。

已发生昏迷、高热、抽搐等症状的重度伤员,必须立即就医。

第三节　搬　　运

高速公路环境错综复杂,由于事故导致的伤员情况多变,因此,在转运过程中选择恰当的搬运方式显得尤为关键。救援人员掌握正确的搬运技术也是抢救伤员的重要任务之一,具体搬运方法及注意事项如下:

一、常见的搬运方法

1. 对于病情较轻的伤员

我们可以采用搀扶、抬抱、背负或拖拽等方法,但在操作时需格外小心,以避免增加伤员的痛苦,并确保不会造成颈、胸、腰椎或其他部位的二次损伤。

2. 对于危重或无法行走的伤员

我们则主要采用担架运输方式。担架种类繁多,如帆布担架、铲式担架和充气担架等,可根据不同伤员的需求进行选择。目前,救护车中配备的担架多为铲式担架,其设计巧妙,能够最大限度地减少在搬运过程中对伤员的二次伤害。

3. 担架搬运的注意事项

在使用担架进行搬运时,我们需要掌握正确的操作技巧和注意事项。首先,要确保担架的稳固性和舒适度,以保障伤员的安全与舒适。其次,在搬运过程中要遵循轻稳的原则,避免因操作不当而造成伤员的进一步损伤。同时,我们还要密切关注伤员的病情变化,随时准备应对可能出现的突发情况。通过这些措施,我们可以确保担架搬运的安全与有效,为伤员的及时救治提供有力支持。

4. 上担架法

(1)四人搬抬法:在四人共同搬抬伤员时,应确保每人双手平放,分别从伤员的头、胸、臀和下肢下方穿过,保持伤员身体处于同一水平线上。其中,一人负责稳定头部,一人负责搬抬胸背部,还有两人分别负责腰及骨盆和下肢的搬抬。准备就绪后,大家齐声喊数,同时将伤员平稳搬起,并确保脊柱轴线水平稳定,再小心翼翼地将其搬运至担架上。

(2)侧翻搬抬法:此方法适用于侧卧的伤员。将担架正面紧贴伤员背部,然后由两人协同将伤员连同担架一起侧翻,使伤员顺利置入担架内。

(3)轻伤员搬抬法:对于清醒且能在他人帮助下自行行走的轻伤员,可采用扶持法进行搬抬。而对于体型较小、较轻的伤员,如老弱、年幼者,则适合使用背负法进行搬抬。

5. 担架运送法

在担架上,应确保伤员平躺,并尽量保持其身体呈水平状态。在行走过程中,伤员的足部应置于前,头部在后,以便观察伤员的病情。同时,搬运时需先抬起头部,再抬脚,并保持步调一致。若需向高处抬升,伤员头朝前,足朝后,此时前面的搬运者应降低担架,而后方的则需抬高,以确保伤员始终保持水平状态。

二、几种特殊伤的搬运

(1)脊柱骨折的搬运:对于脊柱骨折的伤员,由于脊椎的脆弱性,搬运时必须格外小心。推荐使用硬质担架,并确保伤员的头、肩、臀和下肢在搬运过程中保持稳定,以防止脊椎的进一步损伤。

(2)颈椎骨折的搬运:颈椎骨折的搬运需要 3 ~ 4 人协同操作。在搬运时,需保持伤员身体的整体稳定性,专人牵引并固定头部,同时其他人员托住肩、臀和下肢,一致地将伤员抬放到硬板担架上。此外,颈下应垫上小垫,使头部与身体保持直线,并用颈托或沙袋固定颈部两侧,以防头部扭转。

(3)骨盆骨折的搬运:对于骨盆骨折的伤员,应保持其仰卧姿势,两腿髋、膝关节微屈,并在膝下垫上衣物以稳定关节。使用三角巾或宽带固定臀部和骨盆,以及围绕膝关节进行额外固定。然后,由 3 人平稳地托起伤员,将其平放在硬板担架上。

(4)颅脑损伤的搬运:在搬运颅脑损伤的伤员时,应确保其处于稳定的侧卧位,以保持呼吸道的通畅。头部两侧应用衣物卷进行固定,以防头部摇动加重损伤。

(5)腹部内脏脱出的搬运:对于腹部内脏脱出的伤员,首先需要用消毒纱布和碗固定脱出的内脏。在搬运过程中,伤员应采取仰卧位,并在膝下垫高以放松腹壁、减轻疼痛。同时,根据伤口的形状采取适当的卧位,如腹部伤口横裂时两腿屈曲,纵裂时腿放平,以减少伤口的张力。

(6)特殊情况下的搬运方法:针对某些特殊病种的伤员,如心脏病、高血压等,在搬运时需特别注意技巧和速度,以确保伤员的安全与舒适。

三、搬运时的注意事项

在到达现场后,首要任务是对伤员病情进行全面评估,并处理任何威胁伤员生命的紧急情况。例如,对于心跳、呼吸骤停的伤员,应立即进行现场心肺复苏,并在不中断抢救的情况下将伤员转送至医院。对于有活动性出血的伤员,需先进行包扎和止血处理,然后再进行搬运。

在搬运过程中,需注意伤员的体位放置。例如,对于昏迷伤员,应将其头部偏向一侧,以防止舌后坠或呕吐物阻塞气道导致窒息。对于休克伤员,应抬高下肢以增加回心血量。对于心力衰竭或支气管哮喘等伤员,采取端坐位可以减轻呼吸困难的症状。对于骨折伤员,需确保骨折处得到妥善固定。

使用现场替代工具进行搬运时,必须仔细评估所用物品的牢固性,以防止搬运过程中发生意外。例如,在使用靠背椅或床单时,应仔细检查其是否牢固、结实,以确保搬运途中的安全。

搬运及护送伤员途中需保持动作轻稳、协调一致,同时密切观察伤员的病情变化,并与医生紧密配合进行抢救工作。

第四节　止　　血

血液是关乎生命活动的重要物质，成人全身总血量约占自身体重的8%。当出血量达到全身总血量20%时，则可发生休克；当出血量达到全身总血量的40%时，则可迅速危及生命。出血的危险程度不仅与受损血管的口径有关，也与出血的速度有关。心脏、主动脉、颈动脉、锁骨下动脉、股动脉等大血管破裂出血，往往非常凶险；中等口径的血管破裂出血，也可迅速导致休克而危及生命。由此可见，现场采取及时、有效的止血措施是挽救生命最首要的环节。

一、出血的类别

（一）按损伤的血管分类

1. 动脉出血

颜色鲜红，血液从伤口喷射而出，危险性大。

2. 静脉出血

颜色暗红，血液从伤口持续涌出，与动脉破裂出血比，相对危险小。但大静脉断裂，同样十分危险，如颈静脉内呈负压，断裂后立即将空气吸入心腔，而使心脏无血可排，同样可导致当即死亡。

3. 毛细血管出血

颜色鲜红，血液从创面呈点状或片状渗出，危险性极小。

（二）按出血的部位分类

1. 外出血

受伤后，血液通过破损的皮肤、黏膜流至体外，可从体表见到流出的血液，极易识别。

2. 内出血

深部组织、器官损伤，血液从破裂的血管流入组织、器官的间隙或体腔内或经气道、消化道、尿道排出、而不通过破损的皮肤、黏膜流出，体表见不到流出的血液。如颅内血肿、肝脾破裂等。

二、常用的止血方法

（一）直接压迫伤口止血法

出血部位覆盖敷料、手帕等后，以手指或手掌直接用力压迫，一般压迫5～10min，出血往往可以停止，再选用加压包扎止血法等。

(二)指压止血法

抢救者用手指将出血部位近端的动脉血管按压在骨骼上,使血管闭塞、血流中断而达到止血的目的。这种方法是用于动脉破裂出血的临时止血措施,虽可立竿见影,但不宜持久采用。随即应根据具体情况再选用其他有效的止血方法,如加压包扎止血法、填塞止血法、止血带止血法等。

(三)加压包扎止血法

敷料覆盖伤口,再用绷带或三角巾等适当增加压力包扎。

(四)填塞法止血

用于腹股沟、腋窝、鼻腔、宫腔出血以及非贯通伤、组织缺损等。用无菌或洁净的布类填塞伤口,填满压紧后再选用加压包扎止血法。

(五)止血带止血法

主要用于四肢大动脉破裂大出血时的重要救命方法。如果使用不当,也可造成远程肢体缺血坏死、神经损伤、急性肾衰竭等。

第五节　心 肺 复 苏

一、心肺复苏的概念

心肺复苏是一种紧急救治措施,主要用于心跳和呼吸停止的情况下,通过人工方式维持血液循环和呼吸,以争取时间等待更专业的医疗救助或进一步的治疗。

心肺复苏可以为心搏骤停的伤员建立临时的人工循环,保证心脏、脑等重要器官的血液循环,为后续专业救治创造条件,提高生存率。

二、心肺复苏的步骤

(1)了解整个现场环境情况,检查并确认现场环境安全。

(2)双手轻拍伤员双侧肩膀、俯身分别在伤员两侧耳边呼唤、声音响亮。

(3)判断意识,检查伤员有无反应。

(4)观察伤员胸廓是否有起伏、判断其有无呼吸,伤员无反应且无呼吸或不正常呼吸(仅仅是喘息),则判断其为心搏骤停。

(5)在判断有无呼吸的同时,还可分别触摸伤员双侧颈动脉是否搏动。

(6)启动应急反应系统,高声呼叫,寻求帮助;拨打急救电话,快速取来 AED。呼叫者应确认接听者完全接收到求助信息后才可挂断电话。

(7)检查脉搏呼吸:解开衣领,检查颈动脉搏动,判断伤员意识和呼吸,平拍重唤,同时斜视观察胸廓有无起伏，时长为 5 ~ 10s。

(8) 解开上衣、暴露胸部，立即开始胸外按压。

三、胸外按压

(1) 将伤员仰卧置于坚硬平面上。

(2) 胸外心脏按压 30 次。

(3) 按压位置：伤员胸骨下二分之一段。

(4) 定位：胸骨中线与两乳头连线的交汇点。

(5) 按压手势：双手十指相扣，掌根重叠，翘起伸直的五根手指，不得接触伤员胸壁。

(6) 按压姿势：双上肢伸直，上半身前倾，以髋关节为轴，用上半身的力量垂直向下按压，身体无摇晃。

(7) 用力方式：利用自身重量按压，用力均匀、平稳且有规律。

(8) 按压深度：按压深度 5 ~ 6cm。

(9) 按压频率：100 ~ 120 次/min。

(10) 每次按压后，确保胸廓完全回弹，尽量减少胸外按压过程中断。

四、清理口腔、开放气道及人工呼吸

施救者跪在伤员一侧，将一只手放在伤员前额，用手掌小鱼际（小手指侧掌缘）用力向下压额头使其头部后仰，另一只手的食指和中指并拢放在下颌处使下颌骨向上抬起。切勿按压颈部或下颏下面的柔软部分，避免造成气道堵塞。

五、口对口人工呼吸 2 次

捏紧鼻翼，包严口周，通气 1s，胸部起伏，两次通气用时不超过 10s。

六、重新评估

连续心肺复苏 5 组（30 次按压：2 次通气），重新检查反应、呼吸用时不超过 10s。

七、使用 AED

尽早取得 AED 并使用，将 AED 拿到伤员身边后迅速开机，按照 AED 的语音指令进行操作。

八、心肺复苏可以终止的条件

当出现以下情况时，可终止心肺复苏：

(1) 已经恢复自主呼吸和心跳。

(2) 有专业医务人员、急救员接替抢救。

(3) 现场环境已不安全。

(4)急救人员已精疲力竭。
(5)医生确认伤员死亡。
(6)对触电、溺水等意外事故,应适当延长抢救时间。

九、生命指征

生命指征正常值见表 8-1。

生命指征正常值　　表 8-1

人员类型	呼吸	脉搏	血压	体温
成人	12～20 次/min	60～100 次/min	收缩压:90～140mmHg 舒张压:60～90mmHg	腋温 36.5～37℃
儿童	18～30 次/min	70～120 次/min	收缩压:90～120mmHg 舒张压:55～80mmHg	
婴儿	30～45 次/min	110～140 次/min	收缩压:年龄 ×2 +80mmHg 舒张压:收缩压 $\times\frac{2}{3}$	

第六节　窒息急救

一、窒息

人体的呼吸过程由于某种原因受阻或异常,导致全身各器官组织缺氧,二氧化碳潴留而引起的组织细胞代谢障碍、功能紊乱和形态结构损伤的病理状态称为窒息。当人体内严重缺氧时,器官和组织会因为缺氧而广泛损伤、坏死,尤其是大脑。气道完全阻塞造成不能呼吸只要1min,心跳就会停止。只要抢救及时,解除气道阻塞,呼吸恢复,心跳随之恢复。但是,窒息是危重症最重要的死亡原因之一。

二、识别窒息的迹象

窒息的人可能无法说话、咳嗽或呼吸,他们可能会用手势抓住自己的喉咙,表情恐慌。一旦发现这些迹象,立即采取行动。

三、呼叫紧急服务

在进行任何急救措施之前,请先拨打紧急服务电话,报告情况并请求紧急医疗援助。

四、进行海姆立克急救法

如果伤员意识清醒,鼓励其用力咳嗽,以试图清除阻塞物。如果伤员失去意识或无法自行咳嗽,应立即进行海姆立克急救法(腹部冲击)。站在伤员身后,一只手握拳,另一只手包住拳头,快速向上推压伤员的上腹部,位于肋骨下缘和肚脐之间的位置。重复此动作直到异物排出或紧急服务人员到达。

五、开放气道

如果伤员失去意识,应将其平放在背上,并检查口腔是否有异物。如果有异物可见且容易取出,小心地用手指移除。然后,将伤员的头部轻轻后仰,抬起下巴,以开放气道。

六、进行人工呼吸

如果伤员没有呼吸或仅有喘息,需要进行人工呼吸。捏住伤员的鼻子,深吸一口气,用自己的嘴完全覆盖伤员的嘴,吹入空气直到看到胸部升起。每次吹气后,松开鼻子,让空气自然呼出。每分钟进行 10 ~ 12 次呼吸。

七、持续监测和安慰

在进行急救的同时,持续监测伤员的状况,并尽量保持冷静,给予伤员安慰和支持。

八、注意事项

(1)在进行任何急救措施之前,确保现场安全,避免自己和伤员受到进一步伤害。
(2)如果不确定如何进行急救,或者情况超出能力范围,请等待专业救援人员到来。
(3)即使伤员恢复了呼吸或意识,也应尽快送往医院进行进一步检查和治疗。

第九章

本章主要介绍了危险化学品的定义及分类、危险化学品的现场确认方法和常见危险化学品的危险特性等内容。

第一节　危险化学品的定义及分类

一、危险化学品的定义

危险化学品是指具有毒害、腐蚀、爆炸、燃烧、助燃等性质,对人体、设施、环境具有危害的剧毒化学品和其他化学品。

根据《危险化学品安全管理条例》(国务院令 591 号),由国务院安全生产监督管理部门会同国务院工业和信息化、公安、环境保护、卫生、质量监督检验检疫、交通运输、铁路、民用航空、农业等行业主管部门,根据化学品危险特性的鉴别和分类标准确定、公布《危险化学品目录》,并适时调整,符合《危险化学品目录》中列明条目及定义和确定原则的都可以认定为危险化学品。

由危险化学品的定义可知,危险化学品一般都具有三个特点:

(1)具有爆炸性、易燃、毒害、腐蚀、放射性等性质。

(2)在生产、运输、使用、储存和回收过程中易造成人员伤亡和财产损毁。

(3)需要特别防护的物品。

一般认为,只要同时满足了以上三个特征,即为危险品。如果此类危险品为化学品,那么它就是危险化学品。

二、危险化学品的分类

(一)危险化学品的标准分类

根据有关标准规定,依据生产、储存、流通、运输等各环节长期或短期接触对人类和环境的危害性,我国将危险化学品的危害分为物理危害、健康危害、环境危害 3 个大类。

具有物理危害的危险化学品包括爆炸物、易燃气体、气溶胶、氧化性气体、加压气体、易燃液体、易燃固体、自反应物质和混合物、自燃液体、自燃固体、自热物质和混合物、遇水放出易燃气体的物质和混合物、氧化性液体、氧化性固体、有机过氧化物、金属腐蚀物。

具有健康危害的危险化学品包括急性毒性、皮肤腐蚀/刺激、严重眼损伤/眼刺激、呼吸道或皮肤致敏、生殖细胞致突变性、致癌性、生殖毒性、特异性靶器官毒性一次接触、特异性靶器官毒性反复接触、吸入危害的化学品。

具有环境危害的危险化学品包括对水生环境危害和对臭氧层危害的化学品。

(二)危险化学品的实践分类

按其主要危险特性将危险化学品分为爆炸品、压缩气体和液化气体、易燃液体、易燃固体与自燃物品以及遇水易燃物品、氧化性物质和有机过氧化物、有毒品、放射性物品、腐蚀品。

1. 爆炸品

爆炸品包括爆炸性物质和混合物、爆炸性物品(不包括下述装置:其中所含爆炸性物质或混合物由于其数量或特性,在意外或偶然点燃或引爆后,不会由于迸射、发火、冒烟、发热或巨响而在装置之外产生任何效应);前2项中未提及的为产生实际爆炸或烟火效应而制造的物质、混合物和物品。

爆炸性物质(或混合物)是指一种固态或液态物质(或物质的混合物),其本身能够通过化学反应产生气体,而产生气体的温度、压力和速度能对周围环境造成破坏。其中,发火物质即使不放出气体,它也是爆炸性物质。

发火物质(或发火混合物)是一种物质或几种物质的混合物,这些物质通过非爆炸自持放热化学反应产生的热、光、声、气体、烟,或所有这些物质的组合来产生效应。

爆炸性物品是含有一种或多种爆炸性物质或混合物的物品。

烟火物品是包含一种或多种发火物质或混合物的物品。

2. 压缩气体和液化气体

压缩气体和液化气体指压缩、液化或加压溶解的气体和冷冻液化气体,一种或多种气体与一种或多种其他类别物质的蒸汽的混合物。压缩气体和液化气体包括易燃气体、易燃气溶胶、氧化性气体、压力下气体。具体指标如下:

(1)易燃气体是在20℃和101.3kPa标准压力下,与空气有易燃范围的气体。

(2)气溶胶是指气溶胶喷雾罐,系任何不可重新罐装的容器。该容器由金属、玻璃或塑料制成,内装强制压缩、液化或溶解的气体,包含或不包含液体、膏剂或粉末,配有释放装置,可使所装物质喷射出来,形成在气体中悬浮的固态或液态微粒或形成泡沫、膏剂或粉末或处于液态或气态。

(3)氧化性气体是一般通过提供氧气,比空气更能导致或促使其他物质燃烧的任何气体。

(4)压力下气体是指高压气体在压力等于或大于200kPa(表压)下装入贮器的气体,或是液化气体或冷冻液化气体。压力下气体包括压缩气体、液化气体、溶解液体、冷冻液化气体。

3. 易燃液体

在《化学品分类和危险性公示　通则》(GB 13690—2009)中,易燃液体是指闪点不高于93℃的液体。易燃液体的燃烧是通过其挥发的蒸气与空气形成可燃混合物,达到一定的浓度后遇火源而实现的。

所谓闪点,即在规定条件下,可燃性液体加热到它的蒸气和空气组成的混合气体与火焰接触时,能产生闪燃的最低温度。闪点是表示易燃液体燃爆危险性的一个重要指标,闪点越低,燃爆危险性越大。

4. 易燃固体、自燃物品和遇水易燃物品

1)易燃固体

易燃固体是指容易燃烧或通过摩擦可能引燃或助燃的固体。易于燃烧的固体为粉状、颗粒状或糊状物质,它们在与燃烧着的火柴等火源短暂接触即可点燃和火焰迅速蔓延的情况下,都非常危险。

易燃固体一般燃点低,对热、撞击、摩擦敏感,易被外部火源点燃,燃烧迅速,并可能散发出有毒烟雾或有毒气体的固体,但不包括已列入爆炸品的物品。

2)自燃物品

自燃物品包括自反应物质或混合物、自燃液体、自燃固体、自热物质和混合物。

①自反应物质或混合物是指即使没有氧(空气)也容易发生激烈放热分解的热不稳定液态或固态物质或者混合物。其不包括根据统一分类制度分类为爆炸物、有机过氧化物或氧化物质的物质和混合物。

②自燃液体是指即使数量小也能在与空气接触后5min之内引燃的液体。

③自燃固体是指即使数量小也能在与空气接触后5min之内引燃的固体。

④自热物质是指发火液体或固体以外,与空气反应不需要能源供应就能够自己发热的固体或液体物质或混合物;这类物质或混合物与发火液体或固体不同,因为这类物质只有数量很大(公斤级)并经过长时间(几小时或几天)才会燃烧。

3)遇水易燃物品

遇湿易燃物品实际上是遇水放出易燃气体的物质或混合物。遇水放出易燃气体的物质或混合物是通过与水作用,容易具有自燃性或放出危险数量的易燃气体的固态或液态物质或混合物。

5. 氧化性物质和有机氧化物

(1)氧化性液体是一种本身不一定燃烧,但通常因放出氧气可能引起或促使其他物质燃烧的液体。

(2)氧化性固体是本身未必燃烧,但通常因放出氧气可能引起或促使其他物质燃烧的固体。

(3)有机过氧化物是含有二价 -O-O- 结构的液态或固态有机物质,可以看作是一个或两个氢原子被有机基替代的过氧化氢衍生物。其包括有机过氧化物配方(混合物)。有机过氧化物是热不稳定物质或混合物,容易放热自加速分解。

有机过氧化物可能具有下列一种或几种性质：

①易于爆炸分解。

②迅速燃烧。

③对撞击或摩擦敏感。

④与其他物质发生危险反应。

6. 有毒品

有毒品的急性毒性物质是指在单剂量或在24h内多剂量口服或皮肤接触一种物质，或吸入接触4小时之后出现的有害效应化学物质。有毒品可以通过呼吸道、皮肤和消化道进入人体，造成不同程度的健康损害。具体途径包括：

(1)呼吸道：毒物以气体、蒸气、烟、雾、粉尘等形式存在，通过呼吸道进入肺泡，再通过肺泡壁进入血液循环系统。毒物浓度越高，吸收越快。

(2)皮肤：脂溶性毒物容易通过皮肤吸收，特别是那些水溶性较强的毒物。皮肤中毒也较为常见。

(3)消化道：毒物通过消化道进入体内多为不注意个人卫生导致，难溶性毒物也可能由咽部进入消化道。

7. 放射性物品

放射性物品是指含有放射性核素，并且其活度和比活度均高于国家规定的豁免值的物品。放射性物品能不断地、自发地放出肉眼看不见的X、α、β、γ射线和中子流等。人和动物如果受到这些射线的过量照射，会引发放射性疾病，严重的甚至死亡。

8. 腐蚀品

腐蚀品是指通过化学作用使生物组织接触时会造成严重损伤，或在渗漏时会严重损害甚至会破坏其他物质或运输工具的物质。腐蚀品一般是指能够腐蚀金属的物质或混合物，它是通过化学作用显著损坏或毁坏金属的。

一般来说金属腐蚀物也会对人体皮肤和眼睛造成腐蚀。如果某种物质或混合物分类为金属腐蚀物但对皮肤和/或眼睛无腐蚀性时，主管部门可选择允许在最终状态为包装好供消费者使用的物质或混合物的标签上省略金属腐蚀物的危险象形图。

腐蚀性物质按化学性质分为酸性腐蚀品、碱性腐蚀品和其他腐蚀品三类。

第二节 常见危险化学品的危险特性

为了避免危险化学品运输车辆发生事故或泄漏后由于现场处置措施不当，扩大事故损失或引发次生事故，高速公路应急救援员应当熟悉常见危险化学品的危险特性，以便在应急救援现场针对不同的危险化学品事故采取有针对性的应急救援措施。

另外，危险化学品分类并不是相互排斥的，大多数危险化学品都兼有两种以上的性质。因此，在注意到某种危险化学品的主要特性时，也必须注意到该化学品的其他性质。

一、常见爆炸品的危险特性

(一)爆炸品的主要危险特性

爆炸性物品的危险来源于爆炸反应。爆炸反应是一种剧烈的化学反应,瞬时产生大量的气体和热量,使周围压力急骤上升,对周围环境造成破坏。烟火物品虽无整体爆炸危险,但具有燃烧、抛射及较小爆炸危险,产生热、光、音响或烟雾。主要危险特性体现在以下四个方面:

(1)可能产生一系列的反应和影响,反应较为剧烈。如大规模爆炸,碎片迸射,对人造成伤害或者死亡。

(2)遇火源或热源产生强烈的反应;进一步有可能导致火灾,产生次生危害。

(3)发出强光,产生大量的噪声或烟雾,进而对环境造成污染或者对人造成伤害。

(4)爆炸性物品通常对撞击、冲击和热较为敏感,一定强度撞击、冲击和热有可能导致爆炸,进而产生严重后果。

(二)常见的爆炸性物质和物品

1. TNT 炸药

TNT 炸药(图 9-1),化学名为三硝基甲苯,又名 2,4,6-三硝基甲苯(英文:Trinitrotoluene,缩写:TNT),是一种有机化合物。其为白色或黄色针状结晶,无臭,有吸湿性,是一种比较安全的炸药,能耐受撞击和摩擦,但任何量突然受热都能引起爆炸。中等毒性。可经皮、呼吸道、消化道侵入。易与苦味酸混淆,被误称为"黄色炸药"。

根据含水量不同,可将三硝基甲苯归到不同类别。比如,按质量含水低于 30% 的三硝基甲苯则归类为爆炸性物质和物品。若含水量高于(不低于)30%,则可归类为易燃固体。

2. 黑索金

黑索金(Hexogen,通用符号 RDX)(图 9-2),化学名为环三亚甲基三硝胺,又名为旋风炸药。遇明火、高温、震动、撞击、摩擦能引起燃烧爆炸,是一种爆炸力极强大的烈性炸药,比 TNT 炸药猛烈 1.5 倍。

图 9-1　TNT 炸药

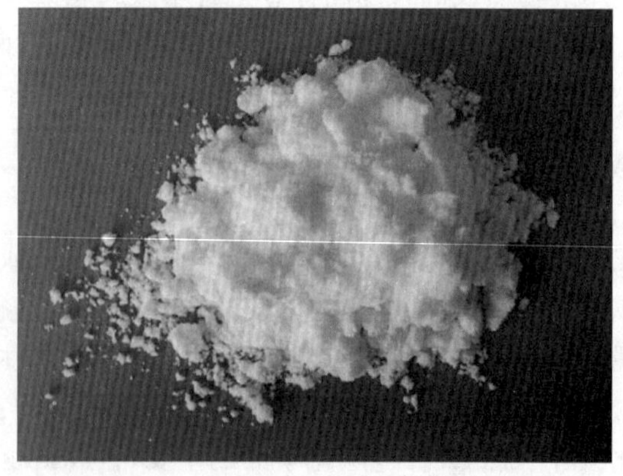

图 9-2　黑索金

根据含水量不同,可将三硝基甲苯归到不同类别。比如,按质量含水低于30%的三硝基甲苯则归类为爆炸性物质和物品。若含水量高于(不低于)30%,则可归类为易燃固体。

3. 硝化纤维素(硝化棉)

硝化纤维素(图9-3)又称硝化棉,是浅白色或淡黄色絮状体,不溶于水,能溶于有机溶剂,极易着火,具有爆炸性。硝化棉外观像受过潮的棉花,色白而纤维长,误其为棉花而发生事故也时有所见。

硝化纤维素通常由脱脂棉或短绒(纤维素)在浓硝酸存在下发生酯化反应而制得。硝化棉是工业产品的重要原料,已被广泛用于生产无烟粉末、单基、双基推进剂,漆、摄影胶片、赛璐珞、塑料、火棉胶、黏合剂、瓶口胶套等。

纯净干燥的硝化棉是一种易燃易爆的危险化学品,易因摩擦而产生静电。鉴于其高潜在的自燃特性,为了提高硝化棉在生产、储存和运输过程中的稳定性,通常会添加水或醇等作为湿润剂。

通常认为含水或者酒精超过25%时较为安全。此外,硝化棉中含氮量不超过12.6%时,只能引起自燃,不会爆炸。因此,按照添加的水或者酒精湿润剂的多少,以及含氮量大小,可以将硝化棉分别归类到爆炸性物质和物品、易燃固体和易燃液体等。

4. 黑火药

黑火药(图9-4)是我国古代的四大发明之一,距今已有1000多年的历史。

图9-3　硝化纤维素

图9-4　黑火药

黑火药通常由硝酸钾、木炭和硫黄机械混合而成。黑火药是在适当的外界能量作用下,自身能进行迅速而有规律的燃烧,同时生成大量高温燃气的物质。在军事上主要用作枪弹、炮弹的发射药和火箭的推进剂及其他驱动装置的能源,是弹药的重要组成部分。

5. 雷管

雷管是爆破工程的主要起爆材料,其作用是产生起爆能来引爆各种炸药及导爆索、传爆管。

6. 烟花爆竹

烟花爆竹(图9-5)是指以烟火药为原料配制成的工艺美术品,通过着火源作用燃烧(爆

图9-5　烟花爆竹

炸)并伴有声、光、色、烟、雾等效果的娱乐产品。

7. 民用爆炸物品

根据《民用爆炸物品安全管理条例》(国务院令第466号),民用爆炸物品是指用于非军事目的、列入民用爆炸物品品名表的各类火药、炸药及其制品和雷管、导火索等点火、起爆器材,具体包括:

(1)爆破器材包括各类炸药、雷管、导火索、导爆索、非电导爆系统、起爆药和爆破剂。

(2)黑火药、烟火剂、民用信号弹和烟花爆竹。

(3)公安部认为需要管理的其他爆炸物品。

二、常见压缩气体和液化气体的危险特性

(一)不同类型气体的区分

1. 压缩气体和液化气体的区分

(1)根据物理状态区分:两种都是加压后于气瓶内运输,但是压缩气体在气瓶内是完全呈气体状态,但是液化气体除了有气体状态,还有部分液体状态。

(2)根据临界温度区分:临界温度——某个特定温度,在高于此温度时的纯气体,不管压缩程度如何,均不可能发生液化。

临界温度均低于-50.0℃,并且在运输名称中均带有“压缩”,以此来表明该气体是压缩的运输状态,如氧气,压缩的(UN 1072);氢气,压缩的(UN 1049)。液化气体临界温度均高于-50.0℃,但是运输名称中并不会有“液化”字样,如二氧化碳(UN 1013)、氯(UN 1017)等。

2. 液化气体和冷冻液化气体的区分

液化气体和冷冻液化气体的共同点是这两种状态下气体均为部分液态,不完全是气态;区别是压缩液化和低温液化。液化气体只需要加压即可达到部分液态;冷冻液化气体需要通过低温使气体液化。冷冻液化气体的运输名称中一般会有“冷冻液态”来表示运输状态,如氧气、冷冻液体(UN1073)、二氧化碳,冷冻液体(UN 2187)等。

3. 溶解气体和吸附气体的区分

直接通过定义进行区分,溶解在溶剂中即为溶解气体,例如乙炔(UN1001),运输名称为溶解乙炔。吸附在多孔材料中运输即为吸附液体,如四氟化硅,吸附的(UN 3521),运输名称中也会带有吸附字样。

(二)压缩气体和液化气体的主要危险特性

压缩气体和液化气体的主要危险特性如下。

1. 易燃易爆性

易燃气体的主要危险性是易燃易爆，某些有毒气体也具有易燃性。所有处于燃烧浓度范围之内的可燃气体（爆炸性混合物），遇着火源都能发生燃烧或爆炸。如氢气以及液化石油气、液化天然气、乙炔等轻烃泄漏后，扩散与空气形成爆炸性混合物，遇着火源发生燃烧或爆炸。

爆炸极限是衡量可燃气体危险性的主要指标，不同的可燃气体，其爆炸极限不同。爆炸极限下限越低，形成爆炸的条件越容易；爆炸极限范围越宽，形成爆炸浓度的机会越多，火灾或爆炸危险性也就越大。

易燃气体都具有较小的最小点火能。最小点火能越小，火灾危险性越大。

某些稳定性差且易分解的可燃气体，当温度或压力达到一定值后就会自然发火，即使不与其他助燃性气体混合也能被点燃和使火焰传播，甚至发生爆炸性分解。如乙烯、乙炔、环氧乙烷等。

具有氧化性的气体，如助燃气体氧气、压缩空气和有毒气体中的氯气、氟气等，这些气体本身都不可燃，但氧化性很强，都能使可燃气体燃烧或爆炸。如氯气与乙炔、氯气与氢气、油脂与氧气等，其混合物均具有燃烧或爆炸的危险。

2. 扩散性

气体在空气中具有扩散性，其扩散速度与压力、温度以及气体的密度等物性因素有关。相对分子质量越大、温度越低，气体的密度越大，也就越不易扩散。

多数压缩气体或液化气体的密度都比空气大，只有少数如氢、甲烷、氨等例外。压缩气体或液化气体的扩散具有如下特点：

（1）密度比空气大的气体倾向于在低位区扩散和聚集，具有燃烧、爆炸或中毒的危险或局部区域缺氧导致窒息。

（2）密度比空气小的蒸气，当其温度低于环境温度时仍可能在低位区扩散和聚集，具有燃烧、爆炸或中毒的危险或局部区域缺氧导致窒息。低温气体泄漏亦可导致低温伤害，如液化天然气、液氨等。液化天然气主要成分是甲烷，由于储存温度低，且泄漏后急速气化使环境温度降低，因此温度低的蒸气云仍在低位区扩散和聚集。

（3）高度缔合的密度比空气小的气体或蒸气，在未被空气稀释前仍在低位区扩散和聚集，具有燃烧、爆炸或中毒的危险或局部区域缺氧导致窒息。氟化氢（HF）的密度比空气小，但高度缔合时，氟化氢的密度比空气大。因此，未被空气稀释的 HF 蒸气云仍在低位区扩散和聚集。

（4）密度比空气小的气体在装置或通风不良的建筑物的高位区聚集，如氢气。

（5）热气由于“热推举”而上升，一般会扩散至大气环境。

掌握压缩气体或液化气体的相对密度及其扩散性，对评定其危险性大小，正确选择通风口位置、确定防护间距以及采取防止事故蔓延的措施都有实际意义。

3. 膨胀性

气体的体积随温度或压力的变化而收缩或膨胀，其收缩或膨胀的幅度较液体大得多。当压力一定时,温度越高,气体的体积越大;当温度一定时,压力越大,气体的体积越小;当体积一定时,温度越高,气体的压力越大。

在一定压力下盛装压缩气体或液化气体的容器(钢瓶),当受到高温、暴晒等热源作用,容器内的气体就会急剧膨胀,产生较原来更大的压力,当压力超过容器的耐压强度时,就会引起容器的膨胀或爆炸,造成伤亡事故。

实际工作中,导致容器破裂的主要原因有:

(1)因高压气体内的化学反应(燃爆、分解、聚合等反应)放出反应热,或因相态转化而放出相变热,致使温度升高、气体压力急剧增大引起容器破裂。

(2)因容器内的液态物质向气态转化使体积迅速膨胀、压力急剧增大引起容器破裂。

(3)因容器损伤、腐蚀或机械的作用等导致容器破裂。

4. 带电性

氢气、乙烯、乙炔、天然气、液化石油气等气体,在高速流动时,与阀门、喷嘴、管道或缝隙间的相互摩擦都会产生静电,在没有采取有效地导除静电措施的情况下,静电就会聚集并放电,当放电能量达到足以点燃可燃气体时,就会导致火灾或爆炸事故。

气体的流速越快,产生的静电荷越多;气体中所含的液体或固体杂质越多,多数情况下产生的静电荷也会越多。

可燃压缩气体或液化气体,在容器或管道破损时,或放空速度过快时都易产生静电,引起火灾或爆炸事故。

5. 腐蚀性、毒害性和窒息性

某些气体除了具有易燃性外,还具有腐蚀性,能腐蚀设备,削弱设备的耐压强度,严重时可导致设备裂隙、漏气,引起火灾等事故。

除氧气和压缩空气外,压缩气体和液化气体大都具有一定的毒害性和窒息性,其中有些气体兼有易燃性。如硫化氢、液氨除了具有易燃性外,还具有腐蚀性和毒害性。装在高压容器内的不燃无毒的气体,如氮、二氧化碳等,一旦泄漏可导致现场人员窒息。

6. 低温性

接触冷冻液化气体冻伤危险,冷冻液化气体的临界温度一般不高于 -50℃,接触会有冻伤危险。

(三)常见压缩气体和液化气体

1. 氧气(氧气,压缩的 UN1072;氧气,冷冻液体 UN1073)

氧气是空气的重要组成部分。空气中氧气占 21%,其余主要为氮气(约占 78%)。由于氮气的性质不活泼,空气的许多化学性质,实际上是氧气性质的表现。当有压缩空气装在 15MPa 以上高压钢瓶中运输时,应与氧气同样看待。

氧气无色、无味、微溶于水,其临界温度为 -118.8℃,沸点为 -183℃,临界压力为 4.97MPa,液氧为淡蓝色。氧气本身不能燃烧,但它是一种极为活泼的助燃气体,几乎能与所有的元素化合生成氧化物。气焊、气割正是利用可燃气体和氧燃烧所放出的热量作为热源。

氧气浓度对它的化学性质有很大影响。空气中氧气含量不大，棉花、酒精等在空气中只能比较平缓地燃烧，超过正常比例的氧气能使燃烧迅猛。油脂在纯氧中的反应要比在空气中剧烈得多，当高压氧气（即高压空气）喷射在油脂上就会引起燃烧或爆炸，实质就是油脂与纯氧的反应，所以氧气瓶（包括空瓶，图9-6）绝对禁油。在装卸过程中，应注意储运氧气钢瓶不得与油脂配装，不得用油布覆盖；储运氧气钢瓶的仓间、车厢、集装箱等不得有残留的油脂；氧气瓶及其专用搬运工具严禁与油脂接触，阀门、轴承都不得用油脂润滑；操作人员不能穿戴沾有油污的工作服和手套。

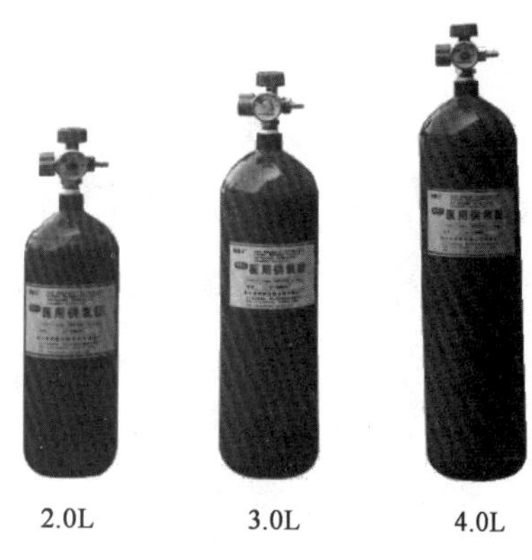

图9-6　便携式医用氧气瓶

2. 氢气（氢气，压缩的 UN 1049；氢气，冷冻液体 UN 1966）

氢气是最轻的气体，约为空气质量的1/14。氢气无色、无嗅，极难溶于水，临界温度为-239.9℃，临界压力为1.28MPa。氢气可燃，纯净的氢气在空气中燃烧平静，火焰为淡蓝色。燃烧温度可达2500℃～3000℃，可作焊接用。

氢气的爆炸范围极宽，为4%～75%，所以氢气是一种极危险的气体。在运输过程中，氢气瓶漏气后会与空气或氧气混合，一旦遇明火或高温即可发生强烈爆炸，这一点要求从业人员予以充分重视。

氢气有极强的还原性，能与许多非金属直接产生化合作用，如氢能在氯气中燃烧生成氯化氢；能与硫发生化学反应生成硫化氢。氢气在氯气中的爆炸极限为5.5%～89%，氢和氯的混合气体在日光照射下就会发生剧烈的爆炸。所以，氢气不能与任何氧化剂尤其是氧气、氯气混储、混运。目前，氢气主要使用长管拖车运输，如图9-7所示。

图9-7　氢气长管拖车

3. 二氧化碳（二氧化碳，压缩的 UN 1013；二氧化碳，冷冻液体 UN 2187）

二氧化碳是一种碳氧化合物，常温常压下是一种无色无味或无色无臭而其水溶液略有酸味的气体，也是一种常见的温室气体，还是空气的组分之一（占大气总体积的0.03%～0.04%）。二氧化碳的沸点为-78.5℃（101.3kPa），熔点为-56.6℃，密度比空气密度大（标

图9-8　二氧化碳气瓶

准条件下),可溶于水。

二氧化碳的化学性质不活泼,热稳定性很高(2000℃时仅有1.8%分解),不能燃烧,通常也不支持燃烧,属于酸性氧化物,具有酸性氧化物的通性,因与水反应生成的是碳酸,所以是碳酸的酸酐。

二氧化碳一般可由高温煅烧石灰石或由石灰石和稀盐酸反应制得,主要应用于冷藏易腐败的食品(固态)、作制冷剂(液态)、制造碳化软饮料(气态)和作均相反应的溶剂(超临界状态)等,如图9-8所示。关于其毒性,研究表明:低浓度的二氧化碳没有毒性,高浓度的二氧化碳则会使动物中毒。

4. 溶解乙炔(UN 1001)

溶解乙炔(C_2H_2)俗名电石气。电石受潮后放出的气体即为乙炔。纯净的乙炔为无色无味的易燃、有毒气体,而工业电石制的乙炔因混有硫化氢(H_2S)、磷化氢(PH_3)等杂质而具有特殊的刺激性气味。一般规定,工业制乙炔中乙炔含量应在98%以上,磷化氢的含量不得超过0.2%,硫化氢含量不得超过0.1%。

乙炔非常容易燃烧,也极易爆炸,其闪点为-17.8℃,爆炸极限为2.3%~72.3%。在液态和固态下或在气态和一定压力下有猛烈爆炸的危险,受热、震动、电火花等因素都可以引发爆炸。因此,乙炔不能在加压液化后储存或运输。

乙炔微溶于水,易溶于乙醇、苯、丙酮等有机溶剂。在15℃和1.5MPa时,乙炔在丙酮中的溶解度为237g/L,溶液是稳定的。因此,工业上将生产的气态乙炔压缩充装至填有多孔填料的溶剂(一般采用丙酮)的钢瓶内,使乙炔气体溶解于丙酮液体中,当使用时将乙炔气体从丙酮中放出,这样的乙炔称"溶解乙炔"。溶解乙炔能达到安全储存、运输和使用方便的目的,如图9-9所示。国外曾有报道,因容器密封不良而漏气,操作人员在采取措施时,由于衣服摩擦产生静电,因火花放电而引起的爆炸事故。所以,与其他气体相比,防止乙炔的泄漏显得更为重要。

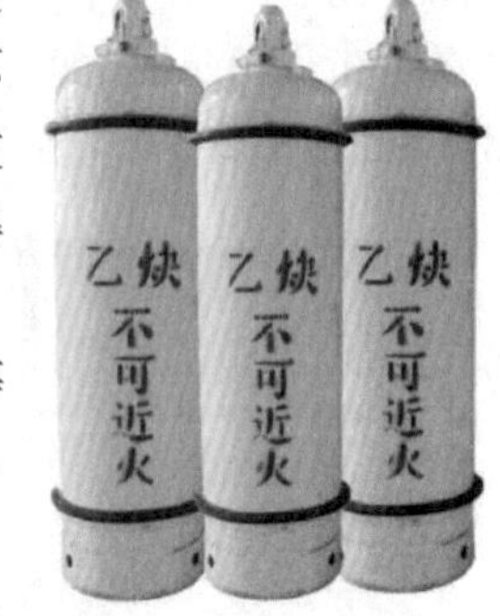

图9-9　乙炔气瓶

乙炔与铜、银、汞等重金属或其盐类接触能生成乙炔铜、乙炔银等易爆炸物质,所以,凡涉及乙炔用的器材都不能使用银和含铜量65%以上的铜合金。

乙炔能与氯气、次氯酸盐等化合成乙炔基氯,乙炔基氯极易爆炸。乙炔还能与氢气、氯化氢、硫酸等多种物质起反应。因而储运乙炔时,乙炔不能与其他化学物质放在一起。

5. 天然气(天然气,压缩的 UN 1971;天然气,冷冻液体 UN 1972)

天然气广泛用于工业、农业、家用及商业的动力燃料,以及化学及石油化学工业原料,如图9-10所示。

天然气是无色无嗅的混合气体,主要成分为烷烃,其中甲烷占绝大多数,另有少量的乙烷、丙烷和丁烷,此外一般有硫化氢、二氧化碳、氮和水汽和少量一氧化碳及微量的稀有气体,如氦气和氩气等。因此,其性质基本与纯甲烷相似,属"单纯窒息性"气体。天然气极易燃。蒸气能与空气形成爆炸性混合物，在室温下的爆炸极限为5%～15%，在－162℃左右的爆炸极限6%～13%。

图9-10 液化天然气运输车辆

液化后的天然气称为液化天然气（Liquid Natural Gas，LNG），被公认是地球上最干净的能源。其组成与气态稍有不同，因为LNG在液化过程中，已将硫、二氧化碳、水分等除去，其沸点为－164～－160℃。当LNG由液体蒸发为冷的气体时，其密度与常温下的天然气不同，约比空气重1.5倍。泄漏后，其气体不会立即上升，而是沿着液面或地面扩散，吸收水与地面的热量以及大气与太阳的辐射热，形成白色云团。由雾气可察觉冷气的扩散情况，但在可见雾气的范围以外，仍有易燃混合物存在。如果易燃混合物扩散到火源，就会发生回燃。当冷气温度升至－112℃左右，就变得比空气轻，开始向上升。LNG比水轻（相对密度约0.45），遇水生成白色冰块。冰块只能在低温下保存，温度升高即迅速蒸发，如急剧扰动能猛烈爆喷。液化天然气与皮肤接触会造成严重灼伤。

三、常见易燃液体的危险特性

（一）易燃液体的主要危险特性

易燃液体的主要危险特性包括：

（1）易燃易爆性。易燃液体挥发出的气体爆炸极限范围越宽，燃烧、爆炸的可能性越大，温度升高，易燃液体挥发量增大，易燃易爆性增大。

（2）高度挥发性。易燃液体中有很多属于低沸点液体，在常温下就能持续挥发，不少易燃液体的蒸气又较空气重，易积聚不散，特别在低洼处所、通风不良的仓库内及封闭式货厢内易积聚产生易燃易爆的混合蒸气，造成危险隐患。

（3）高度流动扩散性。会随水的流动而扩散，进而有可能污染环境（水污染）。

（4）受热膨胀性。液体物质的受热膨胀系数较大，加上易燃液体的易挥发性，受热后蒸气压也会增大，装满易燃液体的容器往往会造成容器胀裂而引起液体外溢。因此，易燃液体灌装时应充分注意，容器内应留有足够的膨胀余位。

（5）易积聚静电，增加爆炸的可能性。

（6）毒性，很多易燃液体都具有一定程度的毒性。

(7)化学性质较活泼,能与很多化学物质发生反应。

(二)常见易燃液体

1. 甲醇(UN 1230)

甲醇是一种有机化合物,是结构最为简单的饱和一元醇。甲醇有“木醇”与“木精”之名,这源自曾经它的主要的生产方式是自制木醋液(为木材干馏或裂解的产物之一)萃取。现代甲醇是直接从一氧化碳、二氧化碳和氢的一个催化作用的工业过程中制造的。通常用作溶剂、防冻剂、燃料或乙醇变性剂,亦可用于经过酯交换反应生产生物柴油。

甲醇很轻、挥发性强、无色、易燃,并有与乙醇(饮用酒)非常相似的气味。但不同于乙醇,甲醇具有毒性。工业酒精中大约含有4%的甲醇,若被不法分子当作食用酒精制作假酒,饮用后,会产生甲醇中毒。甲醇的致命剂量大约是70mL。

甲醇的毒性对人体的神经系统和血液系统影响最大。它经消化道、呼吸道或皮肤摄入都会产生毒性反应,甲醇蒸气能损害人的呼吸道黏膜和视力。甲醇的中毒机理是甲醇经人体代谢产生甲醛和甲酸(俗称蚁酸),然后对人体产生伤害。初期中毒症状包括心跳加速、腹痛、上吐(呕)、下泻、无胃口、头痛、晕、全身无力。先是产生喝醉的感觉,数小时后头痛,恶心,呕吐,以及视线模糊。严重者会失明,乃至丧命。失明的原因是甲醇的代谢产物甲酸累积在眼睛部位,破坏视觉神经细胞。脑神经也会受到破坏,而产生永久性损害。甲酸进入血液后,会使组织酸性越来越强,损害肾脏导致肾衰竭。

2. 车用汽油或汽油(UN 1203)

汽油系轻质石油产品中的一大类,主要成分是碳原子数为7~12的烃类混合物,是一种无色至淡黄色的易流动的油状液体,如图9-11所示。其沸点为40~200℃,相对密度为0.67~0.71,闪点为-45~-50℃,自燃点为415~530℃,爆炸极限为1.3%~6.0%,挥发性极强(会使局部空间氧气浓度降低,使人窒息死亡),不溶于水。其蒸气与空气能形成爆炸性混合物,遇火种、高温氧化剂等有火灾危险。用作溶剂的汽油没有添加其他物质,故毒性较小。而用作燃料的汽油因加入四乙基铅等作抗爆剂,而大大增加了毒性(致癌)。

图9-11　汽油运输车辆

3. 苯(UN 1114)

苯是组成结构最简单的芳香烃,在常温下为一种无色透明液体,易挥发,具有芳香气味。苯比水的密度低,相对密度为0.879,易溶于有机溶剂,难溶于水,故不能用水扑救由苯引起的火灾;沸点为80.1℃,闪点为-11℃(闭杯),爆炸极限为1.3%~7.10%,挥发性大,暴露在空气中很容易扩散。

苯是从炼焦以及石油加工的副产品中提取的,属于重要的工业原料,广泛用于乙烯、酚的制成,以及合成橡胶、乳酸漆、塑料、黏合剂、农药、树脂、香料等工业。苯有毒,人和动物吸入或皮肤接触大量苯进入体内,会对造血器官与神经系统造成损害,空气中最高允许浓度10mg/L。苯与氧化剂反应剧烈,易于产生和积聚静电。

四、常见易燃固体、自燃物品和遇水易燃物品的危险特性

(一)易燃固体、自燃物品和遇水易燃物品的主要危险特性

1. 易燃固体的主要危险特性

1)易燃性

易燃固体的熔点、燃点、自燃点以及热解温度较低,受热容易熔融、分解或气化。在能量较小的热源和撞击下,很快达到燃点而着火,燃烧速度也较快。

2)爆炸性

多数易燃固体具有较强的还原性,易与氧化剂发生反应。易燃固体与空气接触面积越大,越容易燃烧,燃烧速率也越快,发生火灾、爆炸的危险性也就越大。

3)毒性和腐蚀性

许多易燃固体不但本身具有毒性,而且燃烧后还可生成有毒物质。有些易燃固体不但自身具有毒性,能产生有毒气体和蒸气,而且在燃烧的同时产生大量有毒气体或腐蚀性物质,如硫黄、三硫化四磷等,不仅与皮肤接触能引起中毒,而且粉尘吸入后,亦能引起人体中毒。

4)敏感性

易燃固体对明火 、热源、撞击比较敏感。

5)自燃性

易燃固体中的赛璐珞、硝化棉及其制品在积热不散时容易自燃起火。

6)易分解或升华

易燃固体容易被氧化,受热易分解或升华,遇火源、热源引起剧烈燃烧。

2. 自燃物品的主要危险特性

1)自燃性

自燃物品暴露在空气中会与空气中的氧接触,发生氧化反应并放出大量热量。当热量积聚起来升到一定温度时,就会引起燃烧,隔绝这类物质与空气接触是储运安全的关键。

2)遇湿易燃火灾危险性

大部分易于自燃的物质与水反应剧烈,并放出易燃气体和热量,故起火时不可用水或泡沫扑救。

3)放热性(皮肤接触灼伤)

自燃物品会自动发热,对易于自燃的物质储运保管中关键的防护措施是阻隔其与空气的

接触,如黄磷就存放在水中,不过采取何种措施阻隔自燃的物质与空气的接触要看具体品种。

4)爆炸性

自燃物品接触氧化剂会立即发生爆炸,一旦接触到氧化性物质或酸类物质会立即发生强烈的氧化还原反应,产生爆炸的效果,因此危险性也更大。

5)毒性和腐蚀作用

有些易于自燃的物质具有毒性,能产生有毒气体和蒸气,或在燃烧的同时产生大量有毒气体或腐蚀性的物质,其毒害性较大。

3.遇水易燃物品的主要危险特性

1)可燃性

该项物品遇水产生易燃气体,此项物质化学特性极其活泼,遇湿(水)会发生剧烈化学反应,产生可燃性气体和热量;当这些可燃性气体和热量达到一定浓度或温度时,能立即引起自燃或在明火作用下引起燃烧;此外,此项物质还会与酸类或氧化性物质发生剧烈反应,其反应比遇湿(水)更为剧烈,危险性也更大。所以,这类物质着火时,不能用水及泡沫灭火剂扑救,应用干砂、干粉灭火剂、二氧化碳灭火剂等进行扑救。

2)毒害性和腐蚀性

遇水放出易燃气体的物质均有较强的吸水性,与水反应后生成强碱和有毒气体,接触人体后,能使皮肤干裂、腐蚀并引起中毒。

(二)常见易燃固体、自燃物品和遇水易燃物品

1.常见易燃固体

1)红磷

红磷又名赤磷,为紫红色无定形粉末,有光泽,无毒。红磷(图9-12)以P4四面体的单键形成链或环的高聚合结构,相对密度为2.34,熔点为590℃(4.3MPa时),达到416℃时升华;红磷具有较高的稳定性,不溶于水、二硫化碳,微溶于无水乙醇,溶于碱液。与硝酸作用生成磷酸,在氯气中加热生成氯化物,与氧化剂接触会爆炸。

图9-12 红磷

红磷与白磷是磷的同素异形体,但两者性质相差极大。红磷着火点比白磷高得多,易燃但不易自燃,燃点200℃,自燃点240℃。磷与硫能生成多种化合物(如P4S3,P2S5),都是易燃固体。所有这些磷化物都不太稳定,在遇水或受热时易分解,甚至发生燃烧。

2)硫

硫又称硫黄,是硫元素构成的单质,黄色晶体,性脆,易研成粉末,如图9-13所示。相对密度2.06,熔点114.5℃,自燃点约250℃。在113 ~ 114.5℃时熔化为明亮的液体。继续加热到160 ~170℃时,变稠变黑,形成新的无定型变体,继续加热到250℃时,又变成液体。继续加热到444.5℃时,硫开始沸腾,而产生橙黄色蒸气。硫在空气中燃烧生成二氧化硫(SO_2)。

硫黄属于易燃固体,可被用来制造火药,或在橡胶工业中做硫化剂。此外,硫还被用作杀真菌,制作化肥。用硫生成的硫化物在造纸业中是常用的漂白剂。

硫黄往往是散装运输。由于性脆、颗粒小、易粉碎成粉末散在空气中,有发生粉尘爆炸的危险。每升空气中含硫的粉尘达7mg以上遇到火源就会爆炸。这里,硫是作为还原剂被氧化,所以,硫是易燃固体。但是,硫对金属,如铁、锌、铜等又有较强的氧化性。几乎所有金属都能与硫起氧化反应。反应开始需要加热,但一旦开始反应便产生氧化热,此时不需要外部热源,也能使反应加速进行,有起火和爆炸的危险。

硫与氧化剂(如硝酸钾、氯酸钠)混合,就形成爆炸性物质,敏感度很强。我国民间生产的爆竹、烟花等,以硫黄、氯酸钾以及炭粉等为主要原料。

2. 常见自燃物品

白磷,是一种磷的单质,外观为白色或浅黄色半透明性固体。质软,冷时性脆,见光色变深。暴露空气中在暗处产生绿色磷光和白烟,俗称"鬼火"现象,如图9-14所示。白磷相对密度为1.828,自燃点为30℃,熔点为44.1℃,沸点为280℃,蒸气相对密度为4.42,蒸气压为133.3kPa(76.6℃)。白磷性质极活泼,暴露在空气中即被氧化,加之自燃点低,因此只需一、二分钟即自燃。所以,白磷必须浸没在水中,若包装破损使水渗漏,导致白磷露出水面,就会自燃。

图9-13　硫黄

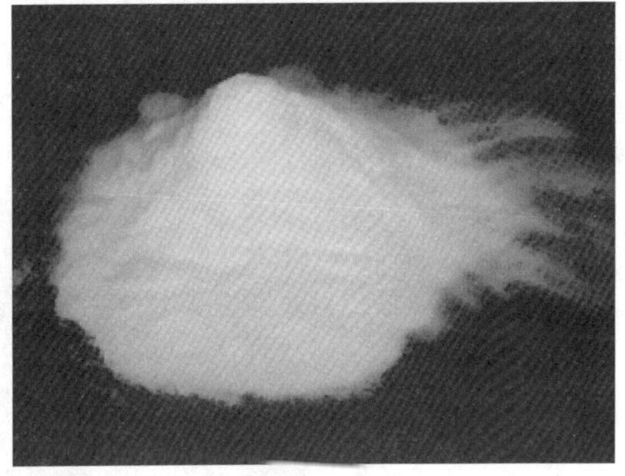

图9-14　白磷

白磷有剧毒。白磷自燃的生成物氧化磷也有毒。在救火过程中应防止中毒。白磷对皮肤有刺激性,可引起烧伤。

3. 常见遇水易燃物品

1)钠、钾等碱金属

钠、钾都是银白色柔软轻金属,如图9-15所示。钠相对密度为0.971,常温时为蜡状,熔点为97.5℃;钾相对密度为0.862,熔点为63℃。钠、钾等碱金属是化学性质最活泼的金属元素。暴露在空气中会与氧作用生成金属氧化物,也会吸收空气中的水分,发生反应而置换出氢气。若放在水中,反应进行得迅速而剧烈,反应热会使放出的氢气爆炸,引起金属飞溅。

图9-15 金属钠

二氧化碳不能作为碱金属火灾的灭火剂。因为二氧化碳能与钠、钾等碱金属起反应。干砂(SiO_2)也不能用于扑救碱金属的火灾。

由于这些金属与煤油、石蜡不反应,所以把钠、钾等浸没在这些矿物油中储存,使其能与空气中的氧和水蒸气隔离。应当注意,用于存放活泼金属的矿物油必须经过除水处理。这些物质的包装如损漏,则非常危险。

2)碳化钙(CaC_2)

碳化钙又称电石,如图9-16所示。纯品为无色晶体,工业品为灰黑色块状物相对密度为2.22。电石有强烈的吸湿性,能从空气中吸收水分而发生反应(与水相遇反应更剧烈),放出乙炔(电石气)和大量热量。热量能很快达到乙炔的自燃点而起火燃烧,甚至爆炸。电石与水接触释放出极易燃气体乙炔,故运输电石需要特别注意防水。

图9-16 碳化钙(电石)

需要注意的是，由于工业品常含有砷化钙（Ca_3As_2）、磷化钙（Ca_3P_2）等杂质，与水作用时会放出砷化氢（AsH_3）、磷化氢（PH_3）等有毒气体，因此使用由电石产生的乙炔有毒，需通过浓硫酸和重铬酸钾洗液去除毒性。

五、常见氧化性物质和有机过氧化物的危险特性

（一）氧化性物质和有机过氧化物的危险特性

1. 氧化性物质

（1）氧化性，是氧化性物质的主要特性。

（2）不稳定性，受热、被撞易分解，当受热、被撞或摩擦时极易分解出原子氧，若接触易燃物、有机物，特别是与木炭粉、硫黄粉、淀粉等粉末状可燃物混合时，能引起着火和爆炸。

（3）化学敏感性，与还原剂、有机物或酸接触发生不同程度的化学反应，因此氧化性物质不可与硫酸、硝酸等酸类物质混储、混运。

（4）强氧化剂与弱氧化剂作用的分解性，氧化性物质的氧化能力有强有弱，相互混合后也可引起燃烧爆炸，如硝酸铵和亚硝酸钠等。因此，氧化性弱的氧化性物质不能与比它们氧化性强的氧化性物质一起储运，应注意分隔。

（5）与水作用分解性，有些氧化剂，特别是过氧化钠、过氧化钾等活泼金属的过氧化物，遇水或吸收空气中的水蒸气和二氧化碳时，能分解放出氧原子，致使可燃物质燃爆。

（6）腐蚀毒害性，部分氧化性物质具有一定的毒性和腐蚀性。

2. 有机过氧化物

（1）很不稳定，易分解，且比无机氧化物更易分解，有机过氧化物在正常温度或高温下易放热分解；分解可因受热、与杂质（如酸、重金属化合物、胺）接触、摩擦或碰撞而引起，分解时可产生有害、易燃的气体或蒸气，分解速度会因有机过氧化物配方不同或温度不同而变化；分解速度随着温度而增加，并随有机过氧化物配制品而不同，这一特性可通过添加稀释剂或使用适当的容器加以改变。

（2）有很强的氧化性。

（3）易燃性，有机过氧化物本身是易燃的，而且燃烧迅速，分解产物为易燃、易挥发气体，易引起爆炸。

（4）对热、振动或摩擦极为敏感，有机过氧化物中的过氧基（ -O-O- ）是极不稳定的结构，对热、振动、碰撞、冲击或摩擦都极为敏感，当受到轻微的外力作用时就有可能发生分解爆炸。所以，某些有机过氧化物在运输时必须控制温度，其允许安全运输的最高温度即为控制温度。

（5）伤害性，应避免眼睛与有机过氧化物接触；有些有机过氧化物，即使短暂地接触，也会对角膜造成严重的伤害，或者对皮肤具有腐蚀性。

(二)常见的氧化性物质和有机过氧化物

1. 过氧化氢水溶液

过氧化氢是一种蓝色、有轻微刺激性气味的黏稠液体,在暗处较稳定,受热、光照或遇到某些杂质易分解为氧气和水,能以任意比例与水互溶。

过氧化氢可作为(强)氧化剂、(弱)还原剂、漂白剂等,广泛应用于无机合成(如生产过硼酸钠)、有机合成(如生产过氧乙酸)、医疗消毒、临床化学、染织漂白、食品检测等领域。

根据相似相溶原理,过氧化氢除了能溶解于极性物质,如醇和醚,但难溶于非极性物质,如苯和石油醚,还能以任意比例与水互溶形成过氧化氢溶液,俗称双氧水,常见的市售浓度为质量分数为30%和3%两种,如图9-17所示。鉴于双氧水具有刺激小(相较于酒精)、高效、速效、无毒的特点,3%浓度的过氧化氢溶液可作为氧化性消毒剂,遇有机物可在过氧化氢酶的作用下分解产生氧气,从而起到杀菌、除臭、去污、止血的作用。它还可破坏破伤风杆菌滋生的厌氧环境,进而预防破伤风病症的产生,亦可适用于外耳道炎、扁桃体炎、急诊创伤清创术等的消炎或清洁。

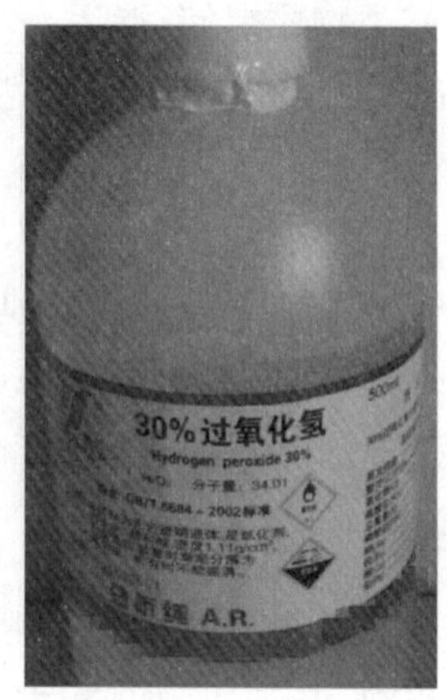

图9-17 不同浓度的过氧化氢溶液

需要注意的是,医用过氧化氢通常浓度为3%,低于8%,故在道路运输环节运输3%的医用过氧化氢水溶液是当作普通货物运输的。

此外,纯的过氧化氢分子的熔沸点会随其构型的改变而改变,其缔合程度比水大,因此具有更高的介电常数和沸点。

图9-18 硝酸钾

2. 硝酸钾

硝酸钾又称钾硝石、火硝,如图9-18所示。无色透明晶体或粉末,相对密度为2.109,溶于水,且在水中的溶解度随水温上升而剧烈增大。该物质为强氧化剂,与有机物接触能燃烧爆炸,遇热则分解放出氧气。当硝酸钾与易燃物质混合后,受热甚至轻微的摩擦冲击都会迅速地燃烧或爆炸。黑火药就是根据这个原理配制的。

硝酸钾遇硫酸会发生反应生成硝酸，所以硝酸盐类不能与硫酸配载。

3. 氯酸钾

氯酸钾为白色晶体或粉末，味咸、有毒，相对密度为2.32。常温下稳定，在400℃时能分解生成氯化钾（KCl）和氧气（O_2）。与还原剂、有机物（如糖、面粉）、易燃物（如硫、碳、磷）或金属粉末等混合可形成爆炸性混合物，经摩擦、撞击或加热时即爆炸。因包装破损，氯酸钾撒漏在地上后被践踏发生火灾的事故时有发生。

氯酸钾的热敏感和撞击感度都比黑火药灵敏得多。氯酸钾遇浓硫酸则生成高氯酸和二氧化氯。高氯酸是一种极强的酸，也有极强的氧化性，而二氧化氯是极不稳定易爆炸的物质。所以，氯酸盐不可与浓硫酸配载。

六、常见有毒品的危险特性

（一）有毒品的危险特性

（1）吸入、皮肤吸收或吞食易造成中毒，损害人体。

（2）有机有毒品具有可燃性，有机有毒品遇明火、高热或与氧化剂接触会燃烧爆炸，燃烧时会放出毒性气体，加剧有毒品的危险性；有毒品中的有机物是可燃的，其中还有不少液体的闪点低于61℃，达到易燃液体的标准。

（3）遇酸或水反应放出毒性气体，如氰化氢（HCN）与氰化钾（KCN）相比毒性更强，而且又是气体，氰化氢比氰化钾更容易通过呼吸道致人中毒。因此，氰化物不得与酸性、腐蚀性物质配装。

（4）腐蚀性，有不少有毒品对人体和金属有较强的腐蚀性，会强烈刺激皮肤和黏膜，甚至发生溃疡加速毒物经皮肤的入侵。

（二）常见的有毒品

1. 苯酚

苯酚，俗称石炭酸，主要由异丙苯经氧化、分解制得。

苯酚是一种有机化合物，是具有特殊气味的无色针状晶体；有毒，是生产某些树脂、杀菌剂、防腐剂以及药物（如阿司匹林）的重要原料。苯酚也可用于消毒外科器械和排泄物的处理，皮肤杀菌、止痒及中耳炎。

苯酚熔点为43℃，常温下微溶于水，易溶于有机溶剂；当温度高于65℃时，能跟水以任意比例互溶。小部分苯酚暴露在空气中被氧气氧化为醌而呈粉红色。遇三价铁离子变紫，通常用此方法来检验苯酚。

苯酚属于毒性物质，对皮肤和黏膜有强烈的腐蚀性，又能经皮肤和黏膜吸收而造成中毒，开始出现刺激，局部麻醉，进而变为溃疡。低浓度能使蛋白质变性，其溶液沾到皮肤上可用酒精洗涤。高浓度能使蛋白质沉淀，故对各种细胞有直接损害。而且苯酚在体内分离后可造成肾脏损伤，从而引起继发性死亡。

误服苯酚时苯酚,会强烈地刺激胃,引起腹部剧痛。与之接触之组织受到明显腐蚀。长期吸入苯酚蒸气时,可患苯酚虚脱症,开始感到头痛、咳嗽、倦怠、虚弱、食欲减退,后期出现不断咳嗽、皮肤痛痒、肾区有压迫感、胸部有沉重感、严重失眠、皮肤苍白、蛋白尿,最后因慢性肾炎而死亡。人口服苯酚的致死量约2~15g,纯苯酚的毒性更大。

2. 氢氰酸等氰化物

氢氰酸即氰化氢(HCN),具有苦杏仁味,极易扩散,易溶于水。含氰基(-CN)的化合物叫氰化物。大多数氰化物属剧毒物质,在体内能迅速离解出氰根(CN-)而起毒性作用,50~100mg就可使人致死。如氰化钠,俗称山萘或七步倒,人仅服1~3mg走不出七步路即会死亡。

氰化物虽有较大毒性,但易被分解为低毒或无毒的物质。如氰化钾与水作用会逐渐被分解成甲酸钾和氨。遇 H_2O_2 分解很快,故小量的含氰毒物可用 H_2O_2 作解毒剂。

氰化物遇酸或酸性腐蚀物质时会放出 HCN。

3. 砷、砷粉及其化合物

砷的俗名为砒,为元素砷(As)的单质,通常为灰色的金属状的晶体,还有黄及黑的两种同素异形体。灰色的金属特性较突出,但性脆;相对密度为5.7,不溶于水;在空气中表面会很快被氧化而失去光泽。纯的未被氧化的砷是无毒的,口服后几乎不被吸收就排出体外。但因为砷易氧化,表面几乎都生成了剧毒砷的氧化物,所以砷也列为剧毒品。砷在自然界主要是以化合物存在,如硫化砷(雄黄)化学式 AsS,三硫化二砷(雌黄)化学式 As_2S_3 等。

不纯的砷俗称砒霜或白砒,有剧毒。

砷为非金属,故其氧化物为酸性氧化物。有两种氧化物:三氧化二砷(As_2O_3)(UN 1561)和五氧化二砷(As_2O_5)(UN 1559)均为剧毒化学品。其对应酸为亚砷酸(H_3AsO_3)和偏亚砷酸($HAsO_2$)及砷酸(H_3AsO_4),皆为弱酸。其对应盐则为亚砷酸盐和偏亚砷酸盐及砷酸盐。亚砷酸钠($NaAsO_2$)(UN 1686)及砷酸钾(K_3AsO_4)(UN 1678)等皆为毒性物质。其他砷化物也大都具有毒性。

砷与氢的化合物叫砷化氢,是气体,极毒,当砷化氢分子中的氢原子被有机化合物中的烃基取代后得到的有机砷化合物则叫作胂。胂类化合物也大都具有毒性。

一般地,砷的可溶性化合物都具有毒性。砷及其化合物可用作药物和杀虫剂等。

七、放射性物品的危险特性

1. 对人体的危害特性

(1)对人体的急性损伤。放射性物质会不断地发射出放射线,这些高能辐射能够直接损伤人体细胞和组织,导致组织细胞的变性、坏死和功能障碍。

(2)对人体的免疫系统损伤。长期接触放射性物质还可能会造成人体免疫系统的损伤,使得人体对病原体的抵抗能力下降,容易感染各种疾病,例如细菌、病毒等。

(3)对人体的慢性健康影响:长期接触低水平的放射性物质对人体健康的影响主要体现在慢性疾病上,例如白血病、甲状腺癌、肺癌、骨癌等,这些疾病可能需要很长时间才能显现出来。

(4)对人类的遗传损伤。放射性物质会对人类的遗传物质产生损害。由于辐射的作用，造成了核酸分子的损伤，导致遗传物质的突变。这些突变可能会传递给后代，并对后代的健康产生负面的影响，导致遗传病的增加。

2. 对环境的危害特性

(1)对土壤和水资源的危害。在核事故或核废料管理不当的情况下，放射性物质会渗入土壤和地下水中，进而进入农作物和饮用水，对人类及生态环境造成潜在危害；

(2)对生物多样性的危害。放射性物质的释放会导致环境中的动植物受到辐射，进而对其生存和繁殖能力产生影响。这种影响可能对生态系统的平衡和稳定性产生威胁。

八、常见腐蚀品的危险特性

(一)腐蚀品的危险特性

(1)腐蚀性。对人体的腐蚀(化学烧伤或化学灼伤)和对物质的腐蚀。

(2)毒性。腐蚀性物质中有很多物质具有不同程度的毒性，如五溴化磷、偏磷酸、氢氟硼酸等。特别是具有挥发性的腐蚀性物质，如发烟硫酸、发烟硝酸、浓盐酸、氢氟酸等，能挥发出有毒的气体和蒸气，在腐蚀肌体的同时，还能引起中毒。

(3)易燃性和可燃性。有机腐蚀性物质具有易燃或可燃性，有些强酸强碱的腐蚀性物质，在腐蚀金属的过程中能放出可燃的氢气。当氢气在空气中占一定的比例时，遇高热、明火即燃烧，甚至引起爆炸。

(4)氧化性。腐蚀性物质中的含氧酸大多是强氧化剂。一方面，强氧化剂与可燃物接触时，即可引起燃烧；另一方面，氧化性有时也可被利用，如浓硫酸和浓硝酸的强氧化性能使铁、铝金属在冷的浓酸中被氧化，在金属表面生成一层致密的氧化物薄膜，保护了金属，这种现象称为“钝化”。根据这一特点，对运输浓硫酸可采用铁制容器或铁罐车装运，用铝制容器盛放浓硝酸。

(5)遇水反应性，遇水反应的腐蚀性物质都能与空气中的水汽反应而发烟(实质是雾，习惯上称烟)，其对眼睛、咽喉和肺均有强烈刺激作用，且有毒。由于反应剧烈，并同时放出大量热量，当满载这些物质的容器遇水后，则可能因漏进水滴而猛烈反应，使容器炸裂。

(二)常见的腐蚀品

1. 硫酸

一般认为，硫酸的消费量可以从某个角度衡量一个国家的经济状况和发展水平。硫酸是重要的工业原料，硫酸铝、盐酸、氢氟酸、磷酸钠和硫酸钙等，在制造时都要用硫酸。硫酸的运输量和储存量在整个酸性腐蚀性物质中占首位。

纯硫酸是无色的油状液体，常见不纯的硫酸为淡棕色。硫酸是一种高沸点难挥发的强酸，易溶于水，能以任意比与水混溶。98%的硫酸水溶液的相对密度为1.84，沸点为338℃，凝固点为10℃。SO_3 溶于硫酸中所得产物俗称发烟硫酸，其化学式为 $H_2S_2O_7$，称为焦硫酸。焦硫酸比硫酸还要危险。

稀硫酸具有酸的一切通性,能腐蚀金属,能中和碱,并能与金属氧化物和碳酸盐作用。浓硫酸有以下特性。

(1)脱水性。脱水性是浓硫酸的性质,而非稀硫酸的性质。可被浓硫酸脱水的物质一般为含氢、氧元素的有机物,其中蔗糖、木屑、纸屑和棉花等物质中的有机物,被脱水后生成了黑色的炭(碳化),并会产生二氧化硫。如脱水后的皮肤组织从成分到外观都与木炭无异。浓硫酸甚至能使高氯酸脱水,生成七氧化二氯,七氧化二氯很不稳定,几乎在生成的同时就爆炸性地分解成氯和氧。所以,浓硫酸与高氯酸不能配载混储。

(2)吸水性。浓硫酸对水有极强的亲和性。当其暴露在空气中时,能吸收空气中的水蒸气。因此常做干燥剂。浓硫酸溶于水时,能释放出约84kJ/mol的高热量。因此,稀释浓硫酸时必须十分小心,应将浓硫酸缓缓加入水中。若把水倒入浓硫酸中,开始时因水较轻浮在酸的表面,当水扩散至酸中时,即放出溶解热,可发生局部沸腾,会剧烈溅散而伤人。

(3)强氧化性。常温下,浓硫酸能使铁、铝等金属钝化。加热时,浓硫酸可以与除金、铂之外的所有金属反应,生成高价金属硫酸盐。此外,热的浓硫酸还可将碳、硫、磷等非金属单质氧化到其高价态的氧化物或含氧酸,本身被还原为SO_2。

浓硫酸也能分解由沸点较低的酸生成盐。把盐与硫酸混合加热,即可分馏出更易挥发的产物。浓硫酸与硝酸盐、盐酸盐也会发生类似的反应。所以,浓硫酸不宜与盐类混储和配载。事实上浓硫酸不宜与任何其他物质进行配载。

2. 硝酸

硝酸是一种重要的强酸。纯硝酸为无色液体,但通常因溶有二氧化氮(NO_2)而呈红棕色,即硝酸,发红烟的,是一种非常强的氧化剂。68% ~70%的硝酸水溶液相对密度为1.4,沸点为120.5℃,熔点为-42℃,与水无限混溶。

硝酸的水溶液无论浓稀均具有强氧化性及腐蚀性,溶液越浓其氧化性越强。在常温下硝酸能溶解除了金、铂、钛、铌、钽、钌、铑、锇、铱以外的所有金属,而粉末状金属则能与硝酸起爆炸性反应。浓稀硝酸在常温下都能与铜发生反应,这是盐酸与硫酸无法达到的。但浓硝酸在常温下会与铁、铝发生钝化反应,使金属表面生成一层致密的氧化物薄膜,阻止硝酸继续氧化金属。另外,浓硝酸还能溶解诸如C、S等非金属。不管具体的反应如何,硝酸在发生腐蚀反应的同时一般总会生成有毒气体NO和NO_2中的一种。

浓硝酸和浓盐酸物质的量按1∶3混合,即为王水,能溶解金等稳定金属。

硝酸在光照条件下分解成水、二氧化氮和氧气,因此硝酸一定要盛放在棕色瓶中,并置于阴凉处保存。

浓硝酸与松节油、乙醇、醋酸等有机物、木屑和纤维产品等相混能引起燃烧甚至爆炸。硝酸的腐蚀性很强,能灼伤皮肤,也能损害黏膜和呼吸道。硝酸还能氧化毛发和皮肤的组成部分——蛋白质,使蛋白质转化为一种称为黄朊酸的黄色复杂物质。所以,硝酸溅到皮肤上,愈合很慢,并会留下很难看的疤痕。

炸药和硝酸有密切的关系。最早出现的炸药是黑火药,它的成分中含有硝酸钠(或硝酸钾)。由棉花与浓硝酸和浓硫酸发生反应,生成的硝酸纤维素是比黑火药强得多的炸药。

3. 氢氯酸(盐酸)

工业中,盐酸的重要性仅次于硫酸和硝酸。工业上俗称的三酸二碱是最重要的化工原料,三酸即硫酸、硝酸和盐酸。就产量和运输量来说,盐酸超过硝酸占第二位。

氢氯酸是无水氯化氢(UN 1050)的水溶液。氯化氢(HCl)是无色有刺激性气味的气体,在空气中能冒烟,蒸气密度为1.27。有毒,空气中浓度超过1500mg/L时,数分钟内可致人死亡。氯化氢极易溶于水,在0℃时,1体积的水大约能溶解500体积的氯化氢,所得水溶液即为氢氯酸,习惯称盐酸。氯化氢和盐酸的化学式均为HCl。工业等级的盐酸浓度一般为36%左右,通常因含铁离子而呈黄色,相对密度(水=1)为1.2。

浓盐酸和稀盐酸均为强酸,具有一切酸的特性。如能与碱中和生成盐和水;能溶解碱性氧化物;能溶解碳酸盐,释放出二氧化碳气体。故盐酸起火时,可用碱性物质如碳酸氢钠、碳酸钠、消石灰等中和,也可用大量水扑救。盐酸能溶解比较活泼的金属,如锌、镁、铁。浓盐酸具有较强的腐蚀性,还可以溶解较不活泼的金属铜。所以,在装运过程中,盐酸严禁与碱类、胺类、碱金属、易燃物或可燃物等混装、混运。

浓盐酸易挥发性,其酸蒸气具有毒性。吸入危险数量的氯化氢,可使呼吸道中的细胞完全变态,并能破坏气管内层。对于成人来说,氯化氢在空气中的浓度为5mg/L时开始有气味;5~10mg/L时对黏膜有轻度刺激;35mg/L时短暂接触会强烈刺激咽喉;50~100mg/L时达忍耐的限度;1000mg/L时短暂接触就有肺水肿的危险。

此外,盐酸受热时,氯化氢会从水中逸出,此时盐酸容器内会产生相当大的压力,而导致耐压能力不大的耐盐酸腐蚀的容器破裂。因此,运输途中应防曝晒、雨淋,防高温。

4. 氢氧化钠

氢氧化钠又被称为烧碱、苛性钠、火碱等,是最常见的强碱,在整个工业部门有许多用途,如图9-19所示。纯的无水氢氧化钠为白色半透明的块状或片状固体,极易溶于水,溶解度随温度的升高而增大。固体氢氧化钠有吸水性,除极易吸收空气中的水汽外,还会吸收二氧化碳生成碳酸钠而变质,这是因为氢氧化钠能与非金属氧化物反应生成盐和水。因此,在储存和运输固体氢氧化钠时,必须防止其与空气接触。

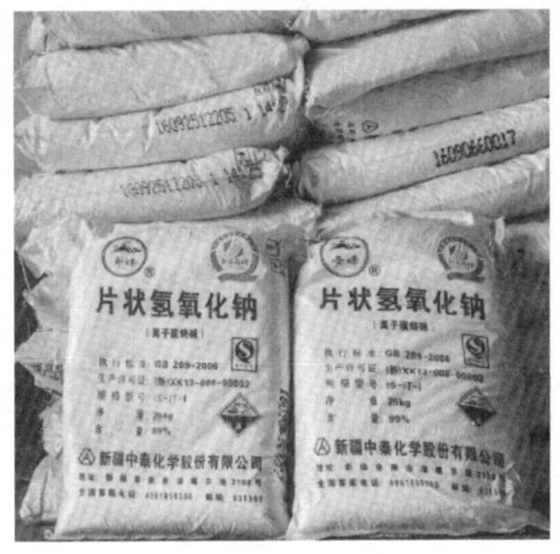

图9-19　片状氢氧化钠

氢氧化钠水溶液有涩味和滑腻感,溶液呈强碱性,具备碱的一切通性。市场出售和运输的氢氧化钠大多是30%和45%的水溶液,运输量很大。

由于氢氧化钠对蛋白质有溶解作用,所以,其浓溶液能与活体组织作用,能溶解丝、毛和动物组织,会严重灼伤皮肤。摄入液碱,如不立即用1%的醋酸溶液中和就可致命。氢氧化钠浓溶液是带微红色(45% 氢氧化钠水溶液)或微蓝色(30% 氢氧化钠水溶液)的透明液体,将之误认为红白葡萄酒、烧酒或饮料而误食丧命时有所闻。

氢氧化钠与无机酸发生中和反应产生大量热,并生产相应的盐类;与金属铝、锌、非金属硼和硅等反应放出氢气;能与玻璃的主要成分二氧化硅反应,生成易溶于水的硅酸钠,而使玻璃腐蚀,但其反应速度缓慢。所以,长期存放氢氧化钠溶液(又称液碱)时,不宜使用玻璃或陶瓷器皿。

5. 氢氟酸

氢氟酸根据含有的氟化氢比例可以细分成包装类别Ⅰ类和Ⅱ类2个包装类别。

氢氟酸是氟化氢气体的水溶液,无色透明,有刺激性气味,具有极强腐蚀性,如吸入蒸汽或接触皮肤或造成严重灼伤。由于氢氟酸具备溶解氧化物的能力,可用于铝和铀等物质的提纯,工业上也可用于刻蚀玻璃,去除半导体硅晶片表面的氧化物等。

第三节　危险化学品现场识别方法

危险货物的包装标志,是以危险货物的分类为基础,以便于根据货物或包件所贴标志的一般形式(标志图案、颜色、形状等),识别出危险货物及其特性,并为装卸、搬运、储存提供基本指南。高速公路应急救援员必须具备根据包装标志或安全标签迅速识别危险化学品危险特性的能力,以便对危险化学品突发事件进行精准救援。

一、包装标记

根据《危险货物包装标志》(GB 190—2009),危险货物包装标志分为标记和标签两类,其中标记4个,标签26个,其图形分别标示了9类危险货物的主要特性。

标记包括危害环境物质和物品标记、方向标记(2个)和高温运输标记三种。

1. 危害环境物质和物品标记

危害环境物质和物品标记为与水平线呈45°角的正方形,符号(树)为黑色,(鱼)为白色,底色为白底或其他反差鲜明的颜色,如图9-20和图9-21所示。

(符号：黑色，底色：白色)

图9-20　危害环境物质和物品标记样式

图9-21　粘贴危害环境物质和物品标记

2. 方向标记

该标记符号为两个黑色或红色箭头,底色为白色或其他反差鲜明的颜色,可选择在方向箭头的外围加上长方形边框,方向标记图例如图9-22所示。

图 9-22　方向标记图例

当容器装有液态危险货物的组合包装、配有通风口的单一包装或者拟装运冷冻液化气体的开口低温贮器时，需要粘贴方向标记，确保在运输过程中以正确的朝向放置，防止因操作人员误操作引起内装危险货物泄漏（图 9-23）。

方向标记应粘贴在包件相对的两个垂直面上，箭头显示正确的朝上方向。

3. 高温运输标记

该标记为等边三角形。标记颜色为红色（图 9-24）。

图 9-23　包件的方向标记

（符号：正红色，底色：白色）

图 9-24　高温运输标记

需要说明的是，根据《危险货物道路运输规划　第 5 部分：托运要求》（JT/T 617.5—2018）的要求，高温运输标记则需要粘贴在内装液态物质温度大于或等于 100℃，或固态物质温度大于或等于 240℃时的集装箱、罐式集装箱或者可移动罐柜上。对于常规危险货物运输包装、中型散装容器、散装容器等，则不需要粘贴高温运输标记。

二、包装标签

根据《危险货物包装标志》（GB 190—2009），危险货物包装标签有以下几类，见表 9-1。

《危险货物包装标志》(GB 190—2009)中列明的危险货物包装标签 表 9-1

类别	名称	图案	项别	备注
1	爆炸性物质和物品	* * * 1	1.1 1.2 1.3	* * 填写爆炸品项别的位置,如果爆炸性是次要危险性时,留空白。 * 填写爆炸品配装组字母的位置。如果爆炸性是次要危险性时,留空白
		1.4 * 1	1.4	
		1.5 * 1	1.5	
		1.6 * 1	1.6	
2	易燃气体	2 2	2.1	—
	非易燃无毒气体	2 2	2.2	—
	毒性气体	2	2.3	—

续上表

类别	名称	图案	项别	备注
3	易燃液体		3	—
4	易燃固体		4.1	—
	易于自燃的物质		4.2	—
	遇水放出易燃气体的物质		4.3	—
5	氧化性物质		5.1	—
	有机过氧化物	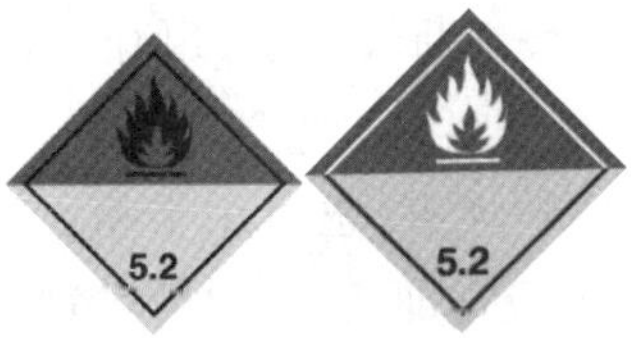	5.2	—
6	毒性物质		6.1	—
7	腐蚀性物质		7	—

第四节　危险化学品火灾基本措施

危险化学品很容易发生火灾、爆炸事故,而且不同的化学品以及在不同的情况下发生火灾时,其扑救方法有很大差异,若处置不当,不仅不能有效扑救,反而会使灾情进一步扩大。此外,由于化学品本身及其燃烧产物大多具有较强的毒害性和腐蚀性,极易造成人员的中毒、灼伤等。因此,高速公路应急救援员必须学会扑救危险化学品火灾的基本知识。

一、扑救压缩或液化气体火灾的基本措施

压缩或液化气体总是被储存在不同的容器内。气体泄漏后遇着火源已形成稳定燃烧时,其发生爆炸的可能性比可燃气体泄漏未燃时要小得多。遇压缩或液化气体火灾一般应采取以下基本措施:

(1)扑救气体火灾切忌盲目扑灭火势,即使在扑救周围火势以及冷却过程中不小心把泄漏处的火焰扑灭了,在没有采取堵漏措施的情况下,也必须立即用长的点火棒将火点燃,使其恢复稳定燃烧。否则,大量可燃气体泄漏出来与空气形成爆炸性混合物,遇着火源就会发生爆炸,后果将不堪设想。

(2)首先应扑灭外围被火源引燃的可燃物火势,切断火势蔓延途径,控制燃烧范围,并积极抢救受伤和被困人员。

(3)如果火势中有压力容器或有受到火焰辐射热威胁的压力容器,能疏散的应尽量在水枪的掩护下将这些压力容器疏散到安全地带,不能疏散的应部署足够的水枪进行冷却保护。为防止容器爆裂伤人,进行冷却的人员应尽量采用低姿射水或利用现场坚实的掩蔽体防护。对卧式储罐,冷却人员应选择储罐四侧角作为射水阵地。

(4)如果是运输罐体泄漏着火,应设法找到气源阀门并迅速关闭,火势就会自动熄灭。

(5)储罐泄漏而关阀无效时,应根据火势判断气体压力和泄漏口的大小及其形状,准备好相应的堵漏材料,如软木塞、橡皮塞、气囊塞、黏合剂、弯管工具等。

(6)堵漏工作准备就绪后,即可用水扑救火灾,也可用干粉、二氧化碳、卤代烷灭火,但仍需要用水冷却烧烫的运输罐体。火扑灭后,应立即用堵漏材料堵漏,同时用雾状水稀释和驱散泄漏出来的气体。

(7)一般情况下完成了堵漏也就完成了灭火工作,但有时一次堵漏不一定能成功。如果一次堵漏失败,而再次堵漏需一定时间,此时应立即用长的点火棒将泄漏处点燃,使其恢复稳定燃烧,以防止较长时间泄漏出来的大量可燃气体与空气混合后形成爆炸性混合物,从而造成发生爆炸的潜在危险,并准备再次灭火堵漏。

(8)现场指挥应密切注意各种危险征兆,遇有火势熄灭后较长时间未能恢复稳定燃烧或受热辐射的容器安全阀火焰变亮耀眼、尖叫、晃动等爆炸征兆时,必须适时作出准确判断,及时下达撤离命令。

二、扑救易燃液体火灾的基本措施

易燃液体虽然也是储存在容器内，但与气体不同的是，液体容器有的密闭，有的敞开，一般都是常压，只有反应锅（炉、釜）及输送管道内的液体压力较高。液体不管是否着火，如果发生泄漏或溢出，都将顺着地面（或水面）漂散、流淌。而且，由于易燃液体往往比重轻于水和水溶性等原因，能否用水或普通泡沫灭火器扑救还存在问题，另外还涉及危险性很大的沸溢和喷溅问题。因此，扑救易燃液体火灾往往是一场艰难的战斗。遇易燃液体火灾，一般应采取以下基本措施：

（1）首先应切断火势蔓延的途径，冷却和疏散受火势威胁的压力容器及密闭容器和可燃物，控制燃烧范围，并积极抢救受伤和被困人员。如有液体流淌时，应筑堤（或用围油栏）拦截漂散、流淌的易燃液体或挖沟导流。

（2）及时了解和掌握着火液体的品名、比重、水溶性，以及有无毒害、腐蚀、沸溢、喷溅等危险性，以便采取相应的灭火和防护措施。

（3）对较大的储罐或流淌火灾，应准确判断着火面积。对于小面积（一般 $50m^2$ 以内）液体火灾，一般可用雾状水扑灭。用泡沫、干粉、二氧化碳、卤代烷等灭火器灭火一般更有效。对于大面积液体火灾则必须根据其相对密度（比重）、水溶性、燃烧面积大小选择正确的灭火剂扑救。

①比水轻又不溶于水的液体（如汽油、苯等），用直流水、雾状水灭火往往无效。可用普通蛋白泡沫或轻水泡沫扑灭，用干粉、卤代烷扑救时灭火效果要视燃烧面积大小和燃烧条件而定，最好同时用水冷却罐壁。

②比水重又不溶于水的液体（如二硫化碳）起火时可用水扑救，水能覆盖在液面上从而将火扑灭，用泡沫也有效。用干粉、卤代烷扑救，灭火效果要视燃烧面积大小和燃烧条件而定，最好同时用水冷却罐壁。

③具有水溶性的液体（如醇类、酮类等），虽然从理论上讲能用水稀释扑救，但用此法要使液体闪点消失，水必须在溶液中占很大的比例，这不仅需要大量的水，也容易使液体溢出流淌，而普通泡沫又会受到水溶性液体的破坏（如果普通泡沫强度加大，可以减弱火势），因此，最好用抗溶性泡沫扑救。用干粉或卤代烷扑救时，灭火效果要视燃烧面积大小和燃烧条件而定，也需要用水冷却罐壁。

（4）扑救毒害性、腐蚀性或燃烧产物毒害性较强的易燃液体火灾，扑救人员必须佩戴防护面具，采取防护措施。扑救原油和重油等具有沸溢和喷溅危险的液体火灾时，如有条件，可采用放水搅拌、冷却等防止发生沸溢和喷溅的措施。

（5）遇易燃液体运输罐体泄漏着火，在切断蔓延途径把火势限制在一定范围内的同时，应设法找到运输罐体的进、出阀门并将其关闭。如果罐体阀门已损坏或贮罐损坏泄漏，应迅速准备好堵漏材料，然后先用泡沫、于粉、二氧化碳或雾状水等扑灭地上的流淌火焰，为堵漏清扫障碍；其次再扑灭泄漏口的火焰，并迅速采取堵漏措施。与气体堵漏不同的是，液体一次堵漏失败，可连续堵几次，只要用泡沫覆盖地面，并防止液体流淌和控制好周围着火源，不必点燃泄漏口的液体。

三、扑救爆炸物品火灾的基本措施

爆炸品着火可用水、空气泡沫(高倍数泡沫较好)、二氧化碳、干粉等灭火剂施救,最好的灭火剂是水。因为水能够渗透到爆炸品内部,在爆炸品的结晶表面形成一层可塑性的柔软薄膜,将结晶包围起来使其钝感。爆炸品着火时首要的就是用大量的水进行冷却,禁止用沙土覆盖,也不可用蒸汽和酸碱泡沫灭火剂灭火。在车厢内着火时要迅速将车窗、厢门打开,向内射水冷却,万万不可关闭车窗、厢门、舱盖窒息灭火。要注意利用掩体,在火场上可利用墙体、低洼处、树干等掩护,防止人员受伤。

由于有的爆炸品不仅本身有毒,而且燃烧产物也有毒,所以灭火时应注意防毒。有毒爆炸品着火时,应戴隔绝式氧气或空气呼吸器,以防中毒。

爆炸物品由于内部结构含有爆炸性因素,受摩擦、撞击、震动、高温等外界因素激发,极易发生爆炸,遇到明火更危险。遇爆炸物品火灾时,一般采取以下基本措施:

(1)迅速判断和查明再次发生爆炸的可能性和危险性,紧紧抓住爆炸后和再次发生爆炸之前的有利时机,采取一切可能的措施,全力制止再次爆炸的发生。

(2)切忌用沙土盖压,以免增加爆炸物品的爆炸威力。

(3)如果有疏散可能,人身安全确有可靠保障,应迅速组织力量及时疏散着火区域周围的爆炸物品,使周围形成一个隔离带。

(4)扑救爆炸物品堆垛时,水流应采取吊射,避免强力水流直接冲击堆垛,以免堆垛倒塌引起再次爆炸。

(5)灭火人员应尽量利用现场的掩蔽体或采取卧式等低姿射水,注意自我保护措施。

(6)灭火人员发现有再次发生爆炸的危险时,应立即向现场指挥报告,经现场指挥确认后,应立即下达撤退命令。

四、扑救遇湿易燃物品火灾的基本措施

遇湿易燃物品着火绝对不可用水和含水的灭火剂施救,二氧化碳、氮气、卤代烷等不含水的灭火剂也是不可用的。因为遇湿易燃物品绝大多数都是碱金属、碱土金属以及这些金属的化合物,他们不仅遇水易燃,而且在燃烧时会产生相当高的温度,在高温下这些物质大部分可与二氧化碳、卤代烷反应,故不能用其扑救遇湿易燃品火灾。当遇湿易燃品火灾时,一般采取以下基本措施:

(1)首先应了解清楚遇湿易燃物品的品名、数量、是否与其他物品混存、燃烧范围、火势蔓延途径。

(2)如果只有极少量(一般50g以内)遇湿易燃物品,则不管是否与其他物品混存,仍可用大量的水或泡沫扑救。水或泡沫刚接触着火点时,短时间内可能会使火势增大,但少量遇湿易燃物品燃烧尽后,火势很快就会熄灭或减小。

(3)如果遇湿易燃物品数量较多,且未与其他物品混存,则绝对禁止用水或泡沫、酸碱等湿性灭火剂扑救。遇湿易燃物品应用干粉、二氧化碳、卤代烷等灭火,易燃物品应用水泥、干砂、干粉、硅藻土等覆盖,水泥是扑救固体遇湿易燃物品火灾比较容易得到的灭火剂。对遇湿

易燃物品中的粉体如镁粉、铝粉等,切忌喷射有压力的灭火剂,以防止将粉尘吹扬起来,与空气形成爆炸性混合物而导致爆炸发生。

(4)如果有较多的遇湿易燃物品与其他物品混存,则应先查明是哪类物品着火,遇湿易燃物品的包装是否损坏。可先用水枪向着火点吊射少量的水进行试探,如未见火势明显增大,证明遇湿易燃物品尚未着火,包装也未损坏,应立即用大量水或泡沫扑救。扑灭火势后,立即组织力量将淋过水或仍在潮湿区域的遇湿易燃物品疏散到安全地带分散开来。如射水试探后火势明显增大,则证明遇湿易燃物品已经着火或包装已经损坏,应禁止用水、泡沫、酸碱灭火器扑救。若是液体应用干粉等灭火剂扑救;若是固体应用水泥、干砂等覆盖,如遇钾、钠、铝、镁等轻金属发生火灾,最好用石墨粉、氯化钠以及专用的轻金属灭火剂扑救。

(5)如果其他物品火灾威胁到相邻的较多遇湿易燃物品,应先用油布或塑料膜等其他防水布将遇湿易燃物品遮盖好,然后在上面盖上棉被并淋上水。如果遇湿易燃物品堆放处地势不太高,可在其周围用土筑一道防水堤。在用水或泡沫扑救火灾时,对相邻的遇湿易燃物品应留一定的力量来监护。由于遇湿易燃物品性能特殊,又不能用常用的水或泡沫灭火剂扑救,救援人员及消防人员平时应经常了解和熟悉其品名和主要危险特性。

五、扑救氧化剂和有机过氧化物火灾的基本措施

氧化剂和有机过氧化物从灭火角度讲是一个杂类,既有固体、液体,也有气体。有些氧化物本身不燃,但遇可燃物品或酸碱能着火或爆炸。有些过氧化物(如过氧化二苯甲酰等)本身就能着火、爆炸,危险性特别大。扑救时要注意人员防护。不同的氧化剂和有机过氧化物有的可用水或泡沫扑救,有的则不能;有的不能用二氧化碳扑救,酸碱灭火剂则几乎都不能适用。遇到氧化剂和有机过氧化物火灾应采取以下基本措施:

(1)迅速查明着火或反应的氧化剂、有机过氧化物以及其他燃烧物的品名、数量、主要危险特性、燃烧范围、火势蔓延途径以及能否用水或泡沫扑救。

(2)能用水或泡沫扑救时,应尽一切可能切断火势蔓延途径,使着火区孤立,限制燃烧范围,同时应积极抢救受伤和被困人员。

(3)不能用水、泡沫、二氧化碳扑救时,应用干粉、水泥、干砂覆盖。用水泥、干砂覆盖应先从着火区域四周尤其是下风等火势主要蔓延方向开始,形成孤立火势的隔离带,然后逐步向着火点进逼。

(4)大多数氧化剂和有机过氧化物遇酸会发生剧烈反应甚至爆炸(如过氧化钠、过氧化钾、氯酸钾、高锰酸钾、过氧化二苯甲酰等),活泼金属过氧化物等一部分氧化剂也不能用水、泡沫和二氧化碳扑救。因此,专门生产、经营、储存、运输、使用这类物品的单位和场合不要配备酸碱灭火器,对泡沫和二氧化碳灭火器也应慎用。

六、扑救毒害品、腐蚀品火灾的基本措施

毒害品和腐蚀品对人体都有一定的危害。毒害品主要经口吸入蒸气或通过皮肤接触引起人体中毒。腐蚀品是通过皮肤接触使人体形成化学灼伤。毒害品、腐蚀品有些本身能着火,有的本身并不着火,但与其他可燃物品接触后能着火。这类物品发生火灾一般应采取以下基本

对策：

(1)灭火人员必须穿防护服,佩带防护面具。对有特殊物品火灾,应使用专业防护服。在扑救毒害品火灾时应尽量使用隔绝式氧气或防毒面具。

(2)首先限制燃烧范围。毒害品、腐蚀品火灾极易造成人员伤亡,灭火人员在采取防护措施后,应立即投入抢救受伤和被困人员的工作中,以减少人员伤害。

(3)扑救时应尽量使用低压水流或雾状水,避免毒害品、腐蚀品溅出。遇酸碱类腐蚀品最好调制相应的中和剂稀释中和。

(4)遇毒害品、腐蚀品容器泄漏,在扑灭火势后应立即采取堵漏措施。腐蚀品需用防腐材料堵漏。浓硫酸、硝酸遇水能放出大量的热,会导致沸腾飞溅,需特别注意防护。

①毒害品着火应急措施：

因为绝大部分有机毒害品都是可燃物,且燃烧时能产生大量的有毒或剧毒的气体,所以,做好毒害品着火时应急灭火措施是十分重要的。在一般情况下,如果是液体毒害品,可根据液体的性质(有无水溶性和相对密度的大小)选用抗溶性泡沫或机械泡沫及化学泡沫灭火,或用沙土、干粉、石粉等灭火。如果是固体毒害品着火,可根据其性质分别采用水、雾状水或沙土、干粉、石粉扑救。

②腐蚀品着火时应急措施：

腐蚀品着火,一般可用雾状水或干沙、泡沫、干粉等扑救,不宜用高压水,以防酸液四溅,伤害扑救人员;硫酸、卤化物、强碱等遇水发热、分解或遇水产生酸性烟雾的物品着火时,不能用水施救,可用干沙、泡沫、干粉等扑救。灭火人员要注意防腐蚀、防毒气,应戴防毒口罩、防毒眼镜或防毒面具,穿橡胶雨衣和长筒胶鞋,戴防腐蚀手套等。灭火时人应站在上风处,发现中毒者,应立即送往医院抢救,并说明中毒品的品名,以便医生救治。

七、扑救易燃固体、自燃物品火灾的基本措施

部分易燃固体、自燃物品除遇空气、水、酸易燃外,而且还具有一定的毒害性,其燃烧产物也大多是剧毒的,如赤磷、黄磷、磷化钙等金属的磷化物本身毒性都很强,其燃烧产物五氧化二磷、遇湿产生的易燃气体磷化氢等都具有剧毒,磷化氢气体有类似大蒜的气味,当空气中含有0.01mg/L时,吸入即可引起中毒。所以,在扑救易燃固体、自燃物品和遇湿易燃物品火灾时,应特别注意防毒、防腐蚀,要佩戴一定的防护用品确保人身安全。

易燃固体、自燃物品一般都可以用水和泡沫灭火器扑救,相对其他种类的化学危险品而言是比较容易扑救的,只要控制住燃烧的范围,逐步扑灭即可。但也有少数易燃固体、自燃物品火灾不能用水和泡沫扑救,如三硫化二磷、铝粉、烷基铝、保险粉等,应根据具体情况区别处理。一般可用干砂或不用压力喷射的干粉扑救。

(1)扑救易燃固体火灾基本措施。

易燃固体着火时绝大多数可以用水扑救,尤其是湿的爆炸品和通过摩擦可能起火或促成起火的固体以及丙类易燃固体等均可用水扑救,对就近可取的泡沫灭火器,二氧化碳、干粉等灭火器也可用来应急。

对脂肪族偶氮化合物、芳香族硫代酰肼化合物,亚硝基类化合物和重氮盐类化合物等自然反应物质(如偶氮二异丁腈、苯磺酰肼等),由于此类物质燃烧时不需要外部空气中氧的参与,

所以着火时不可用窒息法,最好用大量的水冷却灭火。镁粉、铝粉、钛粉、锆粉等金属元素的粉末类火灾,不可用水也不可用二氧化碳等施救。因为这类物质着火时,可产生相当高的温度,高温可使水分子或二氧化碳分子分解,从而引起爆炸或使燃烧更加猛烈,如金属镁燃烧时可产生 2500℃的高温,将烧着的镁条放在二氧化碳气体中时,镁和二氧化碳中的氧反应生成氧化镁,同时产生无定形的碳。所以,金属元素物质着火不可用水和二氧化碳扑救。由于三硫化四磷、五硫化二磷等磷化物遇水或潮湿空气,可分解产生易燃有毒的硫化氢气体,所以也不可用水扑救。

(2)扑救自燃物品火灾基本措施。

黄磷是自燃点很低、在空气中能很快氧化并自燃的固体。遇黄磷火灾时,首先应切断火势蔓延途径,控制燃烧范围,对着火的黄磷应用低压水或雾状水扑救。值得注意的是,高压直流水冲击会引起黄磷飞溅,导致火灾扩大。黄磷熔融液体流淌时应用泥土、沙袋等筑堤拦截,并用雾状水冷却。对磷块和冷却后已固化的黄磷,应用钳子钳入储水容器中。

黄磷可用水施救,且最好浸于水中;潮湿的棉花、油纸、油绸、油布、赛璐铬碎屑等有积热自燃危险的物品着火时一般都可以用水扑救。

八、扑救放射性物品火灾的基本措施

放射性物品是一类发射出人类肉眼看不见但却能严重损害人类生命和健康的 α、β、γ 射线和中子流的特殊物品。扑救这类物品火灾必须采取特殊的能防护射线照射的措施。

(1)首先派出精干人员携带放射性测试仪器,测试辐射(剂)量和范围。测试人员必须采取防护措施。

(2)对辐射(剂)量超过 162kJ/kg 的区域,应设置“危及生命、禁止进入”字样的警告标志牌。

(3)对辐射(剂)量小于 162kJ/kg 的区域,应设置“危及生命、请勿进入”字样的警告标志牌。

(4)对燃烧现场包装没有损坏的放射性物品,可在水枪的掩护下佩带防护装备,设法疏散。无法疏散时,应就地冷却保护,防止造成新的破损,增加辐射(剂)量。

(5)对已破损的容器切忌搬动或用水流冲击,以防止放射性沾染范围扩大。

第十章 心理健康

本章主要介绍了高速公路应急救援人员的职业心理健康概念和理论、情绪、挫折和压力等内容。

第一节 职业心理健康

一、心理健康

(一)心理健康的状态

心理健康是相对于生理健康而言的。心理健康也叫心理卫生,其含义主要包括两个方面。心理健康的状态即没有心理疾病,心理功能良好。就是说能以正常稳定的心理状态和积极有效的心理活动,面对现实的、发展变化着的自然环境、社会环境和自身内在的心理环境,具有良好的调控能力、适应能力,保持切实有效的功能状态。

(二)维护心理的健康状态

维护心理的健康状态即有目的、有意识、积极自觉地按照个体不同年龄阶段身心发展的规律和特点,遵循相应的原则,有针对性地采取各种有效的方法和措施,营造良好的家庭环境、学校环境和社会环境,通过各种形式的宣传、教育和训练,以求预防心理疾病,提高心理素质,维护和促进心理活动的这种良好的功能状态。

对心理健康的标准是:具有充分的适应力;能充分地了解自己,并对自己的能力作出适当的评价;生活的目标切合实际;不脱离现实环境;能保持人格的完整与和谐;善于从经验中学习;能保持良好的人际关系;能适度地发泄自己的情绪和控制自己的情绪;在不违背集体利益的前提下,能够有限度地发挥个性;在不违背社会规范的前提下,能够恰当地满足个人的基本需求。

二、职业心理与行为的分析

（一）职业心理的分析

职业心理是人们在职业活动中表现出的认识、情感、意志等相对稳定的心理倾向或个性特征。

同人一样，职业也有拟人化的心理和性格，不同的职业具有不同的性格特质。在职业心理中，性格影响着一个人对职业的适应性，一定性格的人适于从事一定性格特质的职业；同时，不同的职业对人也有不同的性格要求。在求职的路上，明确自己所选择的职业性格对于自己的职业发展来说是非常关键的。

1. 职业活动伴随有共同的心理过程

人要经历择业、择业、就业或失业再就业的过程。在这些过程中必须伴随着认知、情感、意志等常见的心理过程。如对职业选择的认识和深入理解，伴随着想象的情感过程发生。当所选择的职业满足了个人的需要和客观现实时，兴奋、快乐，甚至洋洋得意、欣喜若狂，反之则会导致抑郁、抑郁、沮丧，甚至悲观失望、抑郁。

2. 职业活动中反映出个性不同和差异

在职业的选择上有着不同的心理表现，知识、情感等都会表现出不同的特点。有的人快而全面，有的人慢而片面；有的人乐观豁达，有的人忧虑孤僻；有些人果断果敢，积极克服困难达到目的，有些人善变，优柔寡断，知难而退。

3. 不同职业阶段有不同的职业心理

职业活动中的心理现象是多样而复杂的。根据职业活动的过程，职业心理可以分为求职心理、求职心理、就业心理、失业心理、再就业心理。职业心理的不同阶段会对职业产生不同的影响。

4. 不同的职业心理特点影响着人们的生活

人们在求职、求职、就业、失业、再就业等不同阶段的心理特征影响着人们的生活态度、生活方式和价值取向。职业心理在人们职业选择中起着重要的作用。“知道自己想要什么，战斗永远不会太晚”，这是择业的一个重要原则。认识自己，了解自己的个性和心理过程，根据社会的需要和社会职业岗位需求的可能性，可以评估个人职业意向的可行性，以积极的态度选择职业。

（二）职业行为的分析

职业行为是指人们对职业劳动的认知、评价、情感和态度的反映，是实现职业目标的基础。从形成意义上讲，它是由人与职业环境、职业要求的关系所决定的。职业行为包括职业创新行为、职业竞争行为、职业合作行为和职业奉献行为等。分析职业行为的道德意义是厘清职业行为道德责任的必要前提。在职业活动中，除了一些不涉及职业道德规范、没有职业道德意义的非职业道德行为外,大量的职业行为具有道德意义。因为,人的职业行为不是孤立发生的,而是在各种社会关系中形成的,会与社会、集体、他人形成一定的道德关系,这就是职业行为的道德意义。

1. 从职业和国家、社会的关系来分析

职业是由于社会分工而产生的,各种职业与社会的关系就像细胞和肌体一样密不可分,如果某一职业活动受阻或遭到破坏,整个社会生活将受到影响;如果整个社会秩序动荡不安,职业活动也无法进行。具体的某一职业活动反映的往往是局部的、小团体利益或个人利益,它常常会和社会的整体利益发生冲突和矛盾。对于这些矛盾和冲突,除了用行政和法律手段进行调解外,还要依靠道德的调节力量。职业道德的作用就是通过规定各种职业所应承担的社会义务和社会责任来确保各行各业与社会的正常联系,协调它们与社会整体的关系,使每一种职业的社会职能都正常发挥并与社会机器的运转相协调起来,从而促进社会向前发展。

2. 从职业和职业之间的关系来分析

在社会分工越来越精细的今天,任何专业活动都不可能是孤立的,特别是在生产行业中。自给自足的小农生产形式早已被大规模的社会化大生产所取代,在社会主义市场经济条件下,随着专业活动竞争的引入,不同职业之间以及同一行业不同企业之间的竞争越来越激烈,如何保证和协调各职业之间的平等互利关系成为一个重要的道德问题。

3. 从从业者与服务对象的关系来分析

每个行业都有自己特定的服务对象,如何促进、维护和保证它们之间的和谐、互助、互利关系?这需要一些道德上的协调和克制。

4. 从职业和从业者自身的关系来分析

人们在选择某一职业时,一般主要考虑这样几个因素:

(1)该职业劳动报酬收入的高低。

(2)该职业的社会地位,包括社会对该职业的评价以及从业者本人从事该职业的前途。

(3)该职业的社会意义。

然而,在我国目前的条件下,职业的选择仍然受到一系列外部因素的制约,不能完全满足人们的职业理想,人们不能按照自己的意愿选择职业,这可能导致个人抱负与从事职业之间的冲突。表现在对现状的不满足、工作的不安全感等方面,它会使个人的劳动积极性和创造力受到一定程度的挫折。个人与职业关系的协调,就需要一定的道德约束。

第二节　救援人员的情绪、挫折与心理压力

一、情绪调节和控制

(一)情绪的负面影响

高速公路应急救援人员由于工作的特殊性,容易产生各种不良情绪,这些情绪如果得不到

有效管理,不仅会影响救援人员自身的身心健康,还可能对救援工作产生负面影响。清排障现场复杂,清排障人员有时面临生与死的考验。清排障人员的情绪会随着环境、事件、刺激、心境等的改变而发生各种变化,一旦情绪产生波动,个人会表现愉快、气愤、悲伤、焦虑或失望等各种不同的内在感受。假如负面情绪经常出现而且持续不断,就会对个人产生负面的影响,从而影响身体机能的协调和合作,进而影响现场发挥,对清排障工作产生一些的影响。

(二)救援人员常见的不良情绪

1. 焦虑

高速公路应急救援工作具有突发性和不确定性,救援人员往往需要在短时间内做出决策并采取行动。例如,面对交通拥堵严重、救援设备有限,又要尽快救出被困人员的情况,他们可能会担心无法及时完成救援任务,从而产生焦虑情绪。

2. 压力与紧张

每次救援都关乎生命财产安全,责任重大。像处理重大交通事故,面对惨烈现场和伤者的痛苦,救援人员会感受到巨大压力,身体和精神处于高度紧张状态。长期处于这种环境下,可能导致慢性压力积累。

3. 恐惧

救援场景可能存在诸多危险,如火灾、爆炸、车辆二次事故等。比如在救援运输危险化学品车辆事故时,对化学品泄漏、爆炸风险的担忧,会使救援人员内心产生恐惧情绪。

4. 疲劳与厌倦

工作时间不规律,经常需要加班、值夜班,连续出勤处理多起事故,容易使救援人员身体疲劳。同时,重复面对类似的事故场景,也可能导致心理上的厌倦。

5. 愤怒

有时可能会遇到一些不配合救援的人员,或者因交通拥堵等外界因素导致救援受阻,救援人员可能会因此产生愤怒情绪,影响救援工作的顺利开展。

(三)救援人员不良情绪的危害

1. 对身心健康的影响

长期的焦虑、压力和紧张可能引发一系列生理和心理问题。生理上,可能出现头痛、失眠、心血管疾病等;心理上,可能导致抑郁、情绪失控、职业倦怠等,严重影响救援人员的生活质量和心理健康。

2. 对救援工作的影响

不良情绪可能导致救援人员注意力不集中、反应速度下降,影响决策的准确性和救援行动的效率。例如,愤怒或焦虑时可能忽略一些救援细节,恐惧情绪可能使救援人员在关键时刻犹豫退缩,从而延误救援时机,甚至危及救援人员自身和被困人员的生命安全。

(四)救援人员不良情绪的调节

1. 心理调节方法

救援人员自身要学会运用一些心理调适技巧,如深呼吸、冥想、积极的自我暗示等。在感到焦虑或紧张时,通过深呼吸放松身体,缓解情绪。同时,保持积极的心态,面对困难时给自己正面的心理暗示,增强自信心。

2. 组织支持

救援队伍应提供必要的心理支持,如定期组织心理培训和辅导课程,邀请专业心理咨询师为救援人员进行心理疏导;合理安排工作任务,避免过度劳累,确保救援人员有足够的休息和恢复时间。

3. 社会支持

社会应给予高速公路应急救援人员更多的理解和尊重,通过宣传报道等方式,让公众了解他们工作的艰辛和重要性。家人的关心和支持也至关重要,家庭环境的温暖能帮助救援人员缓解工作中的不良情绪。

二、救援人员产生的挫折与应对

(一)产生的挫折

高速公路应急救援工作充满复杂性与挑战性,救援人员常遭遇各类挫折,这些挫折对其工作和心理都可能产生负面影响。

1. 救援条件受限

(1)恶劣天气阻碍。暴雨、暴雪、大雾等恶劣天气,会使救援难度剧增。暴雨可能导致道路积水、视线受阻,影响救援车辆行驶和现场作业;暴雪会造成路面结冰,增加救援人员滑倒受伤风险,且大型救援设备难以操作;大雾降低能见度,让救援人员难以准确判断现场状况,延误救援进程,使救援人员努力可能无法迅速见到成效,产生挫折感。

(2)交通拥堵困扰。事故现场周边交通拥堵常见,救援车辆难以及时抵达,设备和物资也无法快速到位。在争分夺秒的救援中,每一分钟延误都可能加重被困人员危险,救援人员会因无法及时展开救援而倍感挫折。

(3)设备故障问题。救援设备关键时刻出现故障,会打乱救援计划。如拖车绞盘失灵、破拆工具损坏等,导致救援停滞,救援人员需花费时间维修或更换设备,错过最佳救援时机,从而产生强烈挫折感。

2. 救援难度过大

(1)事故场景复杂。高速公路事故形式多样,如多车连环相撞、车辆冲下路基、与大型货车碰撞等,常伴随车辆严重变形、人员被困位置刁钻等难题。救援人员需运用复杂技术和策略,若救援过程不顺利,多次尝试仍无法成功解救被困人员,易产生挫折情绪。

(2)危险化学品事故风险。涉及危险化学品的事故,要求救援人员具备专业知识和特殊防护设备。但危险化学品性质复杂,一旦泄漏或起火,不仅威胁救援人员生命安全,且处理不当可能引发更严重后果。若因对危险化学品特性了解不足或防护措施不到位,导致救援进展不顺,救援人员会承受巨大心理压力和挫折。

3. 外部因素干扰

(1)群众不理解不配合。部分群众可能因事故导致自身行程受阻,对救援工作产生不满,不配合救援人员指挥,甚至阻碍救援行动。例如,在疏散过程中,有人拒绝离开危险区域,或在救援现场围观,影响救援作业空间和效率,使救援人员感到委屈和挫折。

(2)信息沟通不畅。与指挥中心、其他救援部门或被困人员沟通不畅,会导致救援行动不协调。如指挥中心传达信息有误,或救援人员无法准确了解被困人员状况,可能使救援方向错误,浪费时间和精力,让救援人员产生挫败感。

4. 自身能力局限

(1)知识技能不足。高速公路应急救援涉及多领域知识技能,如医疗急救、机械工程、交通管理等。若救援人员知识技能储备不足,面对复杂救援场景,会感到力不从心。例如,在处理涉及复杂机械结构的车辆事故时,缺乏相关机械知识,就难以制定有效破拆方案,从而产生挫折情绪。

(2)心理承受力弱。救援现场常出现惨烈场景,如严重伤亡、车辆变形扭曲等,给救援人员带来巨大心理冲击。若心理承受能力不足,可能出现恐惧、焦虑等负面情绪,影响救援工作开展,使救援人员对自己产生怀疑,产生挫折感。

(二)挫折的应对

1. 救援人员自身层面

1)提升专业素养

(1)加强培训学习。主动参加各类救援技能培训课程,如车辆破拆、医疗急救、危化品处理等专业培训,利用业余时间学习相关理论知识,拓宽知识面,提高应对复杂救援场景的能力。例如,通过参加危化品事故应急处理培训,深入了解不同危化品特性及应对方法,增强处理此类事故的信心。

(2)积累实战经验。每次救援结束后,认真总结经验教训,分析救援过程中遇到的问题及解决方案。积极与同事交流分享,借鉴他人经验,丰富自己的实战经验库。比如在多车连环相撞事故救援后,与队友探讨如何更高效地清理现场、解救被困人员。

2)强化心理素质

(1)学习心理调适技巧。掌握如深呼吸、渐进性肌肉松弛、正念冥想等心理调适方法。在面对惨烈救援现场或感到压力巨大时,运用这些技巧缓解紧张、恐惧等负面情绪。例如,在进入事故现场前,通过深呼吸让自己平静下来,集中注意力开展救援。

(2)培养积极心态。学会用积极的心态看待挫折,将每次困难视为成长的机会。遇到救援难题时,告诉自己这是提升能力的契机,增强应对挫折的心理韧性。比如救援中设备突发故障,可思考如何在现有条件下创造性地解决问题,而不是陷入沮丧。

3)提高沟通能力

加强与各方沟通。在救援过程中,注重与被困人员、群众、指挥中心及其他救援部门的沟通。对被困人员,保持耐心,用温和、坚定的语言安抚其情绪,获取配合;与群众沟通时,解释救援工作的重要性和必要性,争取理解;与指挥中心及其他救援部门保持密切联系,确保信息传递准确、及时。例如,在疏散群众时,清晰说明危险情况和疏散路线,避免引起恐慌和误解。

2. 组织层面

1)优化资源配置

(1)保障设备维护与更新。定期对救援设备进行全面检查、维护和保养,确保设备处于良好运行状态。根据实际需求和技术发展,及时更新先进救援设备,提高救援效率。如配备新型的液压破拆工具、生命探测仪等,减少因设备问题导致的救援挫折。

(2)应对恶劣天气与交通拥堵。针对恶劣天气,制定完善的应急预案,提前准备防滑链、除雪设备、防雨罩等应对工具。与交通管理部门建立紧密合作机制,在交通拥堵时,开辟救援绿色通道,保障救援车辆快速通行。例如,在暴雪天气来临前,提前部署除雪设备,确保道路可通行。

2)提供心理支持

(1)开展心理辅导。定期邀请专业心理咨询师为救援人员提供心理辅导和培训,帮助他们识别和应对负面情绪。设立心理咨询热线或在线咨询平台,方便救援人员随时寻求帮助。比如在一系列重大事故救援后,及时组织心理疏导讲座,帮助救援人员缓解心理压力。

(2)关注心理健康状况。建立救援人员心理健康档案,定期评估他们的心理状态。对于出现严重心理问题的人员,安排带薪休假或调整工作岗位,确保其得到充分休息和治疗。

3)加强协调与培训

(1)协调各方工作。成立专门的现场协调小组,负责统一指挥和协调救援工作,明确各部门职责,避免工作重叠或推诿。定期组织跨部门联合演练,提高协同作战能力。例如,在危化品事故救援演练中,加强消防、医疗、环保等部门的协作配合。

(2)开展针对性培训。根据救援人员的实际需求和常见挫折,开展有针对性的培训。如针对群众不配合情况,进行沟通技巧培训;针对信息沟通不畅问题,开展信息管理与沟通培训。

3. 社会层面

1)加强宣传教育

(1)提高公众认知。通过电视、广播、网络等媒体,广泛宣传高速公路应急救援工作的重要性和复杂性,展示救援人员的艰辛付出。开展交通安全知识和应急救援科普活动,提高公众的安全意识和对救援工作的理解配合度。例如,制作宣传纪录片,讲述救援人员的故事,让公众了解救援工作的不易。

(2)普及应急知识。组织面向公众的应急救援知识培训和演练,如交通事故现场自救互救方法、危险区域疏散等,减少公众在事故现场的恐慌和不当行为,为救援工作创造有利条件。

2)给予支持与鼓励

(1)表彰与奖励。政府和相关部门设立专门奖项,对表现优秀的救援人员进行表彰和奖励,提高他们的职业荣誉感。企业和社会组织也可通过捐赠、赞助等方式,支持应急救援工作,表达对救援人员的敬意。

(2)营造良好氛围。社会各界共同营造尊重、支持应急救援人员的良好氛围,让他们感受到社会的认可和关爱,增强职业归属感和自信心。

三、救援人员的心理压力与应对

高速公路应急救援工作充满艰巨性与复杂性,应急救援人员长期处于高压环境,承受着较大心理压力。深入了解这些压力源并采取有效应对策略,对保障救援人员心理健康和救援工作的高效开展至关重要。

(一)心理压力的来源

1. 工作特性

(1)高风险。救援现场危机四伏,如车辆变形挤压、火灾爆炸、危化品泄漏等,时刻威胁救援人员生命安全。面对运输易燃易爆物品车辆事故,稍有不慎就可能引发严重后果,使救援人员时刻处于紧张状态。

(2)高强度。工作时间不固定,需随时待命,一旦有任务便需迅速响应。长时间连续作业、处理复杂救援场景,身体和精神高度紧张,易导致身心疲惫。例如,处理大型节假日高速公路多起连环事故,救援人员可能连续奋战数小时甚至更长时间。

(3)高责任。每次救援都关乎生命财产安全,救援人员肩负巨大责任。决策稍有失误或救援行动迟缓,都可能造成严重后果,这使他们心理负担沉重。

2. 工作环境

(1)恶劣自然条件。暴雨、暴雪、高温、沙尘等恶劣天气,不仅增加救援难度,还使救援人员身体不适。如在暴雪天气中,低温可能导致手脚冻伤,影响救援操作,同时视线受阻增加工作危险性。

(2)复杂事故场景。惨烈的事故现场,如严重变形的车辆、伤亡人员的痛苦场景,会给救援人员带来强烈的视觉和心理冲击,导致心理创伤。

3. 人际关系

(1)与被困者及家属关系。被困者的痛苦和家属的急切情绪,可能使救援人员感到心理压力。若救援进展不顺利,家属的抱怨和指责会加重这种压力。

(2)团队协作压力。救援工作需多部门、多人员紧密协作,若沟通不畅、职责不清或协作不顺,易引发内部矛盾和压力,影响救援效率和救援人员情绪。

(二)心理压力的应对

1. 个人层面

(1)心理调适技巧。学习并运用放松技巧,如深呼吸、冥想、渐进性肌肉松弛等,在感到压力时及时调整情绪。培养兴趣爱好,如阅读、运动、绘画等,帮助转移注意力,缓解工作压力。例如,救援间隙通过深呼吸放松身心,下班后通过运动释放压力。

(2)自我激励与积极思维。树立正确的职业观,认识到工作的重要价值,进行积极的自我激励。面对困难和挫折,采用积极思维方式,将其视为成长机会。如救援遇到难题时,告诉自己“这是提升能力的契机”。

2. 组织层面

(1)培训与支持。开展心理培训课程,提高救援人员心理健康意识和应对压力能力。邀请心理专家进行讲座、举办心理咨询工作坊,教授情绪管理、压力应对方法。建立心理支持系统,设立心理咨询室、开通心理热线,为救援人员提供及时心理帮助。

(2)优化工作安排。合理调配人力资源,避免过度劳累。根据救援人员身体和心理状况,科学安排工作任务和休息时间。完善应急预案,加强培训演练,提高救援人员应对突发事件能力,减少因不确定性带来的压力。

(3)团队建设。组织团队建设活动,增强团队凝聚力和协作能力。营造良好工作氛围,促进成员间沟通交流,及时解决内部矛盾,提升工作满意度。

3. 社会层面

(1)宣传与理解。通过媒体宣传高速公路应急救援工作的重要性和艰辛,提高公众认知和理解。报道救援人员先进事迹,营造尊重、支持的社会氛围,增强救援人员职业认同感和归属感。

(2)政策保障。政府出台相关政策,给予救援人员更多保障和支持,如提高待遇、完善福利、提供职业发展空间。设立专项奖励基金,对表现突出的救援人员进行表彰奖励,激励他们更好地履行职责。

第十一章 安全生产管理

本章主要介绍了安全生产概念,安全隐患排查、处置以及教育培训相关知识等内容。

第一节　安全生产概述

一、安全生产的概念

安全生产是指在劳动生产过程中,要努力改善劳动条件、克服不安全因素,防止死亡事故的发生,使劳动生产在保证劳动者安全健康和国家财产及人民生命财产安全的前提下顺利进行。

二、安全生产的作用和意义

搞好安全生产工作对于巩固社会的安定,为国家的经济建设提供重要的稳定政治环境具有现实的意义;对于保护劳动生产力,均衡发展各部门、各行业的劳动力资源具有重要的作用;对于社会财富,减少经济损失具有实在的经济意义;对于生产员工,关系到个人的生命安全与健康,家庭的幸福和生活的质量。

三、我国的安全生产方针

我国的安全生产方针,是指党和国家对安全生产工作的总要求,它是安全生产工作的方向。我国的安全生产方针是“安全第一,预防为主,综合治理”。保护劳动者的安全与健康是国家的一项基本政策,也是管理生产企业的重要原则之一。

四、安全生产相关原则

(一)管生产必须管安全的原则

一切从事生产、经营活动的单位和管理部门必须管安全;管生产的同时要管安全;应贯彻、落实国家相关法律、政策和标准,制定安全生产规章制度等来落实此原则。

(二)谁主管谁负责的原则

这是落实安全生产责任制的一项重要原则。企业的生产、技术、机动(设备)、供销、贮运都必须按照“谁主管谁负责”的原则,制订本部门、本单位的安全生产责任制,并严格执行,发生事故同样要追究主管人员的责任。

(三)属地管理的原则

属地即工作管辖范围,可以是工作区域、管理的实物资产和具体工作任务(项目),也可以是权限和责任范围。属地特性有明确的范围界限,有具体的管理对象(人、事、物等),有清晰的标准和要求。属地管理即对属地内的管理对象按标准和要求进行组织、协调、领导和控制,属地主管即是属地的直接管理者。属地管理就是要让员工产生“当家做主”的归属感,赋予员工对其属地享有管理权,即属地主管要对自身和进入其管辖区域的各类人员(包括施工人员、参观人员、服务人员等)实施管理。

(四)安全生产人人有责的原则

现代化工工艺复杂,操作要求严格,安全生产更是一个综合性工作。领导者的指挥、决策稍有失误,操作者在操作中稍有疏忽,检修和检验人员稍有不慎都可能酿成重大事故,所以必须强调“安全生产,人人有责”。

(五)坚持“四不放过”原则

国家要求企业一旦发生事故,在处理时实施“四不放过”原则,即对发生的事故原因分析不清楚不放过;事故责任者没有严肃处理不放过;广大员工没有受到教育不放过;没有落实防范措施不放过。

实施这条原则,是为了找出发生的事故原因,惩前毖后,吸取教训,采取措施,防止事故再发生。

(六)全员安全生产教育培训的原则

对企业全体员工(包括临时工)进行安全生产法律法规和安全专业知识,以及安全生产技能等方面的教育和培训。

(七)“三同时”原则

生产性基本建设项目中的劳动安全卫生设施必须符合国家规定的标准,必须与主体工程同时设计、同时施工、同时投入生产和使用,保障劳动者在生产过程中的安全与健康。

(八)“三同步”原则

企业在考虑经济发展,进行机构改革、技术改造时,要将安全生产与之同时规划、同时组织实施、同时运作投产。

(九)“四不伤害”原则

教育职工做到不伤害自己、不伤害他人、不被他人伤害、保护他人不受伤害。

(十)“四不放过”原则

发生安全事故后原因分析不清不放过,事故责任者和群众没有受到教育不放过,没有防范措施不放过,有关领导和责任者没有追究责任不放过。

(十一)“五同时”原则

企业生产组织及领导者在计划、布置、检查、总结、评比经营工作的时候,要同时计划、布置、检查、总结、评比安全工作。

第二节　应急救援工作中的安全隐患排查与处置措施

一、安全生产检查

安全检查是建立良好的安全生产作业环境和秩序的重要手段之一。安全检查的目的在于发现不安全因素(危险因素)的存在的状况,如装置、设备、设施、工具、附件等的潜在不安全因素状况、不安全的作业环境场所条件、不安全的作业职工行为和操作潜在危险,以利于采取防范措施,防止或减少伤亡事故的发生。

安全检查的形式可分为日常性检查、专业性检查、季节性检查、节假日前后的检查和不定期的特种检查。

(一)日常安全检查

日常安全检查是指按企业制订的检查制度每天都进行的、贯穿生产过程的安全检查。如生产岗位的班组长和作业职工应严格履行交接班检查和班中巡回检查,非生产岗位的班组长和作业职工应依据岗位特点,在作业前和作业中进行检查。各级领导和各级安全生产管理人员应在各自业务范围内,经常深入作业现场,进行安全检查,发现不安全问题及时督促有关部门解决。

(二)专业性安全检查

对易发生安全事故的特种设备、特殊场所或特殊操作工序,除综合性检查外,还应组织有关专业技术人员、管理人员、操作职工或委托有资格的相关专业技术检查评价单位进行安全检查。应明确重点、手段、方法,如对电气焊,起重、运输车辆,锅炉及各种压力容器,各种反应罐(釜),易燃、易爆场所等。必要时要对某些设备或操作进行长时间的观察和检查,对相关设备运行情况、作业职工操作情况、调试及维修等情况、安全防护措施及个人防护用品使用情况等进行连续检查,以确保其防护功能。发现问题及时纠正,采取相应的防范措施。

(三)季节性安全检查

根据季节特点对企业安全的影响,由安全技术部门组织相关人员进行的检查。如春节前后以防火、防爆为主要内容,夏季以防暑降温为主要内容,雨季以防雷、防静电、防触电、防洪、防建筑物倒塌为主要内容,冬季以防寒、保暖为主要内容的检查。

(四)节假日前后的安全检查

节假日前,要针对职工思想不集中、精力分散,提示注意的综合安全检查。节后要进行遵章守纪的检查,防止人的不安全行为而造成事故。

(五)不定期的特种检查

由于新建、改建、扩建工程的新作业环境条件、新工艺、新设备等可能会带来新的不安全因素(危险因素),在这些设备、设施投产前后的时间内进行的检查竣工验收检查及工程项目开工前的"类比"预先安全检查及检修中、检修后的试运转检查。

二、应急救援工作隐患排查治理的重要性

高速公路救援工作是保障道路畅通、维护驾乘人员生命财产安全的关键环节。然而,由于作业环境复杂、任务紧急等特点,救援工作面临诸多安全风险。依据《安全生产事故隐患排查治理暂行规定》,加强事故隐患排查治理,对于提升高速公路救援行业的安全性、降低事故发生率具有重要意义。

(一)保障救援人员安全

通过排查治理隐患,提前发现并消除可能危及救援人员生命安全的因素,如恶劣天气下的作业风险、现场交通秩序混乱等,为救援人员创造安全的作业环境。

(二)提高救援效率

及时排查治理设备故障、人员技能不足等隐患,确保救援设备正常运行,救援人员能够熟练、高效地开展工作,从而提高救援工作的整体效率,减少事故对交通的影响。

(三)符合法律法规要求

《安全生产事故隐患排查治理暂行规定》明确了生产经营单位在隐患排查治理方面的责任和义务。高速公路救援工作严格遵守规定是依法依规开展工作的必然要求。

三、应急救援工作隐患排查要点及处置措施

(一)应急救援工作隐患排查要点

1.人员方面

救援人员是否经过专业培训,具备相应的救援技能和安全知识,如对各种救援设备的操作

熟练程度、对交通法规在救援现场的应用能力等。

救援人员的身体和精神状态，是否存在疲劳作业、酒后作业等情况，避免因人员状态不佳引发安全事故。

救援队伍的人员配备是否合理，是否满足不同类型救援任务的需求，例如在大型交通事故救援中，是否有足够的人员进行现场警戒、车辆破拆、伤员救助等工作。

2. 设备方面

救援车辆的性能状况，包括车辆的制动系统、转向系统、灯光系统等是否正常，车辆的定期保养和维护记录是否完整。救援车辆在行驶和作业过程中，任何一个关键部件出现故障都可能导致严重后果。

各类救援设备，如吊车、拖车、破拆工具等是否完好有效，设备的日常检查、维护和保养是否到位。例如，破拆工具的液压系统是否有泄漏，动力是否充足；吊车的吊臂是否有变形、裂纹等安全隐患。

安全防护设备，如警示标志、防护服、安全帽等是否配备齐全且质量合格。这些设备是保障救援人员在危险环境中安全作业的重要保障。

3. 作业环境方面

事故现场的交通状况，如道路是否拥堵、天气条件是否恶劣（雨、雪、雾等）。恶劣的交通和天气条件会增加救援作业的难度和风险，需要特别关注现场的交通疏导和安全警示标识设置。

事故现场的地形地貌，是否存在陡坡、沟渠、软基等不利于救援作业的因素。例如，在陡坡路段进行车辆救援时，要防止救援车辆和被救援车辆发生滑动、侧翻等事故。

事故车辆的状态，如是否存在燃油泄漏、车辆变形挤压可能导致的二次伤害等。对于存在安全隐患的事故车辆，要采取相应的措施进行处理，如及时清理燃油泄漏、对车辆进行稳固等。

4. 管理方面

救援作业流程是否科学合理，是否符合相关的行业标准和规范。例如，从接到救援任务到到达现场、开展救援、清理现场等各个环节，是否有明确的操作流程和责任分工。

应急预案是否完善且具有可操作性，是否定期组织演练。应急预案应涵盖各种可能出现的突发情况，如重大交通事故、恶劣天气引发的救援困难等，并通过演练不断优化和完善。

安全管理制度是否健全，包括安全培训制度、设备管理制度、事故报告制度等，以及这些制度的执行情况是否良好。只有建立健全并严格执行安全管理制度，才能从根本上保障救援工作的安全开展。

（二）应急救援工作隐患处置措施

1. 人员隐患治理

（1）加强培训教育。定期组织救援人员参加专业技能培训和安全知识培训，邀请行业专家进行授课，提高救援人员的业务水平和安全意识。例如，开展救援设备操作技能竞赛，以赛促学，激发救援人员学习的积极性。

(2)合理安排工作。根据救援人员的身体状况和工作负荷,合理安排救援任务,避免疲劳作业。建立完善的人员轮班制度和休息制度,确保救援人员有足够的休息时间恢复体力和精力。

(3)心理关怀。关注救援人员的心理健康,通过定期的心理辅导、团队建设活动等方式,缓解救援人员因工作压力大、面对事故现场等产生的心理负担,保持良好的精神状态。

2. 设备隐患治理

(1)严格设备维护保养。制定详细的设备维护保养计划,按照计划定期对救援车辆和设备进行检查、保养和维修。建立设备维护保养档案,记录设备的维护保养情况,包括维护保养时间、内容、维修人员等信息。

(2)及时更新设备。对于老旧、损坏严重且无法修复或修复成本过高的设备,及时进行更新换代。引入先进的救援设备和技术,提高救援工作的效率和安全性。例如,采用新型的轻量化、高强度破拆工具,提高破拆效率,减少救援时间。

(3)加强设备日常检查。在每次救援作业前,对救援设备进行全面检查,确保设备正常运行。建立设备故障报告制度,当设备出现故障时,救援人员应及时报告,并停止使用故障设备,避免因设备故障引发安全事故。

3. 作业环境隐患治理

(1)优化交通疏导方案。根据事故现场的交通状况,制定科学合理的交通疏导方案。与交警等部门密切配合,合理设置警示标志和交通引导设施,确保救援现场及周边交通秩序井然。例如,在高速公路上设置可变信息板,提前向过往车辆发布事故信息和交通管制措施。

(2)应对恶劣天气。针对不同的恶劣天气条件,制定相应的应急预案和安全措施。如在雨天作业时,为救援人员配备防滑鞋、雨衣等防护用品,增加警示标志的数量和亮度;在雾天作业时,利用车载警示灯、高音喇叭等设备加强警示效果,确保过往车辆能够及时发现救援现场。

(3)改善作业现场条件。对不利于救援作业的地形地貌进行适当处理,如在陡坡路段设置防滑垫、稳固支撑等设施,防止车辆滑动。对事故现场进行全面评估,及时清理可能导致二次伤害的危险因素,如破碎的玻璃、尖锐的金属部件等。

4. 管理隐患治理

(1)完善作业流程。对现有的救援作业流程进行全面梳理和优化,结合实际工作中的经验教训和行业发展的新要求,不断完善作业流程。明确各环节的操作规范和责任分工,确保救援工作有条不紊地进行。

(2)强化应急预案演练。定期组织应急预案演练,演练内容要涵盖各种可能出现的突发情况。通过演练,检验应急预案的可行性和有效性,发现问题及时进行调整和完善。同时,提高救援人员对应急预案的熟悉程度和应急处置能力。

(3)加强安全管理制度执行力度。建立健全安全管理制度执行情况的监督检查机制,定期对安全管理制度的执行情况进行检查和考核。对执行不力的部门和个人进行严肃处理,确保安全管理制度得到有效落实。例如,设立安全管理专项奖励基金,对在安全管理工作中表现突出的部门和个人进行奖励,激励全体员工积极参与安全管理工作。

第三节　应急救援员教育培训相关知识

一、人员资质与培训

(1)专业资质。应急救援员应具备相应的从业资质,如驾驶证(与所驾清障车辆类型相符)、清障设备操作证等,确保其具备合法操作相关设备与车辆的能力。这是保障应急救援工作安全开展的基础条件,只有具备专业资质的人员,才能熟练且安全地执行救援任务。

(2)入职培训。新入职的应急救援员必须接受全面的入职培训。培训内容涵盖高速公路应急救援作业流程、安全操作规程、各类救援设备的正确使用方法等基础知识,同时包括交通法规、应急救援知识等内容。通过系统的入职培训,使新员工全面了解工作要求与安全要点,为后续工作奠定坚实基础。

(3)定期复训与更新。应急救援技术与安全要求随时代发展不断更新,因此需对应急救援员进行定期复训。复训内容包括新技术、新设备的应用培训,以及对安全事故案例的分析讨论,加深应急救援员对安全风险的认识。通过定期复训,确保应急救援员始终掌握最新的安全知识与操作技能。

二、防火防爆教育培训内容

(一)燃烧爆炸危险特性

(1)燃烧三要素:可燃物、助燃物和着火源。

(2)可燃物:凡是能在空气、氧气或其他氧化剂中发生燃烧反应的物质都称为可燃物。

(3)助燃物:凡是能和可燃物发生反应并引起燃烧的物质,也称为氧化剂。

(4)着火源:具有一定能量,能够引起可燃物质燃烧的能源,称为着火源。

(5)燃点:可燃物在空气中当达到一定温度时,遇火源就燃烧,而且移去火源后还继续燃烧;可燃物质被点燃,最低温度叫作燃点,也叫作着火点。

(6)闪点:发生闪燃时的最低温度叫作闪点。

(7)爆炸极限:遇火源能发生爆炸的可燃气体浓度范围,称为可燃气体的爆炸极限。

(8)粉尘爆炸:一定浓度的可燃固体的微细粉尘呈悬浮状态分散在空气等助燃气体中时,遇明火或电火花等火源而引起的爆炸,称为粉尘爆炸。

(二)燃烧的类型

1. 闪燃

可燃液体能挥发变成蒸气,散发到空气中,温度升高,挥发加快,当挥发的蒸气和空气的混合物与火源接触能够闪出火花时,把这种短暂的燃烧过程叫作闪燃。

2. 自燃

这里指的是广义的自燃,包括本身自燃和受热自燃(加热自燃)。

本身自燃:某些物质在没有外来热源影响时,由于物质内部所产生的物理(辐射、吸附等)、化学(分解、化合等)及生物化学(细菌腐败、发酵等)过程产生热量,导致升温,加快上述过程速度,使可燃物温度越来越高,当达到一定温度时,就会发生燃烧,这叫本身自燃。

受热自燃:由外来热源将可燃物加热,使其整体温度达到自燃温度,未与明火接触就发生燃烧,这叫受热自燃。

3. 点燃

可燃物在空气中当达到一定温度时,遇火源就燃烧,而且移去火源后还继续燃烧;可燃物质被点燃,最低温度称为燃点,也称为着火点。

(三)消防安全知识

1. 灭火的原理和方法

1)原理

一切灭火方法都是为了破坏已经产生的燃烧条件(之一),只要失去其中任何一个条件,燃烧就会停止。但由于在灭火时,燃烧已经开始,控制火源已经没有意义,主要是消除前两个条件,即可燃物和氧化剂。

2)方法

(1)减少空气中氧含量的窒息灭火法。

(2)降低燃烧物质温度的冷却灭火法。

(3)隔离与火源相近可燃物质的隔离灭火法。

(4)消除燃烧过程中自由基的化学抑制灭火法。

2. 灭火剂

水(及水蒸气)灭火剂的适用范围较广,除以下情况外,都可以考虑用水灭火:

(1)忌水性物质,如轻金属、电石着火不能用水扑救。

(2)不溶于水,而密度小于水的易燃液体着火不能用水扑救。

(3)密集水流不能扑救带电设备火灾,也不能扑救可燃性粉尘聚集处的火灾。

(4)不能用密集水流扑救储存有大量浓硫酸、浓硝酸场所的火灾。

(5)高温设备着火不能用水扑救,强度会受到影响。

(6)精密仪器设备、贵重文物档案、图书着火,不宜用水扑救。

以上各条不是绝对的,在特定情况下,采取适当措施,采用水的适当形式(如雾状水、水蒸气等)可以扑救一些原来不能用水扑救的火灾。

泡沫灭火剂主要用于扑救各种不溶于水的可燃、易燃液体的火灾,也可用来扑救木材、纤维、橡胶等固体的火灾。

二氧化碳及惰性气体灭火剂主要用于电气设备和部分忌水性物质的火灾,灭火后不留痕迹,可用于扑救精密仪器、机械设备、图书、档案等火灾。但该灭火剂冷却作用较差,不能扑救阴燃火灾，且灭火后火焰有复燃可能；二氧化碳膨胀时，能产生静电，有可能引燃着火；二氧化碳还能使救火人员窒息。

干粉灭火剂是一种干燥的、易于流动的微细固体粉末，由能灭火的基料(90%以上)和防潮剂、流动促进剂、结块防止剂等添加剂组成。在救火中，干粉借助气体压力从容器中喷出，一般以粉雾形式灭火。

其他用砂、土覆盖物来灭火的方法也很广泛。

3.灭火器和消防设施

1)灭火器及配置

灭火器是指在其压力作用下，将所装填的灭火剂喷出，以扑救初起火灾的小型灭火器具。小型灭火器的配置种类及数量，应根据使用场所的火灾危险性、占地面积、有无其他消防设施等情况综合考虑。

设置灭火器的要求是：根据场所可能发生火灾的性质，选择灭火剂的种类，并应保证足够的数量；灭火器应放置在明显、取用方便、又不易被损坏的地方；灭火器应注意使用期限，定期进行检查，保证随时启动。

2)危险化学品火灾的扑救

危险化学品容易发生火灾爆炸事故，不同的危险化学品或者在不同情况下发生火灾时，其扑救方式可能差异很大，若处置不当，不仅不能扑救火灾，反而可能使灾情扩大。此外，由于有些危险化学品本身或者燃烧产物具有较强的毒性或腐蚀性，容易使人员中毒、灼伤。因此，比起扑救一般火灾，扑救危险化学品火灾是一项困难和危险的工作。扑救人员必须慎之又慎。

3)扑救危险化学品火灾的要求

(1)扑救人员应占领上风或侧风地点。

(2)位于火场一线人员应采取针对性防护措施，如穿戴防护服、佩戴防护面具或面罩等，应尽量佩戴隔绝式面具，因为一般防护面具对一氧化碳无效。

(3)首先应迅速查明燃烧物品、范围和周边物品的主要危险特性，以及火势蔓延的主要途径。

(4)尽快选择最适合的灭火剂和灭火方法。如果该场所内的危险化学品品种较为固定，平时就应有针对性地配备灭火剂和消防设施。

(5)在平时，针对发生爆炸、喷溅等特别危险情况，拟定紧急应对(包括撤退)方案，并进行演练。

4)常见危险化学品火灾的扑救要点

压缩或液化气体火灾的要点如下：

(1)切记不要盲目灭火，首先要堵漏或截断气源，在此之前应保持泄出气体稳定燃烧，否则，大量可燃气泄出，与空气混合，遇火源就会发生爆炸。

(2)灭火时要先积极抢救伤员及被困人员，并扑灭火场外围的可燃物火势，切断火势蔓延途径。

(3)如果火场中有受到火焰辐射热威胁的压力容器，必须首先尽量在水枪掩护下疏散到安全地点，不能疏散的应部署足够的水枪进行冷却保护。

(4)如果确认无法截断泄漏气源,则需冷却着火容器及周围容器和可燃物品,或将后两者撤离火场,控制着火范围,直至容器内可燃气烧尽,使火自行熄灭。

(5)现场指挥应密切注意各种危险征兆,当容器有爆裂危险时,及时做出正确判断,下达撤退命令并组织现场人员尽快撤离。

易燃液体的扑救要点如下:

(1)首先应该切断火势蔓延途径,控制燃烧范围,并积极抢救受伤及被困人员。一方面,着火容器、设备有管道与外界相通的,要截断其与外界的联系;另一方面,如果有液体泄漏应堵漏或者在外围修防火堤。

(2)及时了解和掌握着火液体的品名、密度、水溶性,以及有无毒害、腐蚀、沸溢、喷溅等危险性;还应正确判断着火面积,以便采取相应的灭火和防护措施。

(3)扑救具有毒性、腐蚀性或燃烧产物具有毒性的易燃液体火灾时,救火人员必须佩带防护面具,采取防护措施。

爆炸品火灾爆炸的扑救要点如下:

(1)采取一切可能的措施,全力制止再次爆炸。

(2)应迅速组织力量及时疏散火场周围的易燃、易爆物品,使火区周边现场形成一个隔离带。

(3)切忌用砂、土盖、压爆炸物品,以免增加爆炸时其爆炸威力。

(4)灭火人员要利用现场的有利地形或采取卧姿行动,尽可能采取自我保护措施。

遇湿易燃物品火灾的扑救要点如下:

(1)首先要了解遇湿易燃物品的品名、数量,是否与其他物品混存,燃烧范围及火势蔓延途径等。

(2)如果只有极少量(一般在50g以内)遇湿易燃物品着火,则无论是否与其他物品混存,仍可以用大量水或泡沫扑救。

(3)如果遇湿易燃物品数量较多,而且未与其他物品混存,则绝对禁止用水、泡沫、酸碱等湿性灭火剂扑救,而应该用干粉、二氧化碳、卤代烷扑救,固体遇湿易燃物品应该用水泥(最常用)、干砂、干粉等覆盖。

(4)如果其他物品火灾威胁到相邻的较多遇湿易燃物品,应考虑其防护问题。可先用油布、塑料布或其他防水布将其遮盖,然后在上面盖上棉被并淋水。

相对于其他危险化学品而言,易燃固体、自燃物品火灾的扑救较为容易,一般都能用水和泡沫扑救。易燃固体、自燃物品火灾的扑救要点如下:

(1)首先要迅速查明着火的氧化剂和有机过氧化物以及其他燃烧物品的品名、数量、主要危险特性,燃烧范围,火势蔓延途径,能否用水和泡沫扑救等情况。

(2)不能用水、泡沫和二氧化碳扑救时,应该用干粉或用水泥、干沙覆盖。

毒害品、腐蚀品火灾的扑救要点如下:

(1)灭火人员必须穿着防护服、佩戴防护面具。

(2)限制燃烧范围,积极抢救受伤及受困人员。

(3)扑救时应尽量使用低压水流或雾状水,避免毒害品和腐蚀品溅出;遇酸类或碱类腐蚀品,最好配制相应的中和剂进行中和。

(4)遇毒害品和腐蚀品容器设备或管道泄漏,在扑灭火势后应采取堵漏措施。

(5)浓硫酸遇水能放出大量的热,会导致沸腾飞溅,需要特别注意保护。

(四)火灾爆炸事故预防

火灾爆炸事故预防主要从以下方面进行:

(1)防止可燃可爆系统的形成,主要是监控、监测、防外溢泄漏、通风置换系统。

(2)工艺参数的安全控制,主要是温度、压力、流量、物料配比等。

(3)消除点火源,主要是明火、高温表面、冲击摩擦、自燃发热、电气、静电、火花、化学反应等。

三、防触电教育培训内容

(一)触电原因

触电的原因主要有以下几种情形:

(1)接触裸露的带电体或过分接近带电体。

(2)绝缘劣化、漏电使电气线路外皮带电。

(3)正常时不带电,仅在事故情况下带电而造成触电。

(4)不懂或缺乏电气安全知识。

(二)电气事故的特点

电气事故的特点主要包括以下三方面:

(1)电气事故危害大。电气事故往往伴随着人员伤害和财产损失,严重的电气事故不仅带来重大的经济损失,甚至还可能造成人员伤亡。

(2)电气事故危险直观识别难。由于电既看不见,听不见,又嗅不着,其本身不具备为人们直观识别的特征。因此,由电所引发的危险不易被人们察觉,使得电气事故往往来得猝不及防。

(3)电气事故涉及领域广。电气事故并不仅仅局限在用电领域的触电、设备和线路故障等,在一些非用电场所,因电能的释放,也会造成灾害或伤害。如雷电、静电和电磁场危害等。

(三)电气事故的类型

电气事故有以下五种类型:

(1)触电事故。触电事故是以电流形式的能量作用于人体造成的事故。

(2)静电危害事故。静电危害事故是由静电电荷或静电场能量引起的,尽管产生的静电其能量一般不大,不会直接使人致命。但是,其电压可能高达数10kV以上,容易发生放电,产生放电火花。

(3)雷电灾害事故。雷电是大气中的一种放电现象。雷电放电具有电流大、电压高的特点,其能量释放出来可能形成极大的破坏力。

(4)射频电磁场危害。射频是指无线电波的频率或者相应的电磁振荡频率,泛指100kHz

以上的频率。射频伤害是由电磁场的能量造成的,在射频电磁场的作用下,人体因吸收辐射能量会受到不同程度的伤害。

(5)电气系统故障危害。电气系统故障危害是由于电能在输送、分配、转换过程中,失去控制而产生的。断线、短路、异常接地、漏电、误合闸、误掉闸、电气设备或电气元件损坏、电子设备受电磁干扰而发生误操作等都属于电路故障。

(四)触电防护措施

触电防护措施包括以下几个方面:

(1)采用安全电压。在任何情况下,电压系列的上限值,两导体间或任一导体与地之间均不得超过交流(频率为 50 ~ 500Hz)有效值 50V 安全电压能限制人员接触时通过人体的电流在安全电流范围内,从而在一定程度上保障了人身安全。当电气设备采用了超过 24V 电压时,必须采用防止人直接接触带电体的保护措施。

(2)保证绝缘性能。电气设备的绝缘,就是用绝缘材料将带电导体封闭起来,使之不被人身触及,从而防止触电事故。此外,电工作业人员还应正确使用绝缘用具,穿戴绝缘防护用品,如绝缘手套、绝缘鞋、绝缘垫等。

(3)采用屏护。屏护包括屏蔽和障碍,是指能防止人体有意、无意触及或过分接近带电体的遮拦、护罩、护益、箱闸等安全装置,

(4)保持安全距离。安全距离是指有关规定明确规定的、必须保持的带电部位与地面、建筑物、人体、其他设备之间的最小电气安全空间距离。安全距离的大小取决于电压的高低、设备的类型及安装方式等因素,大致分为各种线路的安全距离、变配电设备的安全距离、各种用电设备的安全距离和检维修时的安全距离,

(5)合理选用电气装置。合理选用电气装置是减少接触危险和火灾爆炸危害的重要措施。选择电气设备时主要根据周围环境的情况,如在干燥少尘的环境中,可采用开启式或封闭式电气设备;在潮湿和多尘的环境中,应采用封闭式电气设备;在有腐蚀性气体的环境中,必须采用封闭式电气设备;在有易燃易爆危险的环境中,必须采用防爆式电气设备。

(6)装设漏电保护措施。漏电保护措施是一种在设备及线路漏电时,保证人身和设备安全的装置,其作用主要是防止由于漏电引起的人身触电,并防止由于漏电引起的设备火灾,以及监视、切除电源一相接地故障。

(7)保护接地与接零。保护接地是把用电设备在故障情况下可能出现危险的金属部分用导线与接地体连接起来,使用电设备与大地紧密连通。保护接零是把电气设备在正常情况下不带电的金属部分,用导线与低压电网的零线连接起来。

(五)触电的急救

1. 迅速脱离电源

人触电以后,由于痉挛、失去知觉或中枢神经失调而紧抓带电体,不能自行脱离电源。这时,使触电者尽快脱离电源是救治触电者的首要条件。

2. 进行现场急救

进行现场急救应采取的措施：

(1)如果触电者伤势不重、神志清醒，应让触电者安静休息，注意观察并请医生前来治疗或送往医院。

(2)如果触电者伤势较重，已经失去知觉，但心脏跳动和呼吸尚未中断，应让触电者安静地平卧，解开其紧身衣服以利呼吸，保持空气流通，严密观察，并速请医生治疗或送往医院。

(3)如果触电者呼吸停止或心脏跳动停止，应立即实施口对口人工呼吸或胸外心脏按压进行急救，若两者均已停止，则应同时进行口对口人工呼吸和胸外心脏按压急救，并迅速请医生治疗或送往医院。若触电者发生外伤，应根据情况酌情处理。

3. 救护时的注意事项

救护时应注意的事项如下：

(1)救护人员切不可用手、其他金属或潮湿的物件作为救护工具，而必须使用干燥的绝缘工具。救护人员最好只用一只手操作，以防自己触电。

(2)为防止触电者脱离电源后可能摔倒，应准确判断触电者倒下的方向，特别是触电者身在高处的情况下，更要采取防摔措施。

(3)人在触电后，有时会有较长时间的“假死”。因此，救护人员应耐心进行抢救，绝不可轻易中止，但切不可给触电者打强心针。

四、吊装作业安全培训内容

(一)吊装作业安全管理基本要求

吊装作业安全管理的基本要求如下：

(1)吊装机具。应按照国家标准规定对吊装机具进行日检、月检、年检。对检查中发现问题的吊装机具，应进行检修处理，并保存检修档案。检查应符合《起重机械安全规程》。

(2)吊装作业人员(指挥人员、起重工)。吊装作业人员(指挥人员、起重工)应持有有效的《特种作业人员操作证》，方可从事吊装作业指挥和操作。

(3)起吊重物。吊装质量大于等于40t的物体和土建工程主体结构，应编制吊装施工方案。吊物虽不足40t重，但形状复杂、刚度小、长径比大、精密贵重，以及作业条件特殊等情况下，应编制吊装作业方案、施工安全措施和应急救援预案，并按规定办理《吊装安全作业证》。

(4)风险管理。吊装作业方案、施工安全措施和应急救援预案经作业主管部门和相关管理部门审查，报主管安全负责人批准后方可实施，《吊装作业许可证》报设备部存档备查。

(5)起吊负荷。利用两台或多台起重机械吊运同一重物时，升降、运行应保持同步；各台起重机械所承受的载荷不得超过各自额定起重能力的80%。

(二)作业前的安全检查

吊装作业前应进行以下项目的安全检查：

（1）选择作业人员。对从事指挥和操作的人员进行资质确认。

（2）落实安全措施。相关部门进行有关安全事项的研究和讨论，对安全措施落实情况进行确认。

（3）检查作业器具。实施吊装作业单位的有关人员应对起重吊装机械和吊具进行安全检查确认，确保处于完好状态。实施吊装作业单位使用汽车吊装机械，要确认安装有汽车防火罩。

（4）检查作业环境。实施吊装作业单位的有关人员应对吊装区域内的安全状况进行检查（包括吊装区域的划定、标识、障碍）。警戒区域及吊装现场应设置安全警戒标志，并设专人监护，非作业人员禁止入内，安全警戒标志应符合规定。

（5）确认天气状况。实施室外吊装作业单位的有关人员应在施工现场核实天气情况。遇到大雪、暴雨、大雾及6级以上大风时，禁止安排吊装作业。

（三）作业中的安全措施

吊装作业中应采取的安全措施如下：

（1）吊装作业时应明确指挥人员，指挥人员应佩戴明显的标志；应佩戴安全帽，安全帽应符合《头部防护　安全帽》（GB 2811—2019）的规定。

（2）应分工明确、坚守岗位，并按《起重机　手势信号》（GB/T 5082—2019）规定的联络信号，统一指挥。指挥人员按信号进行指挥，其他人员应清楚吊装方案和指挥信号。

（3）吊装过程中，出现故障，应立即向指挥者报告，没有指挥令，任何人不得擅自离开岗位。

（4）试吊。正式起吊前应进行试吊，试吊中检查全部机具、地锚受力情况，发现问题应将工件放回地面，排除故障后重新试吊，确认一切正常，方可正式吊装。

（5）吊装锚点的选择。严禁利用管道、管架、电杆、机电设备等作吊装锚点。未经有关部门审查核算，不得将建筑物、构筑物作为锚点。

（6）夜间照明。吊装作业中，夜间应有足够的照明。室外作业遇到大雪、暴雨、大雾及6级以上大风时，应停止作业。起吊重物就位前，不许解开吊装索具。

（7）得用两台或多台起重机械吊运同一重物时，升降、运行应保持同步。

（四）操作人员应遵守的规定

（1）操作人员按指挥人员所发出的指挥信号进行操作。对紧急停车信号，不论由何人发出，均应立即执行。司索人员应听从指挥人员的指挥，并及时报告险情。

（2）当起重臂吊钩或吊物下面有人，吊物上有人或浮置物时，不准进行起重操作。

（3）严禁起吊超负荷或重物质量不明和埋置物体；不得捆挂、起吊不明质量，与其他重物相连、埋在地下或与其他物体冻结在一起的重物。

（4）在制动器、安全装置失灵、吊钩防松装置损坏、钢丝绳损伤达到报废标准等情况下严禁起吊操作。

（5）重物捆绑、紧固、吊挂不牢，吊挂不平衡而可能滑动，或斜拉重物，棱角吊物与钢丝绳之间没有衬垫时不得进行起吊。不准用吊钩直接缠绕重物，不得将不同种类或不同规格的索具混在一起使用。

(6)无法看清场地、无法看清吊物情况和指挥信号时,不得进行起吊。

(7)起重机械及其臂架、吊具、辅具、钢丝绳、缆风绳和吊物不得靠近高低压输电线路。在输电线路近旁作业时,应按规定保持足够的安全距离,不能满足时,应停电后再进行起重作业。

(8)停工和休息时,不得将吊物、吊笼、吊具和吊索吊在空中。

(9)在起重机械工作时,不得对起重机械进行检查和维修;在有载荷的情况下,不得调整起升变幅机构的制动器。

(10)下方吊物时,严禁自由下落(溜);不得利用极限位置限制器停车。

(五)吊装安全作业证的管理

吊装安全作业证由相关管理部门负责管理。

项目单位负责人应认真填写吊装安全作业证各项内容,交作业单位负责人审核后,要经公司安全部审核后,报公司相关管理部门审批。

吊装安全作业证批准后,项目单位负责人应将吊装安全作业证交吊装指挥。吊装指挥及作业人员应检查吊装安全作业证,确认无误后方可作业。

应按吊装安全作业证上填报的内容进行作业,严禁涂改、转借吊装安全作业证,变更作业内容,扩大作业范围或转移作业部位。

对吊装作业审批手续齐全,安全措施全部落实,作业环境符合安全要求的,作业人员方可进行作业。

吊装安全作业证的相关要求:

(1)应按作业的内容填报吊装安全作业证。

(2)严禁涂改、转借吊装安全作业证,严禁变更作业内容、扩大作业范围或转移作业部位。

(3)对吊装作业审批手续不全,安全措施不落实,作业环境不符合安全要求的,作业人员有权拒绝作业。

(4)作业前,应对照吊装安全作业证背面“安全措施”和企业补充的安全措施,在相应的方框内打“√”,见表 11-1。

吊装作业安全措施表　　表 11-1

序号	安全措施	结果
1	作业前对作业人员进行安全教育	
2	吊装质量大于或等于 40t 的重物和土建工程主体结构;吊装物体虽不足 40t,但形状复杂、刚度小、长径比大、精密贵重,作业条件特殊,需编制吊装作业方案,并经作业主管部门和安全管理部门审查,报主管副总经理或总工程师批准后方可实施	
3	指派专人监护,并坚守岗位,非作业人员禁止入内	
4	作业人员已按规定佩戴防护器具和个体防护用品	
5	应事先与分厂(车间)负责人取得联系,建立联系信号	
6	在吊装现场设置安全警戒标志,无关人员不许进入作业现场	

续上表

序号	安全措施	结果
7	夜间作业要有足够的照明	
8	室外作业遇到大雪、暴雨、大雾及6级以上大风,停止作业	
9	检查起重吊装设备、钢丝绳、缆风绳、链条、吊钩等各种机具,保证安全可靠	
10	应分工明确、坚守岗位,并按规定的联络信号,统一指挥	
11	将建筑物、构筑物作为锚点,需经工程处审查核算并批准	
12	吊装绳索、缆风绳、拖拉绳等避免同带电线路接触,并保持安全距离人员随同	
13	吊装重物或吊装机被升降,应采取可靠的安全措施,并经过现场指挥人员批准	
14	利用管道、管架、电杆、机电设备等作吊装锚点,不准吊装	
15	悬吊重物下方站人、通行和工作,不准吊装	
16	超负荷或重物质量不明,不准吊装	
17	斜拉重物、重物埋在地下或重物坚固不牢,绳打结、绳不齐,不准吊装	
18	棱角重物没有衬垫措施,不准吊装	
19	安全装置失灵,不准吊装	
20	用定型起重吊装机械(履带式起重机、轮式起重机、轿式起重机等)进行吊装作业,遵守该定型机械的操作规程	
21	作业过程中应先用低高度、短行程试吊	
22	作业现场出现危险品泄漏,立即停止作业,撤离人员	
23	作业完成后清理现场杂物	
24	吊装作业人员持有法定的有效的证件	
25	地下通信电(光)缆、局域网络电(光)缆、排水沟的盖板,承重吊装机械的负重量已确认,保护措施已落实	
26	起吊物的质量(t)经确认,在吊装机械的承重范围	
27	在吊装高度的管线、电缆桥架已做好防护措施	
28	作业现场围栏、警戒线、警告牌、夜间警示灯已按要求设置	
29	作业高度和转臂范围内,无架空线路	
30	人员出入口和撤离安全措施已落实:A. 指示牌;B. 指示灯	
31	在爆炸危险生产区域内作业,机动车排气管已装火星熄灭器	
32	现场夜间有充足照明。A:36V、24V、12V 防水型灯;B:36V、24V、12V 防爆型灯	
33	作业人员已佩戴防护器具	
34	补充措施	

五、劳动防护用品的安全教育培训内容

劳动防护用品是指在劳动过程中能够对劳动者的人身起保护作用,使劳动者免遭或减轻各种人身伤害或职业危害的各种用品。使用劳动防护用品,是保障从业人员人身安全与健康的重要措施,也是保障生产经营单位安全生产的基本要求。

(一)劳动防护用品分类

1. 分类

劳动防护用品的种类如下:

(1)头部防护用品。如防护帽、防尘帽、安全帽、防套帽、防高温帽等。

(2)呼吸器官防护用品。如防尘口罩、防毒口罩、防毒面具等。

(3)眼面部防护用品。如护目镜、面罩等。

(4)手部防护用品。如一般防护手套、防毒手套、防酸碱手套、防高温手套、防寒手套、绝缘手套等。

(5)足部防护用品。如防水鞋、防寒鞋、防高温鞋、防酸碱鞋、电绝缘鞋等。

(6)躯干防护用品,如一般防护服、防寒服、防毒服、阻燃服、防静电服、耐酸碱服等。

(7)防坠落用品。如安全带、安全绳、安全网等。

2. 作用

劳动防护的作用劳动防护的作用如下:

(1)防止皮肤吸收毒物,皮肤吸收毒物有表皮屏障、毛囊、汗腺三条途径。

(2)防止烧伤、灼伤、冻伤,主要防止酸碱灼伤、蒸汽烫伤。

(3)防止物击、碰撞、触电等,

3. 正确使用劳动防护用品

正确使用劳动防护用品的要求如下:

(1)必须使用符合国家规定的劳保产品。特种劳动防护用品必须具有“三证”,即生产许可证、产品合格证和安全鉴定证。

(2)在使用前对其防护用品功能进行必要的检查,认定用品对有害因素防护效能的程度,启动是否灵活。

(3)使用必须在其性能范围内,不得超极限使用,该检测的必须检测,不能随便代替或以次充好。

(4)严格按照使用说明书正常使用劳动防护用品。

4. 劳动防护用品穿戴规定

职工进入作业区内,应穿戴规定劳动防护用品:

(1)在禁火区内,禁止穿化纤服上岗。化纤织物在摩擦时易产生静电火花,在高温下呈半粘状,并黏附皮肤,加重烧伤伤势,不利于伤员抢救。

(2)在接触腐蚀物质时,除穿戴耐腐蚀性材料做成的防护用品外,还要戴好防护眼镜。

(3)在接触有毒物质时,除穿戴防止毒物渗透的防护用品外,必要时要戴防毒面具。

(4)高空作业时,要戴好安全帽(包括系好安全帽带子),系好安全带。

(5)特殊工种作业时,应按该工种规定穿戴好防护用品。如车工要戴防护眼镜而不准戴手套等。

第十二章

相关法律法规

本章选取法律法规中与高速公路应急救援工作相关知识进行介绍。

第一节 《中华人民共和国劳动法》相关知识

一、劳动安全卫生相关知识

用人单位必须建立、健全劳动安全卫生制度，严格执行国家劳动安全卫生规程和标准，对劳动者进行劳动安全卫生教育，防止劳动过程中的事故发生，减少职业危害。

劳动安全卫生设施必须符合国家规定的标准。

新建、改建、扩建工程的劳动安全卫生设施必须与主体工程同时设计、同时施工、同时投入生产和使用。

用人单位必须为劳动者提供符合国家规定的劳动安全卫生条件和必要的劳动防护用品，对从事有职业危害作业的劳动者应当定期进行健康检查。

从事特种作业的劳动者必须经过专门培训并取得特种作业资格。

劳动者在劳动过程中必须严格遵守安全操作规程。

劳动者对用人单位管理人员违章指挥、强令冒险作业，有权拒绝执行；对危害生命安全和身体健康的行为，有权提出批评、检举和控告。

国家建立伤亡事故和职业病统计报告和处理制度。县级以上各级人民政府劳动行政部门、有关部门和用人单位应当依法对劳动者在劳动过程中发生的伤亡事故和劳动者的职业病状况，进行统计、报告和处理。

二、职业培训相关知识

国家通过各种途径，采取各种措施，发展职业培训事业，开发劳动者的职业技能，提高劳动者素质，增强劳动者的就业能力和工作能力。

各级人民政府应当把发展职业培训纳入社会经济发展的规划，鼓励和支持有条件的企业、事业组织、社会团体和个人进行各种形式的职业培训。

用人单位应当建立职业培训制度，按照国家规定提取和使用职业培训经费，根据本单位实际，有计划地对劳动者进行职业培训。

从事技术工种的劳动者，上岗前必须经过培训。

国家确定职业分类，对规定的职业制定职业技能标准，实行职业资格证书制度，由经备案的考核鉴定机构负责对劳动者实施职业技能考核鉴定。

第二节　《中华人民共和国民法典》相关知识

一、总则

为了保护民事主体的合法权益，调整民事关系，维护社会和经济秩序，适应中国特色社会主义发展要求，弘扬社会主义核心价值观，根据宪法，制定本法。

民法调整平等主体的自然人、法人和非法人组织之间的人身关系和财产关系。

民事主体的人身权利、财产权利以及其他合法权益受法律保护，任何组织或者个人不得侵犯。

民事主体在民事活动中的法律地位一律平等。

民事主体从事民事活动，应当遵循自愿原则，按照自己的意思设立、变更、终止民事法律关系。

民事主体从事民事活动，应当遵循公平原则，合理确定各方的权利和义务。

民事主体从事民事活动，应当遵循诚信原则，秉持诚实，恪守承诺。

民事主体从事民事活动，不得违反法律，不得违背公序良俗。

民事主体从事民事活动，应当有利于节约资源、保护生态环境。

处理民事纠纷，应当依照法律；法律没有规定的，可以适用习惯，但是不得违背公序良俗。

其他法律对民事关系有特别规定的，依照其规定。

中华人民共和国领域内的民事活动，适用中华人民共和国法律。法律另有规定的，依照其规定。

二、机动车交通事故责任相关知识

机动车发生交通事故造成损害的，依照道路交通安全法律和本法的有关规定承担赔偿责任。

因租赁、借用等情形机动车所有人、管理人与使用人不是同一人时，发生交通事故造成损害，属于该机动车一方责任的，由机动车使用人承担赔偿责任；机动车所有人、管理人对损害的发生有过错的，承担相应的赔偿责任。

当事人之间已经以买卖或者其他方式转让并交付机动车但是未办理登记，发生交通事故造成损害，属于该机动车一方责任的，由受让人承担赔偿责任。

以挂靠形式从事道路运输经营活动的机动车，发生交通事故造成损害，属于该机动车一方责任的,由挂靠人和被挂靠人承担连带责任。

未经允许驾驶他人机动车,发生交通事故造成损害,属于该机动车一方责任的,由机动车使用人承担赔偿责任;机动车所有人、管理人对损害的发生有过错的,承担相应的赔偿责任,但是本章另有规定的除外。

机动车发生交通事故造成损害,属于该机动车一方责任的,先由承保机动车强制保险的保险人在强制保险责任限额范围内予以赔偿;不足部分,由承保机动车商业保险的保险人按照保险合同的约定予以赔偿;仍然不足或者没有投保机动车商业保险的,由侵权人赔偿。

以买卖或者其他方式转让拼装或者已经达到报废标准的机动车,发生交通事故造成损害的,由转让人和受让人承担连带责任。

盗窃、抢劫或者抢夺的机动车发生交通事故造成损害的,由盗窃人、抢劫人或者抢夺人承担赔偿责任。盗窃人、抢劫人或者抢夺人与机动车使用人不是同一人,发生交通事故造成损害,属于该机动车一方责任的,由盗窃人、抢劫人或者抢夺人与机动车使用人承担连带责任。

保险人在机动车强制保险责任限额范围内垫付抢救费用的,有权向交通事故责任人追偿。

机动车驾驶人发生交通事故后逃逸,该机动车参加强制保险的,由保险人在机动车强制保险责任限额范围内予以赔偿;机动车不明、该机动车未参加强制保险或者抢救费用超过机动车强制保险责任限额,需要支付被侵权人人身伤亡的抢救、丧葬等费用的,由道路交通事故社会救助基金垫付。道路交通事故社会救助基金垫付后,其管理机构有权向交通事故责任人追偿。

非营运机动车发生交通事故造成无偿搭乘人损害,属于该机动车一方责任的,应当减轻其赔偿责任,但是机动车使用人有故意或者重大过失的除外。

第三节 《中华人民共和国安全生产法》相关知识

一、总则

为了加强安全生产工作,防止和减少生产安全事故,保障人民群众生命和财产安全,促进经济社会持续健康发展,制定本法。

在中华人民共和国领域内从事生产经营活动的单位(以下统称生产经营单位)的安全生产,适用本法;有关法律、行政法规对消防安全和道路交通安全、铁路交通安全、水上交通安全、民用航空安全以及核与辐射安全、特种设备安全另有规定的,适用其规定。

安全生产工作坚持中国共产党的领导。

安全生产工作应当以人为本,坚持人民至上、生命至上,把保护人民生命安全摆在首位,树牢安全发展理念,坚持安全第一、预防为主、综合治理的方针,从源头上防范化解重大安全风险。

安全生产工作实行管行业必须管安全、管业务必须管安全、管生产经营必须管安全,强化和落实生产经营单位主体责任与政府监管责任,建立生产经营单位负责、职工参与、政府监管、行业自律和社会监督的机制。

生产经营单位必须遵守本法和其他有关安全生产的法律、法规,加强安全生产管理,建立健全全员安全生产责任制和安全生产规章制度，加大对安全生产资金、物资、技术、人员的投入保障力度，改善安全生产条件，加强安全生产标准化、信息化建设，构建安全风险分级管控和隐患排查治理双重预防机制，健全风险防范化解机制，提高安全生产水平，确保安全生产。

平台经济等新兴行业、领域的生产经营单位应当根据本行业、领域的特点，建立健全并落实全员安全生产责任制，加强从业人员安全生产教育和培训，履行本法和其他法律、法规规定的有关安全生产义务。

生产经营单位的主要负责人是本单位安全生产第一责任人，对本单位的安全生产工作全面负责。其他负责人对职责范围内的安全生产工作负责。

生产经营单位的从业人员有依法获得安全生产保障的权利，并应当依法履行安全生产方面的义务。

工会依法对安全生产工作进行监督。

生产经营单位的工会依法组织职工参加本单位安全生产工作的民主管理和民主监督，维护职工在安全生产方面的合法权益。生产经营单位制定或者修改有关安全生产的规章制度，应当听取工会的意见。

二、生产经营单位的安全生产保障相关知识

生产经营单位应当具备本法和有关法律、行政法规和国家标准或者行业标准规定的安全生产条件；不具备安全生产条件的，不得从事生产经营活动。

生产经营单位的主要负责人对本单位安全生产工作负有下列职责：

(1)建立健全并落实本单位全员安全生产责任制，加强安全生产标准化建设；

(2)组织制定并实施本单位安全生产规章制度和操作规程；

(3)组织制定并实施本单位安全生产教育和培训计划；

(4)保证本单位安全生产投入的有效实施；

(5)组织建立并落实安全风险分级管控和隐患排查治理双重预防工作机制，督促、检查本单位的安全生产工作，及时消除生产安全事故隐患；

(6)组织制定并实施本单位的生产安全事故应急救援预案；

(7)及时、如实报告生产安全事故。

生产经营单位的全员安全生产责任制应当明确各岗位的责任人员、责任范围和考核标准等内容。

生产经营单位应当建立相应的机制，加强对全员安全生产责任制落实情况的监督考核，保证全员安全生产责任制的落实。

生产经营单位应当具备的安全生产条件所必需的资金投入，由生产经营单位的决策机构、主要负责人或者个人经营的投资人予以保证，并对由于安全生产所必需的资金投入不足导致的后果承担责任。

有关生产经营单位应当按照规定提取和使用安全生产费用，专门用于改善安全生产条件。安全生产费用在成本中据实列支。安全生产费用提取、使用和监督管理的具体办法由国务院财政部门会同国务院应急管理部门征求国务院有关部门意见后制定。

矿山、金属冶炼、建筑施工、运输单位和危险物品的生产、经营、储存、装卸单位，应当设置

安全生产管理机构或者配备专职安全生产管理人员。

前款规定以外的其他生产经营单位,从业人员超过一百人的,应当设置安全生产管理机构或者配备专职安全生产管理人员;从业人员在一百人以下的,应当配备专职或者兼职的安全生产管理人员。

生产经营单位的安全生产管理机构以及安全生产管理人员履行下列职责:

(1)组织或者参与拟订本单位安全生产规章制度、操作规程和生产安全事故应急救援预案;

(2)组织或者参与本单位安全生产教育和培训,如实记录安全生产教育和培训情况;

(3)组织开展危险源辨识和评估,督促落实本单位重大危险源的安全管理措施;

(4)组织或者参与本单位应急救援演练;

(5)检查本单位的安全生产状况,及时排查生产安全事故隐患,提出改进安全生产管理的建议;

(6)制止和纠正违章指挥、强令冒险作业、违反操作规程的行为;

(7)督促落实本单位安全生产整改措施。

生产经营单位可以设置专职安全生产分管负责人,协助本单位主要负责人履行安全生产管理职责。

三、从业人员的安全生产权利义务相关知识

生产经营单位与从业人员订立的劳动合同,应当载明有关保障从业人员劳动安全、防止职业危害的事项,以及依法为从业人员办理工伤保险的事项。

生产经营单位不得以任何形式与从业人员订立协议,免除或者减轻其对从业人员因生产安全事故伤亡依法应承担的责任。

生产经营单位的从业人员有权了解其作业场所和工作岗位存在的危险因素、防范措施及事故应急措施,有权对本单位的安全生产工作提出建议。

从业人员有权对本单位安全生产工作中存在的问题提出批评、检举、控告;有权拒绝违章指挥和强令冒险作业。

生产经营单位不得因从业人员对本单位安全生产工作提出批评、检举、控告或者拒绝违章指挥、强令冒险作业而降低其工资、福利等待遇或者解除与其订立的劳动合同。

从业人员发现直接危及人身安全的紧急情况时,有权停止作业或者在采取可能的应急措施后撤离作业场所。

生产经营单位不得因从业人员在前款紧急情况下停止作业或者采取紧急撤离措施而降低其工资、福利等待遇或者解除与其订立的劳动合同。

生产经营单位发生生产安全事故后,应当及时采取措施救治有关人员。

因生产安全事故受到损害的从业人员,除依法享有工伤保险外,依照有关民事法律尚有获得赔偿的权利的,有权提出赔偿要求。

从业人员在作业过程中,应当严格落实岗位安全责任,遵守本单位的安全生产规章制度和操作规程,服从管理,正确佩戴和使用劳动防护用品。

从业人员应当接受安全生产教育和培训,掌握本职工作所需的安全生产知识,提高安全生

产技能，增强事故预防和应急处理能力。

从业人员发现事故隐患或者其他不安全因素，应当立即向现场安全生产管理人员或者本单位负责人报告；接到报告的人员应当及时予以处理。

工会有权对建设项目的安全设施与主体工程同时设计、同时施工、同时投入生产和使用进行监督，提出意见。

工会对生产经营单位违反安全生产法律、法规，侵犯从业人员合法权益的行为，有权要求纠正；发现生产经营单位违章指挥、强令冒险作业或者发现事故隐患时，有权提出解决的建议，生产经营单位应当及时研究答复；发现危及从业人员生命安全的情况时，有权向生产经营单位建议组织从业人员撤离危险场所，生产经营单位必须立即作出处理。

工会有权依法参加事故调查，向有关部门提出处理意见，并要求追究有关人员的责任。

生产经营单位使用被派遣劳动者的，被派遣劳动者享有本法规定的从业人员的权利，并应当履行本法规定的从业人员的义务。

四、生产安全事故的应急救援与调查处理相关知识

国家加强生产安全事故应急能力建设，在重点行业、领域建立应急救援基地和应急救援队伍，并由国家安全生产应急救援机构统一协调指挥；鼓励生产经营单位和其他社会力量建立应急救援队伍，配备相应的应急救援装备和物资，提高应急救援的专业化水平。

国务院应急管理部门牵头建立全国统一的生产安全事故应急救援信息系统，国务院交通运输、住房和城乡建设、水利、民航等有关部门和县级以上地方人民政府建立健全相关行业、领域、地区的生产安全事故应急救援信息系统，实现互联互通、信息共享，通过推行网上安全信息采集、安全监管和监测预警，提升监管的精准化、智能化水平。

县级以上地方各级人民政府应当组织有关部门制定本行政区域内生产安全事故应急救援预案，建立应急救援体系。

乡镇人民政府和街道办事处，以及开发区、工业园区、港区、风景区等应当制定相应的生产安全事故应急救援预案，协助人民政府有关部门或者按照授权依法履行生产安全事故应急救援工作职责。

生产经营单位应当制定本单位生产安全事故应急救援预案，与所在地县级以上地方人民政府组织制定的生产安全事故应急救援预案相衔接，并定期组织演练。

危险物品的生产、经营、储存单位以及矿山、金属冶炼、城市轨道交通运营、建筑施工单位应当建立应急救援组织；生产经营规模较小的，可以不建立应急救援组织，但应当指定兼职的应急救援人员。

危险物品的生产、经营、储存、运输单位以及矿山、金属冶炼、城市轨道交通运营、建筑施工单位应当配备必要的应急救援器材、设备和物资，并进行经常性维护、保养，保证正常运转。

生产经营单位发生生产安全事故后，事故现场有关人员应当立即报告本单位负责人。

单位负责人接到事故报告后，应当迅速采取有效措施，组织抢救，防止事故扩大，减少人员伤亡和财产损失，并按照国家有关规定立即如实报告当地负有安全生产监督管理职责的部门，不得隐瞒不报、谎报或者迟报，不得故意破坏事故现场、毁灭有关证据。

负有安全生产监督管理职责的部门接到事故报告后，应当立即按照国家有关规定上报事

故情况。负有安全生产监督管理职责的部门和有关地方人民政府对事故情况不得隐瞒不报、谎报或者迟报。

有关地方人民政府和负有安全生产监督管理职责的部门的负责人接到生产安全事故报告后，应当按照生产安全事故应急救援预案的要求立即赶到事故现场，组织事故抢救。

参与事故抢救的部门和单位应当服从统一指挥，加强协同联动，采取有效的应急救援措施，并根据事故救援的需要采取警戒、疏散等措施，防止事故扩大和次生灾害的发生，减少人员伤亡和财产损失。

事故抢救过程中应当采取必要措施，避免或者减少对环境造成的危害。

任何单位和个人都应当支持、配合事故抢救，并提供一切便利条件。

事故调查处理应当按照科学严谨、依法依规、实事求是、注重实效的原则，及时、准确地查清事故原因，查明事故性质和责任，评估应急处置工作，总结事故教训，提出整改措施，并对事故责任单位和人员提出处理建议。事故调查报告应当依法及时向社会公布。事故调查和处理的具体办法由国务院制定。

事故发生单位应当及时全面落实整改措施，负有安全生产监督管理职责的部门应当加强监督检查。

负责事故调查处理的国务院有关部门和地方人民政府应当在批复事故调查报告后一年内，组织有关部门对事故整改和防范措施落实情况进行评估，并及时向社会公开评估结果；对不履行职责导致事故整改和防范措施没有落实的有关单位和人员，应当按照有关规定追究责任。

生产经营单位发生生产安全事故，经调查确定为责任事故的，除了应当查明事故单位的责任并依法予以追究外，还应当查明对安全生产的有关事项负有审查批准和监督职责的行政部门的责任，对有失职、渎职行为的，依照本法第九十条的规定追究法律责任。

任何单位和个人不得阻挠和干涉对事故的依法调查处理。

县级以上地方各级人民政府应急管理部门应当定期统计分析本行政区域内发生生产安全事故的情况，并定期向社会公布。

第四节　《中华人民共和国公路法》相关知识

一、总则

为了加强公路的建设和管理，促进公路事业的发展，适应社会主义现代化建设和人民生活的需要，制定本法。

在中华人民共和国境内从事公路的规划、建设、养护、经营、使用和管理，适用本法。

本法所称公路，包括公路桥梁、公路隧道和公路渡口。

公路的发展应当遵循全面规划、合理布局、确保质量、保障畅通、保护环境、建设改造与养护并重的原则。

各级人民政府应当采取有力措施，扶持、促进公路建设。公路建设应当纳入国民经济和社会发展计划。

国家鼓励、引导国内外经济组织依法投资建设、经营公路。

国家帮助和扶持少数民族地区、边远地区和贫困地区发展公路建设。

公路按其在公路路网中的地位分为国道、省道、县道和乡道，并按技术等级分为高速公路、一级公路、二级公路、三级公路和四级公路。具体划分标准由国务院交通主管部门规定。

新建公路应当符合技术等级的要求。原有不符合最低技术等级要求的等外公路，应当采取措施，逐步改造为符合技术等级要求的公路。

公路受国家保护，任何单位和个人不得破坏、损坏或者非法占用公路、公路用地及公路附属设施。

任何单位和个人都有爱护公路、公路用地及公路附属设施的义务，有权检举和控告破坏、损坏公路、公路用地、公路附属设施和影响公路安全的行为。

二、路政管理相关知识

各级地方人民政府应当采取措施，加强对公路的保护。

县级以上地方人民政府交通主管部门应当认真履行职责，依法做好公路保护工作，并努力采用科学的管理方法和先进的技术手段，提高公路管理水平，逐步完善公路服务设施，保障公路的完好、安全和畅通。

任何单位和个人不得擅自占用、挖掘公路。

因修建铁路、机场、电站、通信设施、水利工程和进行其他建设工程需要占用、挖掘公路或者使公路改线的，建设单位应当事先征得有关交通主管部门的同意；影响交通安全的，还须征得有关公安机关的同意。占用、挖掘公路或者使公路改线的，建设单位应当按照不低于该段公路原有的技术标准予以修复、改建或者给予相应的经济补偿。

跨越、穿越公路修建桥梁、渡槽或者架设、埋设管线等设施的，以及在公路用地范围内架设、埋设管线、电缆等设施的，应当事先经有关交通主管部门同意，影响交通安全的，还须征得有关公安机关的同意；所修建、架设或者埋设的设施应当符合公路工程技术标准的要求。对公路造成损坏的，应当按照损坏程度给予补偿。

任何单位和个人不得在公路上及公路用地范围内摆摊设点、堆放物品、倾倒垃圾、设置障碍、挖沟引水、利用公路边沟排放污物或者进行其他损坏、污染公路和影响公路畅通的活动。

在大中型公路桥梁和渡口周围二百米、公路隧道上方和洞口外一百米范围内，以及在公路两侧一定距离内，不得挖砂、采石、取土、倾倒废弃物，不得进行爆破作业及其他危及公路、公路桥梁、公路隧道、公路渡口安全的活动。

在前款范围内因抢险、防汛需要修筑堤坝、压缩或者拓宽河床的，应当事先报经省、自治区、直辖市人民政府交通主管部门会同水行政主管部门批准，并采取有效的保护有关的公路、公路桥梁、公路隧道、公路渡口安全的措施。

铁轮车、履带车和其他可能损害公路路面的机具，不得在公路上行驶。

农业机械因当地田间作业需要在公路上短距离行驶或者军用车辆执行任务需要在公路上行驶的，可以不受前款限制，但是应当采取安全保护措施。对公路造成损坏的，应当按照损坏程度给予补偿。

在公路上行驶的车辆的轴载质量应当符合公路工程技术标准要求。

超过公路、公路桥梁、公路隧道或者汽车渡船的限载、限高、限宽、限长标准的车辆,不得在有限定标准的公路、公路桥梁上或者公路隧道内行驶,不得使用汽车渡船。超过公路或者公路桥梁限载标准确需行驶的,必须经县级以上地方人民政府交通主管部门批准,并按要求采取有效的防护措施;运载不可解体的超限物品的,应当按照指定的时间、路线、时速行驶,并悬挂明显标志。

运输单位不能按照前款规定采取防护措施的,由交通主管部门帮助其采取防护措施,所需费用由运输单位承担。

机动车制造厂和其他单位不得将公路作为检验机动车制动性能的试车场地。

任何单位和个人不得损坏、擅自移动、涂改公路附属设施。

前款公路附属设施,是指为保护、养护公路和保障公路安全畅通所设置的公路防护、排水、养护、管理、服务、交通安全、渡运、监控、通信、收费等设施、设备以及专用建筑物、构筑物等。

造成公路损坏的,责任者应当及时报告公路管理机构,并接受公路管理机构的现场调查。

任何单位和个人未经县级以上地方人民政府交通主管部门批准,不得在公路用地范围内设置公路标志以外的其他标志。

在公路上增设平面交叉道口,必须按照国家有关规定经过批准,并按照国家规定的技术标准建设。

除公路防护、养护需要的以外,禁止在公路两侧的建筑控制区内修建建筑物和地面构筑物;需要在建筑控制区内埋设管线、电缆等设施的,应当事先经县级以上地方人民政府交通主管部门批准。

前款规定的建筑控制区的范围,由县级以上地方人民政府按照保障公路运行安全和节约用地的原则,依照国务院的规定划定。

建筑控制区范围经县级以上地方人民政府依照前款规定划定后,由县级以上地方人民政府交通主管部门设置标桩、界桩。任何单位和个人不得损坏、擅自挪动该标桩、界桩。

第五节 《中华人民共和国道路交通安全法》相关知识

一、总则

为了维护道路交通秩序,预防和减少交通事故,保护人身安全,保护公民、法人和其他组织的财产安全及其他合法权益,提高通行效率,制定本法。

中华人民共和国境内的车辆驾驶人、行人、乘车人以及与道路交通活动有关的单位和个人,都应当遵守本法。

道路交通安全工作,应当遵循依法管理、方便群众的原则,保障道路交通有序、安全、畅通。

各级人民政府应当保障道路交通安全管理工作与经济建设和社会发展相适应。

县级以上地方各级人民政府应当适应道路交通发展的需要,依据道路交通安全法律、法规和国家有关政策,制定道路交通安全管理规划,并组织实施。

国务院公安部门负责全国道路交通安全管理工作。县级以上地方各级人民政府公安机关交通管理部门负责本行政区域内的道路交通安全管理工作。

县级以上各级人民政府交通、建设管理部门依据各自职责,负责有关的道路交通工作。

各级人民政府应当经常进行道路交通安全教育,提高公民的道路交通安全意识。

公安机关交通管理部门及其交通警察执行职务时,应当加强道路交通安全法律、法规的宣传,并模范遵守道路交通安全法律、法规。

机关、部队、企业事业单位、社会团体以及其他组织,应当对本单位的人员进行道路交通安全教育。

教育行政部门、学校应当将道路交通安全教育纳入法制教育的内容。

新闻、出版、广播、电视等有关单位,有进行道路交通安全教育的义务。

对道路交通安全管理工作,应当加强科学研究,推广、使用先进的管理方法、技术、设备。

二、车辆和驾驶人相关知识

(一)机动车、非机动车

国家对机动车实行登记制度。机动车经公安机关交通管理部门登记后,方可上道路行驶。尚未登记的机动车,需要临时上道路行驶的,应当取得临时通行牌证。

申请机动车登记,应当提交以下证明、凭证:

(1)机动车所有人的身份证明;

(2)机动车来历证明;

(3)机动车整车出厂合格证明或者进口机动车进口凭证;

(4)车辆购置税的完税证明或者免税凭证;

(5)法律、行政法规规定应当在机动车登记时提交的其他证明、凭证。

公安机关交通管理部门应当自受理申请之日起五个工作日内完成机动车登记审查工作,对符合前款规定条件的,应当发放机动车登记证书、号牌和行驶证;对不符合前款规定条件的,应当向申请人说明不予登记的理由。

公安机关交通管理部门以外的任何单位或者个人不得发放机动车号牌或者要求机动车悬挂其他号牌,本法另有规定的除外。

机动车登记证书、号牌、行驶证的式样由国务院公安部门规定并监制。

准予登记的机动车应当符合机动车国家安全技术标准。申请机动车登记时,应当接受对该机动车的安全技术检验。但是,经国家机动车产品主管部门依据机动车国家安全技术标准认定的企业生产的机动车型,该车型的新车在出厂时经检验符合机动车国家安全技术标准,获得检验合格证的,免予安全技术检验。

驾驶机动车上道路行驶,应当悬挂机动车号牌,放置检验合格标志、保险标志,并随车携带机动车行驶证。

机动车号牌应当按照规定悬挂并保持清晰、完整,不得故意遮挡、污损。

任何单位和个人不得收缴、扣留机动车号牌。

有下列情形之一的,应当办理相应的登记:

（1）机动车所有权发生转移的；

（2）机动车登记内容变更的；

（3）机动车用作抵押的；

（4）机动车报废的。

对登记后上道路行驶的机动车，应当依照法律、行政法规的规定，根据车辆用途、载客载货数量、使用年限等不同情况，定期进行安全技术检验。对提供机动车行驶证和机动车第三者责任强制保险单的，机动车安全技术检验机构应当予以检验，任何单位不得附加其他条件。对符合机动车国家安全技术标准的，公安机关交通管理部门应当发给检验合格标志。

对机动车的安全技术检验实行社会化。具体办法由国务院规定。

机动车安全技术检验实行社会化的地方，任何单位不得要求机动车到指定的场所进行检验。

公安机关交通管理部门、机动车安全技术检验机构不得要求机动车到指定的场所进行维修、保养。

机动车安全技术检验机构对机动车检验收取费用，应当严格执行国务院价格主管部门核定的收费标准。

国家实行机动车强制报废制度，根据机动车的安全技术状况和不同用途，规定不同的报废标准。

应当报废的机动车必须及时办理注销登记。

达到报废标准的机动车不得上道路行驶。报废的大型客、货车及其他营运车辆应当在公安机关交通管理部门的监督下解体。

警车、消防车、救护车、工程救险车应当按照规定喷涂标志图案，安装警报器、标志灯具。其他机动车不得喷涂、安装、使用上述车辆专用的或者与其相类似的标志图案、警报器或者标志灯具。

警车、消防车、救护车、工程救险车应当严格按照规定的用途和条件使用。

公路监督检查的专用车辆，应当依照公路法的规定，设置统一的标志和示警灯。

任何单位或者个人不得有下列行为：

（1）拼装机动车或者擅自改变机动车已登记的结构、构造或者特征；

（2）改变机动车型号、发动机号、车架号或者车辆识别代号；

（3）伪造、变造或者使用伪造、变造的机动车登记证书、号牌、行驶证、检验合格标志、保险标志；

（4）使用其他机动车的登记证书、号牌、行驶证、检验合格标志、保险标志。

国家实行机动车第三者责任强制保险制度，设立道路交通事故社会救助基金。具体办法由国务院规定。

依法应当登记的非机动车，经公安机关交通管理部门登记后，方可上道路行驶。

依法应当登记的非机动车的种类，由省、自治区、直辖市人民政府根据当地实际情况规定。

非机动车的外形尺寸、质量、制动器、车铃和夜间反光装置，应当符合非机动车安全技术标准。

（二）机动车驾驶人

驾驶机动车，应当依法取得机动车驾驶证。

申请机动车驾驶证，应当符合国务院公安部门规定的驾驶许可条件；经考试合格后，由公安机关交通管理部门发给相应类别的机动车驾驶证。

持有境外机动车驾驶证的人，符合国务院公安部门规定的驾驶许可条件，经公安机关交通管理部门考核合格的，可以发给中国的机动车驾驶证。

驾驶人应当按照驾驶证载明的准驾车型驾驶机动车；驾驶机动车时，应当随身携带机动车驾驶证。

公安机关交通管理部门以外的任何单位或者个人，不得收缴、扣留机动车驾驶证。

机动车的驾驶培训实行社会化，由交通运输主管部门对驾驶培训学校、驾驶培训班实行备案管理，并对驾驶培训活动加强监督，其中专门的拖拉机驾驶培训学校、驾驶培训班由农业（农业机械）主管部门实行监督管理。

驾驶培训学校、驾驶培训班应当严格按照国家有关规定，对学员进行道路交通安全法律、法规、驾驶技能的培训，确保培训质量。

任何国家机关以及驾驶培训和考试主管部门不得举办或者参与举办驾驶培训学校、驾驶培训班。

驾驶人驾驶机动车上道路行驶前，应当对机动车的安全技术性能进行认真检查；不得驾驶安全设施不全或者机件不符合技术标准等具有安全隐患的机动车。

机动车驾驶人应当遵守道路交通安全法律、法规的规定，按照操作规范安全驾驶、文明驾驶。

饮酒、服用国家管制的精神药品或者麻醉药品，或者患有妨碍安全驾驶机动车的疾病，或者过度疲劳影响安全驾驶的，不得驾驶机动车。

任何人不得强迫、指使、纵容驾驶人违反道路交通安全法律、法规和机动车安全驾驶要求驾驶机动车。

公安机关交通管理部门依照法律、行政法规的规定，定期对机动车驾驶证实施审验。

公安机关交通管理部门对机动车驾驶人违反道路交通安全法律、法规的行为，除依法给予行政处罚外，实行累积记分制度。公安机关交通管理部门对累积记分达到规定分值的机动车驾驶人，扣留机动车驾驶证，对其进行道路交通安全法律、法规教育，重新考试；考试合格的，发还其机动车驾驶证。

对遵守道路交通安全法律、法规，在一年内无累积记分的机动车驾驶人，可以延长机动车驾驶证的审验期。具体办法由国务院公安部门规定。

三、道路通行条件相关知识

全国实行统一的道路交通信号。

交通信号包括交通信号灯、交通标志、交通标线和交通警察的指挥。

交通信号灯、交通标志、交通标线的设置应当符合道路交通安全、畅通的要求和国家标准，并保持清晰、醒目、准确、完好。

根据通行需要,应当及时增设、调换、更新道路交通信号。增设、调换、更新限制性的道路交通信号,应当提前向社会公告,广泛进行宣传。

交通信号灯由红灯、绿灯、黄灯组成。红灯表示禁止通行,绿灯表示准许通行,黄灯表示警示。

铁路与道路平面交叉的道口,应当设置警示灯、警示标志或者安全防护设施。无人看守的铁路道口,应当在距道口一定距离处设置警示标志。

任何单位和个人不得擅自设置、移动、占用、损毁交通信号灯、交通标志、交通标线。

道路两侧及隔离带上种植的树木或者其他植物,设置的广告牌、管线等,应当与交通设施保持必要的距离,不得遮挡路灯、交通信号灯、交通标志,不得妨碍安全视距,不得影响通行。

道路、停车场和道路配套设施的规划、设计、建设,应当符合道路交通安全、畅通的要求,并根据交通需求及时调整。

公安机关交通管理部门发现已经投入使用的道路存在交通事故频发路段,或者停车场、道路配套设施存在交通安全严重隐患的,应当及时向当地人民政府报告,并提出防范交通事故、消除隐患的建议,当地人民政府应当及时作出处理决定。

道路出现坍塌、坑漕、水毁、隆起等损毁或者交通信号灯、交通标志、交通标线等交通设施损毁、灭失的,道路、交通设施的养护部门或者管理部门应当设置警示标志并及时修复。

公安机关交通管理部门发现前款情形,危及交通安全,尚未设置警示标志的,应当及时采取安全措施,疏导交通,并通知道路、交通设施的养护部门或者管理部门。

未经许可,任何单位和个人不得占用道路从事非交通活动。

因工程建设需要占用、挖掘道路,或者跨越、穿越道路架设、增设管线设施,应当事先征得道路主管部门的同意;影响交通安全的,还应当征得公安机关交通管理部门的同意。

施工作业单位应当在经批准的路段和时间内施工作业,并在距离施工作业地点来车方向安全距离处设置明显的安全警示标志,采取防护措施;施工作业完毕,应当迅速清除道路上的障碍物,消除安全隐患,经道路主管部门和公安机关交通管理部门验收合格,符合通行要求后,方可恢复通行。

对未中断交通的施工作业道路,公安机关交通管理部门应当加强交通安全监督检查,维护道路交通秩序。

新建、改建、扩建的公共建筑、商业街区、居住区、大(中)型建筑等,应当配建、增建停车场;停车泊位不足的,应当及时改建或者扩建;投入使用的停车场不得擅自停止使用或者改作他用。

在城市道路范围内,在不影响行人、车辆通行的情况下,政府有关部门可以施划停车泊位。

学校、幼儿园、医院、养老院门前的道路没有行人过街设施的,应当施划人行横道线,设置提示标志。

城市主要道路的人行道,应当按照规划设置盲道。盲道的设置应当符合国家标准。

四、道路通行规定相关知识

(一)一般规定

机动车、非机动车实行右侧通行。

根据道路条件和通行需要,道路划分为机动车道、非机动车道和人行道的,机动车、非机动车、行人实行分道通行。没有划分机动车道、非机动车道和人行道的,机动车在道路中间通行,非机动车和行人在道路两侧通行。

道路划设专用车道的,在专用车道内,只准许规定的车辆通行,其他车辆不得进入专用车道内行驶。

车辆、行人应当按照交通信号通行;遇有交通警察现场指挥时,应当按照交通警察的指挥通行;在没有交通信号的道路上,应当在确保安全、畅通的原则下通行。

公安机关交通管理部门根据道路和交通流量的具体情况,可以对机动车、非机动车、行人采取疏导、限制通行、禁止通行等措施。遇有大型群众性活动、大范围施工等情况,需要采取限制交通的措施,或者作出与公众的道路交通活动直接有关的决定,应当提前向社会公告。

遇有自然灾害、恶劣气象条件或者重大交通事故等严重影响交通安全的情形,采取其他措施难以保证交通安全时,公安机关交通管理部门可以实行交通管制。

有关道路通行的其他具体规定,由国务院规定。

(二)机动车通行规定

机动车上道路行驶,不得超过限速标志标明的最高时速。在没有限速标志的路段,应当保持安全车速。

夜间行驶或者在容易发生危险的路段行驶,以及遇有沙尘、冰雹、雨、雪、雾、结冰等气象条件时,应当降低行驶速度。

同车道行驶的机动车,后车应当与前车保持足以采取紧急制动措施的安全距离。有下列情形之一的,不得超车:

(1)前车正在左转弯、掉头、超车的;

(2)与对面来车有会车可能的;

(3)前车为执行紧急任务的警车、消防车、救护车、工程救险车的;

(4)行经铁路道口、交叉路口、窄桥、弯道、陡坡、隧道、人行横道、市区交通流量大的路段等没有超车条件的。

机动车通过交叉路口,应当按照交通信号灯、交通标志、交通标线或者交通警察的指挥通过;通过没有交通信号灯、交通标志、交通标线或者交通警察指挥的交叉路口时,应当减速慢行,并让行人和优先通行的车辆先行。

机动车遇有前方车辆停车排队等候或者缓慢行驶时,不得借道超车或者占用对面车道,不得穿插等候的车辆。

在车道减少的路段、路口,或者在没有交通信号灯、交通标志、交通标线或者交通警察指挥的交叉路口遇到停车排队等候或者缓慢行驶时,机动车应当依次交替通行。

机动车通过铁路道口时,应当按照交通信号或者管理人员的指挥通行;没有交通信号或者管理人员的,应当减速或者停车,在确认安全后通过。

机动车行经人行横道时,应当减速行驶;遇行人正在通过人行横道,应当停车让行。

机动车行经没有交通信号的道路时,遇行人横过道路,应当避让。

机动车载物应当符合核定的载质量,严禁超载;载物的长、宽、高不得违反装载要求,不得遗洒、飘散载运物。

机动车运载超限的不可解体的物品,影响交通安全的,应当按照公安机关交通管理部门指定的时间、路线、速度行驶,悬挂明显标志。在公路上运载超限的不可解体的物品,并应当依照公路法的规定执行。

机动车载运爆炸物品、易燃易爆化学物品以及剧毒、放射性等危险物品,应当经公安机关批准后,按指定的时间、路线、速度行驶,悬挂警示标志并采取必要的安全措施。

机动车载人不得超过核定的人数,客运机动车不得违反规定载货。

禁止货运机动车载客。

货运机动车需要附载作业人员的,应当设置保护作业人员的安全措施。

机动车行驶时,驾驶人、乘坐人员应当按规定使用安全带,摩托车驾驶人及乘坐人员应当按规定戴安全头盔。

机动车在道路上发生故障,需要停车排除故障时,驾驶人应当立即开启危险报警闪光灯,将机动车移至不妨碍交通的地方停放;难以移动的,应当持续开启危险报警闪光灯,并在来车方向设置警告标志等措施扩大示警距离,必要时迅速报警。

警车、消防车、救护车、工程救险车执行紧急任务时,可以使用警报器、标志灯具;在确保安全的前提下,不受行驶路线、行驶方向、行驶速度和信号灯的限制,其他车辆和行人应当让行。

警车、消防车、救护车、工程救险车非执行紧急任务时,不得使用警报器、标志灯具,不享有前款规定的道路优先通行权。

道路养护车辆、工程作业车进行作业时,在不影响过往车辆通行的前提下,其行驶路线和方向不受交通标志、标线限制,过往车辆和人员应当注意避让。

洒水车、清扫车等机动车应当按照安全作业标准作业;在不影响其他车辆通行的情况下,可以不受车辆分道行驶的限制,但是不得逆向行驶。

高速公路、大中城市中心城区内的道路,禁止拖拉机通行。其他禁止拖拉机通行的道路,由省、自治区、直辖市人民政府根据当地实际情况规定。

在允许拖拉机通行的道路上,拖拉机可以从事货运,但是不得用于载人。

机动车应当在规定地点停放。禁止在人行道上停放机动车;但是,依照本法第三十三条规定施划的停车泊位除外。

在道路上临时停车的,不得妨碍其他车辆和行人通行。

(三)非机动车通行规定

驾驶非机动车在道路上行驶应当遵守有关交通安全的规定。非机动车应当在非机动车道内行驶;在没有非机动车道的道路上,应当靠车行道的右侧行驶。

残疾人机动轮椅车、电动自行车在非机动车道内行驶时,最高时速不得超过十五公里。

非机动车应当在规定地点停放。未设停放地点的,非机动车停放不得妨碍其他车辆和行人通行。

驾驭畜力车,应当使用驯服的牲畜;驾驭畜力车横过道路时,驾驭人应当下车牵引牲畜;驾驭人离开车辆时,应当拴系牲畜。

(四)行人和乘车人通行规定

行人应当在人行道内行走,没有人行道的靠路边行走。

行人通过路口或者横过道路,应当走人行横道或者过街设施;通过有交通信号灯的人行横道,应当按照交通信号灯指示通行;通过没有交通信号灯、人行横道的路口,或者在没有过街设施的路段横过道路,应当在确认安全后通过。

行人不得跨越、倚坐道路隔离设施,不得扒车、强行拦车或者实施妨碍道路交通安全的其他行为。

学龄前儿童以及不能辨认或者不能控制自己行为的精神疾病患者、智力障碍者在道路上通行,应当由其监护人、监护人委托的人或者对其负有管理、保护职责的人带领。

盲人在道路上通行,应当使用盲杖或者采取其他导盲手段,车辆应当避让盲人。

行人通过铁路道口时,应当按照交通信号或者管理人员的指挥通行;没有交通信号和管理人员的,应当在确认无火车驶临后,迅速通过。

乘车人不得携带易燃易爆等危险物品,不得向车外抛洒物品,不得有影响驾驶人安全驾驶的行为。

(五)高速公路的特别规定

行人、非机动车、拖拉机、轮式专用机械车、铰接式客车、全挂拖斗车以及其他设计最高时速低于七十公里的机动车,不得进入高速公路。高速公路限速标志标明的最高时速不得超过一百二十公里。

机动车在高速公路上发生故障时,应当依照本法第五十二条的有关规定办理;但是,警告标志应当设置在故障车来车方向一百五十米以外,车上人员应当迅速转移到右侧路肩上或者应急车道内,并且迅速报警。

机动车在高速公路上发生故障或者交通事故,无法正常行驶的,应当由救援车、清障车拖曳、牵引。

任何单位、个人不得在高速公路上拦截检查行驶的车辆,公安机关的人民警察依法执行紧急公务除外。

五、交通事故处理相关知识

在道路上发生交通事故,车辆驾驶人应当立即停车,保护现场;造成人身伤亡的,车辆驾驶人应当立即抢救受伤人员,并迅速报告执勤的交通警察或者公安机关交通管理部门。因抢救受伤人员变动现场的,应当标明位置。乘车人、过往车辆驾驶人、过往行人应当予以协助。

在道路上发生交通事故,未造成人身伤亡,当事人对事实及成因无争议的,可以即行撤离现场,恢复交通,自行协商处理损害赔偿事宜;不即行撤离现场的,应当迅速报告执勤的交通警察或者公安机关交通管理部门。

在道路上发生交通事故,仅造成轻微财产损失,并且基本事实清楚的,当事人应当先撤离现场再进行协商处理。

车辆发生交通事故后逃逸的,事故现场目击人员和其他知情人员应当向公安机关交通管理部门或者交通警察举报。举报属实的,公安机关交通管理部门应当给予奖励。

公安机关交通管理部门接到交通事故报警后,应当立即派交通警察赶赴现场,先组织抢救受伤人员,并采取措施,尽快恢复交通。

交通警察应当对交通事故现场进行勘验、检查,收集证据;因收集证据的需要,可以扣留事故车辆,但是应当妥善保管,以备核查。

对当事人的生理、精神状况等专业性较强的检验,公安机关交通管理部门应当委托专门机构进行鉴定。鉴定结论应当由鉴定人签名。

公安机关交通管理部门应当根据交通事故现场勘验、检查、调查情况和有关的检验、鉴定结论,及时制作交通事故认定书,作为处理交通事故的证据。交通事故认定书应当载明交通事故的基本事实、成因和当事人的责任,并送达当事人。

对交通事故损害赔偿的争议,当事人可以请求公安机关交通管理部门调解,也可以直接向人民法院提起民事诉讼。

经公安机关交通管理部门调解,当事人未达成协议或者调解书生效后不履行的,当事人可以向人民法院提起民事诉讼。

医疗机构对交通事故中的受伤人员应当及时抢救,不得因抢救费用未及时支付而拖延救治。肇事车辆参加机动车第三者责任强制保险的,由保险公司在责任限额范围内支付抢救费用;抢救费用超过责任限额的,未参加机动车第三者责任强制保险或者肇事后逃逸的,由道路交通事故社会救助基金先行垫付部分或者全部抢救费用,道路交通事故社会救助基金管理机构有权向交通事故责任人追偿。

机动车发生交通事故造成人身伤亡、财产损失的,由保险公司在机动车第三者责任强制保险责任限额范围内予以赔偿;不足的部分,按照下列规定承担赔偿责任:

(1)机动车之间发生交通事故的,由有过错的一方承担赔偿责任;双方都有过错的,按照各自过错的比例分担责任。

(2)机动车与非机动车驾驶人、行人之间发生交通事故,非机动车驾驶人、行人没有过错的,由机动车一方承担赔偿责任;有证据证明非机动车驾驶人、行人有过错的,根据过错程度适当减轻机动车一方的赔偿责任;机动车一方没有过错的,承担不超过百分之十的赔偿责任。

交通事故的损失是由非机动车驾驶人、行人故意碰撞机动车造成的,机动车一方不承担赔偿责任。

车辆在道路以外通行时发生的事故,公安机关交通管理部门接到报案的,参照本法有关规定办理。

六、法律责任相关知识

公安机关交通管理部门及其交通警察对道路交通安全违法行为,应当及时纠正。

公安机关交通管理部门及其交通警察应当依据事实和本法的有关规定对道路交通安全违

法行为予以处罚。对于情节轻微，未影响道路通行的，指出违法行为，给予口头警告后放行。

对道路交通安全违法行为的处罚种类包括：警告、罚款、暂扣或者吊销机动车驾驶证、拘留。

行人、乘车人、非机动车驾驶人违反道路交通安全法律、法规关于道路通行规定的，处警告或者五元以上五十元以下罚款；非机动车驾驶人拒绝接受罚款处罚的，可以扣留其非机动车。

机动车驾驶人违反道路交通安全法律、法规关于道路通行规定的，处警告或者二十元以上二百元以下罚款。本法另有规定的，依照规定处罚。

饮酒后驾驶机动车的，处暂扣六个月机动车驾驶证，并处一千元以上二千元以下罚款。因饮酒后驾驶机动车被处罚，再次饮酒后驾驶机动车的，处十日以下拘留，并处一千元以上二千元以下罚款，吊销机动车驾驶证。

醉酒驾驶机动车的，由公安机关交通管理部门约束至酒醒，吊销机动车驾驶证，依法追究刑事责任；五年内不得重新取得机动车驾驶证。

饮酒后驾驶营运机动车的，处十五日拘留，并处五千元罚款，吊销机动车驾驶证，五年内不得重新取得机动车驾驶证。

醉酒驾驶营运机动车的，由公安机关交通管理部门约束至酒醒，吊销机动车驾驶证，依法追究刑事责任；十年内不得重新取得机动车驾驶证，重新取得机动车驾驶证后，不得驾驶营运机动车。

饮酒后或者醉酒驾驶机动车发生重大交通事故，构成犯罪的，依法追究刑事责任，并由公安机关交通管理部门吊销机动车驾驶证，终生不得重新取得机动车驾驶证。

公路客运车辆载客超过额定乘员的，处二百元以上五百元以下罚款；超过额定乘员百分之二十或者违反规定载货的，处五百元以上二千元以下罚款。

货运机动车超过核定载质量的，处二百元以上五百元以下罚款；超过核定载质量百分之三十或者违反规定载客的，处五百元以上二千元以下罚款。

有前两款行为的，由公安机关交通管理部门扣留机动车至违法状态消除。

运输单位的车辆有本条第一款、第二款规定的情形，经处罚不改的，对直接负责的主管人员处二千元以上五千元以下罚款。

对违反道路交通安全法律、法规关于机动车停放、临时停车规定的，可以指出违法行为，并予以口头警告，令其立即驶离。

机动车驾驶人不在现场或者虽在现场但拒绝立即驶离，妨碍其他车辆、行人通行的，处二十元以上二百元以下罚款，并可以将该机动车拖移至不妨碍交通的地点或者公安机关交通管理部门指定的地点停放。公安机关交通管理部门拖车不得向当事人收取费用，并应当及时告知当事人停放地点。

因采取不正确的方法拖车造成机动车损坏的，应当依法承担补偿责任。

机动车安全技术检验机构实施机动车安全技术检验超过国务院价格主管部门核定的收费标准收取费用的，退还多收取的费用，并由价格主管部门依照《中华人民共和国价格法》的有关规定给予处罚。

机动车安全技术检验机构不按照机动车国家安全技术标准进行检验，出具虚假检验结果的，由公安机关交通管理部门处所收检验费用五倍以上十倍以下罚款，并依法撤销其检验资格;构成犯罪的,依法追究刑事责任。

上道路行驶的机动车未悬挂机动车号牌,未放置检验合格标志、保险标志,或者未随车携带行驶证、驾驶证的,公安机关交通管理部门应当扣留机动车,通知当事人提供相应的牌证、标志或者补办相应手续,并可以依照本法第九十条的规定予以处罚。当事人提供相应的牌证、标志或者补办相应手续的,应当及时退还机动车。

故意遮挡、污损或者不按规定安装机动车号牌的,依照本法第九十条的规定予以处罚。

伪造、变造或者使用伪造、变造的机动车登记证书、号牌、行驶证、驾驶证的,由公安机关交通管理部门予以收缴,扣留该机动车,处十五日以下拘留,并处二千元以上五千元以下罚款;构成犯罪的,依法追究刑事责任。

伪造、变造或者使用伪造、变造的检验合格标志、保险标志的,由公安机关交通管理部门予以收缴,扣留该机动车,处十日以下拘留,并处一千元以上三千元以下罚款;构成犯罪的,依法追究刑事责任。

使用其他车辆的机动车登记证书、号牌、行驶证、检验合格标志、保险标志的,由公安机关交通管理部门予以收缴,扣留该机动车,处二千元以上五千元以下罚款。

当事人提供相应的合法证明或者补办相应手续的,应当及时退还机动车。

非法安装警报器、标志灯具的,由公安机关交通管理部门强制拆除,予以收缴,并处二百元以上二千元以下罚款。

机动车所有人、管理人未按照国家规定投保机动车第三者责任强制保险的,由公安机关交通管理部门扣留车辆至依照规定投保后,并处依照规定投保最低责任限额应缴纳的保险费的二倍罚款。

依照前款缴纳的罚款全部纳入道路交通事故社会救助基金。具体办法由国务院规定。

有下列行为之一的,由公安机关交通管理部门处二百元以上二千元以下罚款:

(1)未取得机动车驾驶证、机动车驾驶证被吊销或者机动车驾驶证被暂扣期间驾驶机动车的;

(2)将机动车交由未取得机动车驾驶证或者机动车驾驶证被吊销、暂扣的人驾驶的;

(3)造成交通事故后逃逸,尚不构成犯罪的;

(4)机动车行驶超过规定时速百分之五十的;

(5)强迫机动车驾驶人违反道路交通安全法律、法规和机动车安全驾驶要求驾驶机动车,造成交通事故,尚不构成犯罪的;

(6)违反交通管制的规定强行通行,不听劝阻的;

(7)故意损毁、移动、涂改交通设施,造成危害后果,尚不构成犯罪的;

(8)非法拦截、扣留机动车辆,不听劝阻,造成交通严重阻塞或者较大财产损失的。

行为人有前款第二项、第四项情形之一的,可以并处吊销机动车驾驶证;有第一项、第三项、第五项至第八项情形之一的,可以并处十五日以下拘留。

驾驶拼装的机动车或者已达到报废标准的机动车上道路行驶的,公安机关交通管理部门应当予以收缴,强制报废。

对驾驶前款所列机动车上道路行驶的驾驶人,处二百元以上二千元以下罚款,并吊销机动车驾驶证。

出售已达到报废标准的机动车的，没收违法所得，处销售金额等额的罚款，对该机动车依照本条第一款的规定处理。

违反道路交通安全法律、法规的规定，发生重大交通事故，构成犯罪的，依法追究刑事责任，并由公安机关交通管理部门吊销机动车驾驶证。

造成交通事故后逃逸的，由公安机关交通管理部门吊销机动车驾驶证，且终生不得重新取得机动车驾驶证。

对六个月内发生二次以上特大交通事故负有主要责任或者全部责任的专业运输单位，由公安机关交通管理部门责令消除安全隐患，未消除安全隐患的机动车，禁止上道路行驶。

国家机动车产品主管部门未按照机动车国家安全技术标准严格审查，许可不合格机动车型投入生产的，对负有责任的主管人员和其他直接责任人员给予降级或者撤职的行政处分。

机动车生产企业经国家机动车产品主管部门许可生产的机动车型，不执行机动车国家安全技术标准或者不严格进行机动车成品质量检验，致使质量不合格的机动车出厂销售的，由质量技术监督部门依照《中华人民共和国产品质量法》的有关规定给予处罚。

擅自生产、销售未经国家机动车产品主管部门许可生产的机动车型的，没收非法生产、销售的机动车成品及配件，可以并处非法产品价值三倍以上五倍以下罚款；有营业执照的，由工商行政管理部门吊销营业执照，没有营业执照的，予以查封。

生产、销售拼装的机动车或者生产、销售擅自改装的机动车的，依照本条第三款的规定处罚。

有本条第二款、第三款、第四款所列违法行为，生产或者销售不符合机动车国家安全技术标准的机动车，构成犯罪的，依法追究刑事责任。

未经批准，擅自挖掘道路、占用道路施工或者从事其他影响道路交通安全活动的，由道路主管部门责令停止违法行为，并恢复原状，可以依法给予罚款；致使通行的人员、车辆及其他财产遭受损失的，依法承担赔偿责任。

有前款行为，影响道路交通安全活动的，公安机关交通管理部门可以责令停止违法行为，迅速恢复交通。

道路施工作业或者道路出现损毁，未及时设置警示标志、未采取防护措施，或者应当设置交通信号灯、交通标志、交通标线而没有设置或者应当及时变更交通信号灯、交通标志、交通标线而没有及时变更，致使通行的人员、车辆及其他财产遭受损失的，负有相关职责的单位应当依法承担赔偿责任。

在道路两侧及隔离带上种植树木、其他植物或者设置广告牌、管线等，遮挡路灯、交通信号灯、交通标志，妨碍安全视距的，由公安机关交通管理部门责令行为人排除妨碍；拒不执行的，处二百元以上二千元以下罚款，并强制排除妨碍，所需费用由行为人负担。

对道路交通违法行为人予以警告、二百元以下罚款，交通警察可以当场作出行政处罚决定，并出具行政处罚决定书。

行政处罚决定书应当载明当事人的违法事实、行政处罚的依据、处罚内容、时间、地点以及处罚机关名称，并由执法人员签名或者盖章。

当事人应当自收到罚款的行政处罚决定书之日起十五日内，到指定的银行缴纳罚款。

对行人、乘车人和非机动车驾驶人的罚款，当事人无异议的，可以当场予以收缴罚款。

罚款应当开具省、自治区、直辖市财政部门统一制发的罚款收据;不出具财政部门统一制发的罚款收据的,当事人有权拒绝缴纳罚款。

当事人逾期不履行行政处罚决定的,作出行政处罚决定的行政机关可以采取下列措施:

(1)到期不缴纳罚款的,每日按罚款数额的百分之三加处罚款;

(2)申请人民法院强制执行。

执行职务的交通警察认为应当对道路交通违法行为人给予暂扣或者吊销机动车驾驶证处罚的,可以先予扣留机动车驾驶证,并在二十四小时内将案件移交公安机关交通管理部门处理。

道路交通违法行为人应当在十五日内到公安机关交通管理部门接受处理。无正当理由逾期未接受处理的,吊销机动车驾驶证。

公安机关交通管理部门暂扣或者吊销机动车驾驶证的,应当出具行政处罚决定书。

对违反本法规定予以拘留的行政处罚,由县、市公安局、公安分局或者相当于县一级的公安机关裁决。

公安机关交通管理部门扣留机动车、非机动车,应当当场出具凭证,并告知当事人在规定期限内到公安机关交通管理部门接受处理。

公安机关交通管理部门对被扣留的车辆应当妥善保管,不得使用。

逾期不来接受处理,并且经公告三个月仍不来接受处理的,对扣留的车辆依法处理。

暂扣机动车驾驶证的期限从处罚决定生效之日起计算;处罚决定生效前先予扣留机动车驾驶证的,扣留一日折抵暂扣期限一日。

吊销机动车驾驶证后重新申请领取机动车驾驶证的期限,按照机动车驾驶证管理规定办理。

公安机关交通管理部门根据交通技术监控记录资料,可以对违法的机动车所有人或者管理人依法予以处罚。对能够确定驾驶人的,可以依照本法的规定依法予以处罚。

第六节　《中华人民共和国突发事件应对法》相关知识

一、总则

为了预防和减少突发事件的发生,控制、减轻和消除突发事件引起的严重社会危害,提高突发事件预防和应对能力,规范突发事件应对活动,保护人民生命财产安全,维护国家安全、公共安全、生态环境安全和社会秩序,根据宪法,制定本法。

本法所称突发事件,是指突然发生,造成或者可能造成严重社会危害,需要采取应急处置措施予以应对的自然灾害、事故灾难、公共卫生事件和社会安全事件。

突发事件的预防与应急准备、监测与预警、应急处置与救援、事后恢复与重建等应对活动,适用本法。

《中华人民共和国传染病防治法》等有关法律对突发公共卫生事件应对作出规定的,适用其规定。有关法律没有规定的,适用本法。

按照社会危害程度、影响范围等因素，突发自然灾害、事故灾难、公共卫生事件分为特别重大、重大、较大和一般四级。法律、行政法规或者国务院另有规定的，从其规定。

突发事件的分级标准由国务院或者国务院确定的部门制定。

突发事件应对工作坚持中国共产党的领导，坚持以马克思列宁主义、毛泽东思想、邓小平理论、“三个代表”重要思想、科学发展观、习近平新时代中国特色社会主义思想为指导，建立健全集中统一、高效权威的中国特色突发事件应对工作领导体制，完善党委领导、政府负责、部门联动、军地联合、社会协同、公众参与、科技支撑、法治保障的治理体系。

突发事件应对工作应当坚持总体国家安全观，统筹发展与安全；坚持人民至上、生命至上；坚持依法科学应对，尊重和保障人权；坚持预防为主、预防与应急相结合。

国家建立有效的社会动员机制，组织动员企业事业单位、社会组织、志愿者等各方力量依法有序参与突发事件应对工作，增强全民的公共安全和防范风险的意识，提高全社会的避险救助能力。

国家建立健全突发事件信息发布制度。有关人民政府和部门应当及时向社会公布突发事件相关信息和有关突发事件应对的决定、命令、措施等信息。

任何单位和个人不得编造、故意传播有关突发事件的虚假信息。有关人民政府和部门发现影响或者可能影响社会稳定、扰乱社会和经济管理秩序的虚假或者不完整信息的，应当及时发布准确的信息予以澄清。

国家建立健全突发事件新闻采访报道制度。有关人民政府和部门应当做好新闻媒体服务引导工作，支持新闻媒体开展采访报道和舆论监督。

新闻媒体采访报道突发事件应当及时、准确、客观、公正。

新闻媒体应当开展突发事件应对法律法规、预防与应急、自救与互救知识等的公益宣传。

国家建立突发事件应对工作投诉、举报制度，公布统一的投诉、举报方式。

对于不履行或者不正确履行突发事件应对工作职责的行为，任何单位和个人有权向有关人民政府和部门投诉、举报。

接到投诉、举报的人民政府和部门应当依照规定立即组织调查处理，并将调查处理结果以适当方式告知投诉人、举报人；投诉、举报事项不属于其职责的，应当及时移送有关机关处理。

有关人民政府和部门对投诉人、举报人的相关信息应当予以保密，保护投诉人、举报人的合法权益。

突发事件应对措施应当与突发事件可能造成的社会危害的性质、程度和范围相适应；有多种措施可供选择的，应当选择有利于最大程度地保护公民、法人和其他组织权益，且对他人权益损害和生态环境影响较小的措施，并根据情况变化及时调整，做到科学、精准、有效。

国家在突发事件应对工作中，应当对未成年人、老年人、残疾人、孕产期和哺乳期的妇女、需要及时就医的伤病人员等群体给予特殊、优先保护。

县级以上人民政府及其部门为应对突发事件的紧急需要，可以征用单位和个人的设备、设施、场地、交通工具等财产。被征用的财产在使用完毕或者突发事件应急处置工作结束后，应当及时返还。财产被征用或者征用后毁损、灭失的，应当给予公平、合理的补偿。

因依法采取突发事件应对措施，致使诉讼、监察调查、行政复议、仲裁、国家赔偿等活动不能正常进行的，适用有关时效中止和程序中止的规定，法律另有规定的除外。

中华人民共和国政府在突发事件的预防与应急准备、监测与预警、应急处置与救援、事后恢复与重建等方面，同外国政府和有关国际组织开展合作与交流。

对在突发事件应对工作中做出突出贡献的单位和个人，按照国家有关规定给予表彰、奖励。

二、管理与指挥体制相关知识

国家建立统一指挥、专常兼备、反应灵敏、上下联动的应急管理体制和综合协调、分类管理、分级负责、属地管理为主的工作体系。

县级人民政府对本行政区域内突发事件的应对管理工作负责。突发事件发生后，发生地县级人民政府应当立即采取措施控制事态发展，组织开展应急救援和处置工作，并立即向上一级人民政府报告，必要时可以越级上报，具备条件的，应当进行网络直报或者自动速报。

突发事件发生地县级人民政府不能消除或者不能有效控制突发事件引起的严重社会危害的，应当及时向上级人民政府报告。上级人民政府应当及时采取措施，统一领导应急处置工作。

法律、行政法规规定由国务院有关部门对突发事件应对管理工作负责的，从其规定；地方人民政府应当积极配合并提供必要的支持。

突发事件涉及两个以上行政区域的，其应对管理工作由有关行政区域共同的上一级人民政府负责，或者由各有关行政区域的上一级人民政府共同负责。共同负责的人民政府应当按照国家有关规定，建立信息共享和协调配合机制。根据共同应对突发事件的需要，地方人民政府之间可以建立协同应对机制。

县级以上人民政府是突发事件应对管理工作的行政领导机关。

国务院在总理领导下研究、决定和部署特别重大突发事件的应对工作；根据实际需要，设立国家突发事件应急指挥机构，负责突发事件应对工作；必要时，国务院可以派出工作组指导有关工作。

县级以上地方人民政府设立由本级人民政府主要负责人、相关部门负责人、国家综合性消防救援队伍和驻当地中国人民解放军、中国人民武装警察部队有关负责人等组成的突发事件应急指挥机构，统一领导、协调本级人民政府各有关部门和下级人民政府开展突发事件应对工作；根据实际需要，设立相关类别突发事件应急指挥机构，组织、协调、指挥突发事件应对工作。

突发事件应急指挥机构在突发事件应对过程中可以依法发布有关突发事件应对的决定、命令、措施。突发事件应急指挥机构发布的决定、命令、措施与设立它的人民政府发布的决定、命令、措施具有同等效力，法律责任由设立它的人民政府承担。

县级以上人民政府应急管理部门和卫生健康、公安等有关部门应当在各自职责范围内做好有关突发事件应对管理工作，并指导、协助下级人民政府及其相应部门做好有关突发事件的应对管理工作。

乡级人民政府、街道办事处应当明确专门工作力量，负责突发事件应对有关工作。

居民委员会、村民委员会依法协助人民政府和有关部门做好突发事件应对工作。

公民、法人和其他组织有义务参与突发事件应对工作。

中国人民解放军、中国人民武装警察部队和民兵组织依照本法和其他有关法律、行政法规、军事法规的规定以及国务院、中央军事委员会的命令，参加突发事件的应急救援和处置工作。

县级以上人民政府及其设立的突发事件应急指挥机构发布的有关突发事件应对的决定、命令、措施，应当及时报本级人民代表大会常务委员会备案；突发事件应急处置工作结束后，应当向本级人民代表大会常务委员会作出专项工作报告。

三、预防与应急准备相关知识

国家建立健全突发事件应急预案体系。

国务院制定国家突发事件总体应急预案，组织制定国家突发事件专项应急预案；国务院有关部门根据各自的职责和国务院相关应急预案，制定国家突发事件部门应急预案并报国务院备案。

地方各级人民政府和县级以上地方人民政府有关部门根据有关法律、法规、规章、上级人民政府及其有关部门的应急预案以及本地区、本部门的实际情况，制定相应的突发事件应急预案并按国务院有关规定备案。

县级以上人民政府应急管理部门指导突发事件应急预案体系建设，综合协调应急预案衔接工作，增强有关应急预案的衔接性和实效性。

应急预案应当根据本法和其他有关法律、法规的规定，针对突发事件的性质、特点和可能造成的社会危害，具体规定突发事件应对管理工作的组织指挥体系与职责和突发事件的预防与预警机制、处置程序、应急保障措施以及事后恢复与重建措施等内容。

应急预案制定机关应当广泛听取有关部门、单位、专家和社会各方面意见，增强应急预案的针对性和可操作性，并根据实际需要、情势变化、应急演练中发现的问题等及时对应急预案作出修订。

应急预案的制定、修订、备案等工作程序和管理办法由国务院规定。

县级以上人民政府应当将突发事件应对工作纳入国民经济和社会发展规划。县级以上人民政府有关部门应当制定突发事件应急体系建设规划。

国土空间规划等规划应当符合预防、处置突发事件的需要，统筹安排突发事件应对工作所必需的设备和基础设施建设，合理确定应急避难、封闭隔离、紧急医疗救治等场所，实现日常使用和应急使用的相互转换。

国务院应急管理部门会同卫生健康、自然资源、住房城乡建设等部门统筹、指导全国应急避难场所的建设和管理工作，建立健全应急避难场所标准体系。县级以上地方人民政府负责本行政区域内应急避难场所的规划、建设和管理工作。

国家建立健全突发事件风险评估体系，对可能发生的突发事件进行综合性评估，有针对性地采取有效防范措施，减少突发事件的发生，最大限度减轻突发事件的影响。

县级人民政府应当对本行政区域内容易引发自然灾害、事故灾难和公共卫生事件的危险源、危险区域进行调查、登记、风险评估，定期进行检查、监控，并责令有关单位采取安全防范措施。

省级和设区的市级人民政府应当对本行政区域内容易引发特别重大、重大突发事件的危险源、危险区域进行调查、登记、风险评估，组织进行检查、监控，并责令有关单位采取安全防范措施。

县级以上地方人民政府应当根据情况变化，及时调整危险源、危险区域的登记。登记的危险源、危险区域及其基础信息，应当按照国家有关规定接入突发事件信息系统，并及时向社会公布。

县级人民政府及其有关部门、乡级人民政府、街道办事处、居民委员会、村民委员会应当及时调解处理可能引发社会安全事件的矛盾纠纷。

所有单位应当建立健全安全管理制度，定期开展危险源辨识评估，制定安全防范措施；定期检查本单位各项安全防范措施的落实情况，及时消除事故隐患；掌握并及时处理本单位存在的可能引发社会安全事件的问题，防止矛盾激化和事态扩大；对本单位可能发生的突发事件和采取安全防范措施的情况，应当按照规定及时向所在地人民政府或者有关部门报告。

矿山、金属冶炼、建筑施工单位和易燃易爆物品、危险化学品、放射性物品等危险物品的生产、经营、运输、储存、使用单位，应当制定具体应急预案，配备必要的应急救援器材、设备和物资，并对生产经营场所、有危险物品的建筑物、构筑物及周边环境开展隐患排查，及时采取措施管控风险和消除隐患，防止发生突发事件。

公共交通工具、公共场所和其他人员密集场所的经营单位或者管理单位应当制定具体应急预案，为交通工具和有关场所配备报警装置和必要的应急救援设备、设施，注明其使用方法，并显著标明安全撤离的通道、路线，保证安全通道、出口的畅通。

有关单位应当定期检测、维护其报警装置和应急救援设备、设施，使其处于良好状态，确保正常使用。

县级以上人民政府应当建立健全突发事件应对管理培训制度，对人民政府及其有关部门负有突发事件应对管理职责的工作人员以及居民委员会、村民委员会有关人员定期进行培训。

国家综合性消防救援队伍是应急救援的综合性常备骨干力量，按照国家有关规定执行综合应急救援任务。县级以上人民政府有关部门可以根据实际需要设立专业应急救援队伍。

县级以上人民政府及其有关部门可以建立由成年志愿者组成的应急救援队伍。乡级人民政府、街道办事处和有条件的居民委员会、村民委员会可以建立基层应急救援队伍，及时、就近开展应急救援。单位应当建立由本单位职工组成的专职或者兼职应急救援队伍。

国家鼓励和支持社会力量建立提供社会化应急救援服务的应急救援队伍。社会力量建立的应急救援队伍参与突发事件应对工作应当服从履行统一领导职责或者组织处置突发事件的人民政府、突发事件应急指挥机构的统一指挥。

县级以上人民政府应当推动专业应急救援队伍与非专业应急救援队伍联合培训、联合演练，提高合成应急、协同应急的能力。

地方各级人民政府、县级以上人民政府有关部门、有关单位应当为其组建的应急救援队伍购买人身意外伤害保险，配备必要的防护装备和器材，防范和减少应急救援人员的人身伤害风险。

专业应急救援人员应当具备相应的身体条件、专业技能和心理素质，取得国家规定的应急救援职业资格，具体办法由国务院应急管理部门会同国务院有关部门制定。

中国人民解放军、中国人民武装警察部队和民兵组织应当有计划地组织开展应急救援的专门训练。

县级人民政府及其有关部门、乡级人民政府、街道办事处应当组织开展面向社会公众的应急知识宣传普及活动和必要的应急演练。

居民委员会、村民委员会、企业事业单位、社会组织应当根据所在地人民政府的要求，结合各自的实际情况，开展面向居民、村民、职工等的应急知识宣传普及活动和必要的应急演练。

各级各类学校应当把应急教育纳入教育教学计划，对学生及教职工开展应急知识教育和应急演练，培养安全意识，提高自救与互救能力。

教育主管部门应当对学校开展应急教育进行指导和监督，应急管理等部门应当给予支持。

各级人民政府应当将突发事件应对工作所需经费纳入本级预算，并加强资金管理，提高资金使用绩效。

国家按照集中管理、统一调拨、平时服务、灾时应急、采储结合、节约高效的原则，建立健全应急物资储备保障制度，动态更新应急物资储备品种目录，完善重要应急物资的监管、生产、采购、储备、调拨和紧急配送体系，促进安全应急产业发展，优化产业布局。

国家储备物资品种目录、总体发展规划，由国务院发展改革部门会同国务院有关部门拟订。国务院应急管理等部门依据职责制定应急物资储备规划、品种目录，并组织实施。应急物资储备规划应当纳入国家储备总体发展规划。

设区的市级以上人民政府和突发事件易发、多发地区的县级人民政府应当建立应急救援物资、生活必需品和应急处置装备的储备保障制度。

县级以上地方人民政府应当根据本地区的实际情况和突发事件应对工作的需要，依法与有条件的企业签订协议，保障应急救援物资、生活必需品和应急处置装备的生产、供给。有关企业应当根据协议，按照县级以上地方人民政府要求，进行应急救援物资、生活必需品和应急处置装备的生产、供给，并确保符合国家有关产品质量的标准和要求。

国家鼓励公民、法人和其他组织储备基本的应急自救物资和生活必需品。有关部门可以向社会公布相关物资、物品的储备指南和建议清单。

国家建立健全应急运输保障体系，统筹铁路、公路、水运、民航、邮政、快递等运输和服务方式，制定应急运输保障方案，保障应急物资、装备和人员及时运输。

县级以上地方人民政府和有关主管部门应当根据国家应急运输保障方案，结合本地区实际做好应急调度和运力保障，确保运输通道和客货运枢纽畅通。

国家发挥社会力量在应急运输保障中的积极作用。社会力量参与突发事件应急运输保障，应当服从突发事件应急指挥机构的统一指挥。

国家建立健全能源应急保障体系，提高能源安全保障能力，确保受突发事件影响地区的能源供应。

国家建立健全应急通信、应急广播保障体系，加强应急通信系统、应急广播系统建设，确保突发事件应对工作的通信、广播安全畅通。

国家建立健全突发事件卫生应急体系，组织开展突发事件中的医疗救治、卫生学调查处置和心理援助等卫生应急工作，有效控制和消除危害。

县级以上人民政府应当加强急救医疗服务网络的建设，配备相应的医疗救治物资、设施设备和人员，提高医疗卫生机构应对各类突发事件的救治能力。

国家鼓励公民、法人和其他组织为突发事件应对工作提供物资、资金、技术支持和捐赠。

接受捐赠的单位应当及时公开接受捐赠的情况和受赠财产的使用、管理情况,接受社会监督。

红十字会在突发事件中,应当对伤病人员和其他受害者提供紧急救援和人道救助,并协助人民政府开展与其职责相关的其他人道主义服务活动。有关人民政府应当给予红十字会支持和资助,保障其依法参与应对突发事件。

慈善组织在发生重大突发事件时开展募捐和救助活动,应当在有关人民政府的统筹协调、有序引导下依法进行。有关人民政府应当通过提供必要的需求信息、政府购买服务等方式,对慈善组织参与应对突发事件、开展应急慈善活动予以支持。

有关单位应当加强应急救援资金、物资的管理,提高使用效率。

任何单位和个人不得截留、挪用、私分或者变相私分应急救援资金、物资。

国家发展保险事业,建立政府支持、社会力量参与、市场化运作的巨灾风险保险体系,并鼓励单位和个人参加保险。

国家加强应急管理基础科学、重点行业领域关键核心技术的研究,加强互联网、云计算、大数据、人工智能等现代技术手段在突发事件应对工作中的应用,鼓励、扶持有条件的教学科研机构、企业培养应急管理人才和科技人才,研发、推广新技术、新材料、新设备和新工具,提高突发事件应对能力。

县级以上人民政府及其有关部门应当建立健全突发事件专家咨询论证制度,发挥专业人员在突发事件应对工作中的作用。

四、监测与预警相关知识

国家建立健全突发事件监测制度。

县级以上人民政府及其有关部门应当根据自然灾害、事故灾难和公共卫生事件的种类和特点,建立健全基础信息数据库,完善监测网络,划分监测区域,确定监测点,明确监测项目,提供必要的设备、设施,配备专职或者兼职人员,对可能发生的突发事件进行监测。

国务院建立全国统一的突发事件信息系统。

县级以上地方人民政府应当建立或者确定本地区统一的突发事件信息系统,汇集、储存、分析、传输有关突发事件的信息,并与上级人民政府及其有关部门、下级人民政府及其有关部门、专业机构、监测网点和重点企业的突发事件信息系统实现互联互通,加强跨部门、跨地区的信息共享与情报合作。

县级以上人民政府及其有关部门、专业机构应当通过多种途径收集突发事件信息。

县级人民政府应当在居民委员会、村民委员会和有关单位建立专职或者兼职信息报告员制度。

公民、法人或者其他组织发现发生突发事件,或者发现可能发生突发事件的异常情况,应当立即向所在地人民政府、有关主管部门或者指定的专业机构报告。接到报告的单位应当按照规定立即核实处理,对于不属于其职责的,应当立即移送相关单位核实处理。

地方各级人民政府应当按照国家有关规定向上级人民政府报送突发事件信息。县级以上人民政府有关主管部门应当向本级人民政府相关部门通报突发事件信息,并报告上级人民政府主管部门。专业机构、监测网点和信息报告员应当及时向所在地人民政府及其有关主管部门报告突发事件信息。

有关单位和人员报送、报告突发事件信息，应当做到及时、客观、真实，不得迟报、谎报、瞒报、漏报，不得授意他人迟报、谎报、瞒报，不得阻碍他人报告。

县级以上地方人民政府应当及时汇总分析突发事件隐患和监测信息，必要时组织相关部门、专业技术人员、专家学者进行会商，对发生突发事件的可能性及其可能造成的影响进行评估；认为可能发生重大或者特别重大突发事件的，应当立即向上级人民政府报告，并向上级人民政府有关部门、当地驻军和可能受到危害的毗邻或者相关地区的人民政府通报，及时采取预防措施。

国家建立健全突发事件预警制度。

可以预警的自然灾害、事故灾难和公共卫生事件的预警级别，按照突发事件发生的紧急程度、发展势态和可能造成的危害程度分为一级、二级、三级和四级，分别用红色、橙色、黄色和蓝色标示，一级为最高级别。

预警级别的划分标准由国务院或者国务院确定的部门制定。

可以预警的自然灾害、事故灾难或者公共卫生事件即将发生或者发生的可能性增大时，县级以上地方人民政府应当根据有关法律、行政法规和国务院规定的权限和程序，发布相应级别的警报，决定并宣布有关地区进入预警期，同时向上一级人民政府报告，必要时可以越级上报；具备条件的，应当进行网络直报或者自动速报；同时向当地驻军和可能受到危害的毗邻或者相关地区的人民政府通报。

发布警报应当明确预警类别、级别、起始时间、可能影响的范围、警示事项、应当采取的措施、发布单位和发布时间等。

国家建立健全突发事件预警发布平台，按照有关规定及时、准确向社会发布突发事件预警信息。

广播、电视、报刊以及网络服务提供者、电信运营商应当按照国家有关规定，建立突发事件预警信息快速发布通道，及时、准确、无偿播发或者刊载突发事件预警信息。

公共场所和其他人员密集场所，应当指定专门人员负责突发事件预警信息接收和传播工作，做好相关设备、设施维护，确保突发事件预警信息及时、准确接收和传播。

发布三级、四级警报，宣布进入预警期后，县级以上地方人民政府应当根据即将发生的突发事件的特点和可能造成的危害，采取下列措施：

(1)启动应急预案；

(2)责令有关部门、专业机构、监测网点和负有特定职责的人员及时收集、报告有关信息，向社会公布反映突发事件信息的渠道，加强对突发事件发生、发展情况的监测、预报和预警工作；

(3)组织有关部门和机构、专业技术人员、有关专家学者，随时对突发事件信息进行分析评估，预测发生突发事件可能性的大小、影响范围和强度以及可能发生的突发事件的级别；

(4)定时向社会发布与公众有关的突发事件预测信息和分析评估结果，并对相关信息的报道工作进行管理；

(5)及时按照有关规定向社会发布可能受到突发事件危害的警告，宣传避免、减轻危害的常识，公布咨询或者求助电话等联络方式和渠道。

发布一级、二级警报，宣布进入预警期后，县级以上地方人民政府除采取本法第六十六条规定的措施外，还应当针对即将发生的突发事件的特点和可能造成的危害，采取下列一项或者多项措施：

（1）责令应急救援队伍、负有特定职责的人员进入待命状态，并动员后备人员做好参加应急救援和处置工作的准备；

（2）调集应急救援所需物资、设备、工具，准备应急设施和应急避难、封闭隔离、紧急医疗救治等场所，并确保其处于良好状态、随时可以投入正常使用；

（3）加强对重点单位、重要部位和重要基础设施的安全保卫，维护社会治安秩序；

（4）采取必要措施，确保交通、通信、供水、排水、供电、供气、供热、医疗卫生、广播电视、气象等公共设施的安全和正常运行；

（5）及时向社会发布有关采取特定措施避免或者减轻危害的建议、劝告；

（6）转移、疏散或者撤离易受突发事件危害的人员并予以妥善安置，转移重要财产；

（7）关闭或者限制使用易受突发事件危害的场所，控制或者限制容易导致危害扩大的公共场所的活动；

（8）法律、法规、规章规定的其他必要的防范性、保护性措施。

发布警报，宣布进入预警期后，县级以上人民政府应当对重要商品和服务市场情况加强监测，根据实际需要及时保障供应、稳定市场。必要时，国务院和省、自治区、直辖市人民政府可以按照《中华人民共和国价格法》等有关法律规定采取相应措施。

对即将发生或者已经发生的社会安全事件，县级以上地方人民政府及其有关主管部门应当按照规定向上一级人民政府及其有关主管部门报告，必要时可以越级上报，具备条件的，应当进行网络直报或者自动速报。

发布突发事件警报的人民政府应当根据事态的发展，按照有关规定适时调整预警级别并重新发布。

有事实证明不可能发生突发事件或者危险已经解除的，发布警报的人民政府应当立即宣布解除警报，终止预警期，并解除已经采取的有关措施。

五、应急处置与救援相关知识

国家建立健全突发事件应急响应制度。

突发事件的应急响应级别，按照突发事件的性质、特点、可能造成的危害程度和影响范围等因素分为一级、二级、三级和四级，一级为最高级别。

突发事件应急响应级别划分标准由国务院或者国务院确定的部门制定。县级以上人民政府及其有关部门应当在突发事件应急预案中确定应急响应级别。

突发事件发生后，履行统一领导职责或者组织处置突发事件的人民政府应当针对其性质、特点、危害程度和影响范围等，立即启动应急响应，组织有关部门，调动应急救援队伍和社会力量，依照法律、法规、规章和应急预案的规定，采取应急处置措施，并向上级人民政府报告；必要时，可以设立现场指挥部，负责现场应急处置与救援，统一指挥进入突发事件现场的单位和个人。

启动应急响应，应当明确响应事项、级别、预计期限、应急处置措施等。

履行统一领导职责或者组织处置突发事件的人民政府，应当建立协调机制，提供需求信息，引导志愿服务组织和志愿者等社会力量及时有序参与应急处置与救援工作。

自然灾害、事故灾难或者公共卫生事件发生后，履行统一领导职责的人民政府应当采取下列一项或者多项应急处置措施：

(1)组织营救和救治受害人员，转移、疏散、撤离并妥善安置受到威胁的人员以及采取其他救助措施；

(2)迅速控制危险源，标明危险区域，封锁危险场所，划定警戒区，实行交通管制、限制人员流动、封闭管理以及其他控制措施；

(3)立即抢修被损坏的交通、通信、供水、排水、供电、供气、供热、医疗卫生、广播电视、气象等公共设施，向受到危害的人员提供避难场所和生活必需品，实施医疗救护和卫生防疫以及其他保障措施；

(4)禁止或者限制使用有关设备、设施，关闭或者限制使用有关场所，中止人员密集的活动或者可能导致危害扩大的生产经营活动以及采取其他保护措施；

(5)启用本级人民政府设置的财政预备费和储备的应急救援物资，必要时调用其他急需物资、设备、设施、工具；

(6)组织公民、法人和其他组织参加应急救援和处置工作，要求具有特定专长的人员提供服务；

(7)保障食品、饮用水、药品、燃料等基本生活必需品的供应；

(8)依法从严惩处囤积居奇、哄抬价格、牟取暴利、制假售假等扰乱市场秩序的行为，维护市场秩序；

(9)依法从严惩处哄抢财物、干扰破坏应急处置工作等扰乱社会秩序的行为，维护社会治安；

(10)开展生态环境应急监测，保护集中式饮用水水源地等环境敏感目标，控制和处置污染物；

(11)采取防止发生次生、衍生事件的必要措施。

社会安全事件发生后，组织处置工作的人民政府应当立即启动应急响应，组织有关部门针对事件的性质和特点，依照有关法律、行政法规和国家其他有关规定，采取下列一项或者多项应急处置措施：

(1)强制隔离使用器械相互对抗或者以暴力行为参与冲突的当事人，妥善解决现场纠纷和争端，控制事态发展；

(2)对特定区域内的建筑物、交通工具、设备、设施以及燃料、燃气、电力、水的供应进行控制；

(3)封锁有关场所、道路，查验现场人员的身份证件，限制有关公共场所内的活动；

(4)加强对易受冲击的核心机关和单位的警卫，在国家机关、军事机关、国家通讯社、广播电台、电视台、外国驻华使领馆等单位附近设置临时警戒线；

(5)法律、行政法规和国务院规定的其他必要措施。

发生突发事件，严重影响国民经济正常运行时，国务院或者国务院授权的有关主管部门可以采取保障、控制等必要的应急措施，保障人民群众的基本生活需要，最大限度地减轻突发事件的影响。

履行统一领导职责或者组织处置突发事件的人民政府及其有关部门,必要时可以向单位和个人征用应急救援所需设备、设施、场地、交通工具和其他物资,请求其他地方人民政府及其有关部门提供人力、物力、财力或者技术支援,要求生产、供应生活必需品和应急救援物资的企业组织生产、保证供给,要求提供医疗、交通等公共服务的组织提供相应的服务。

履行统一领导职责或者组织处置突发事件的人民政府和有关主管部门,应当组织协调运输经营单位,优先运送处置突发事件所需物资、设备、工具、应急救援人员和受到突发事件危害的人员。

履行统一领导职责或者组织处置突发事件的人民政府及其有关部门,应当为受突发事件影响无人照料的无民事行为能力人、限制民事行为能力人提供及时有效帮助;建立健全联系帮扶应急救援人员家庭制度,帮助解决实际困难。

突发事件发生地的居民委员会、村民委员会和其他组织应当按照当地人民政府的决定、命令,进行宣传动员,组织群众开展自救与互救,协助维护社会秩序;情况紧急的,应当立即组织群众开展自救与互救等先期处置工作。

受到自然灾害危害或者发生事故灾难、公共卫生事件的单位,应当立即组织本单位应急救援队伍和工作人员营救受害人员,疏散、撤离、安置受到威胁的人员,控制危险源,标明危险区域,封锁危险场所,并采取其他防止危害扩大的必要措施,同时向所在地县级人民政府报告;对因本单位的问题引发的或者主体是本单位人员的社会安全事件,有关单位应当按照规定上报情况,并迅速派出负责人赶赴现场开展劝解、疏导工作。

突发事件发生地的其他单位应当服从人民政府发布的决定、命令,配合人民政府采取的应急处置措施,做好本单位的应急救援工作,并积极组织人员参加所在地的应急救援和处置工作。

突发事件发生地的个人应当依法服从人民政府、居民委员会、村民委员会或者所属单位的指挥和安排,配合人民政府采取的应急处置措施,积极参加应急救援工作,协助维护社会秩序。

国家支持城乡社区组织健全应急工作机制,强化城乡社区综合服务设施和信息平台应急功能,加强与突发事件信息系统数据共享,增强突发事件应急处置中保障群众基本生活和服务群众能力。

国家采取措施,加强心理健康服务体系和人才队伍建设,支持引导心理健康服务人员和社会工作者对受突发事件影响的各类人群开展心理健康教育、心理评估、心理疏导、心理危机干预、心理行为问题诊治等心理援助工作。

对于突发事件遇难人员的遗体,应当按照法律和国家有关规定,科学规范处置,加强卫生防疫,维护逝者尊严。对于逝者的遗物应当妥善保管。

县级以上人民政府及其有关部门根据突发事件应对工作需要,在履行法定职责所必需的范围和限度内,可以要求公民、法人和其他组织提供应急处置与救援需要的信息。公民、法人和其他组织应当予以提供,法律另有规定的除外。县级以上人民政府及其有关部门对获取的相关信息,应当严格保密,并依法保护公民的通信自由和通信秘密。

在突发事件应急处置中,有关单位和个人因依照本法规定配合突发事件应对工作或者履行相关义务,需要获取他人个人信息的,应当依照法律规定的程序和方式取得并确保信息安全，不得非法收集、使用、加工、传输他人个人信息，不得非法买卖、提供或者公开他人个人信息。

因依法履行突发事件应对工作职责或者义务获取的个人信息，只能用于突发事件应对，并在突发事件应对工作结束后予以销毁。确因依法作为证据使用或者调查评估需要留存或者延期销毁的，应当按照规定进行合法性、必要性、安全性评估，并采取相应保护和处理措施，严格依法使用。

六、事后恢复与重建相关知识

突发事件的威胁和危害得到控制或者消除后，履行统一领导职责或者组织处置突发事件的人民政府应当宣布解除应急响应，停止执行依照本法规定采取的应急处置措施，同时采取或者继续实施必要措施，防止发生自然灾害、事故灾难、公共卫生事件的次生、衍生事件或者重新引发社会安全事件，组织受影响地区尽快恢复社会秩序。

突发事件应急处置工作结束后，履行统一领导职责的人民政府应当立即组织对突发事件造成的影响和损失进行调查评估，制定恢复重建计划，并向上一级人民政府报告。

受突发事件影响地区的人民政府应当及时组织和协调应急管理、卫生健康、公安、交通、铁路、民航、邮政、电信、建设、生态环境、水利、能源、广播电视等有关部门恢复社会秩序，尽快修复被损坏的交通、通信、供水、排水、供电、供气、供热、医疗卫生、水利、广播电视等公共设施。

受突发事件影响地区的人民政府开展恢复重建工作需要上一级人民政府支持的，可以向上一级人民政府提出请求。上一级人民政府应当根据受影响地区遭受的损失和实际情况，提供资金、物资支持和技术指导，组织协调其他地区和有关方面提供资金、物资和人力支援。

国务院根据受突发事件影响地区遭受损失的情况，制定扶持该地区有关行业发展的优惠政策。

受突发事件影响地区的人民政府应当根据本地区遭受的损失和采取应急处置措施的情况，制定救助、补偿、抚慰、抚恤、安置等善后工作计划并组织实施，妥善解决因处置突发事件引发的矛盾纠纷。

公民参加应急救援工作或者协助维护社会秩序期间，其所在单位应当保证其工资待遇和福利不变，并可以按照规定给予相应补助。

县级以上人民政府对在应急救援工作中伤亡的人员依法落实工伤待遇、抚恤或者其他保障政策，并组织做好应急救援工作中致病人员的医疗救治工作。

履行统一领导职责的人民政府在突发事件应对工作结束后，应当及时查明突发事件的发生经过和原因，总结突发事件应急处置工作的经验教训，制定改进措施，并向上一级人民政府提出报告。

突发事件应对工作中有关资金、物资的筹集、管理、分配、拨付和使用等情况，应当依法接受审计机关的审计监督。

国家档案主管部门应当建立健全突发事件应对工作相关档案收集、整理、保护、利用工作机制。突发事件应对工作中形成的材料，应当按照国家规定归档，并向相关档案馆移交。

七、法律责任相关知识

地方各级人民政府和县级以上人民政府有关部门违反本法规定，不履行或者不正确履行法定职责的，由其上级行政机关责令改正；有下列情形之一，由有关机关综合考虑突发事件发生的原因、后果、应对处置情况、行为人过错等因素，对负有责任的领导人员和直接责任人员依法给予处分：

（1）未按照规定采取预防措施，导致发生突发事件，或者未采取必要的防范措施，导致发生次生、衍生事件的；

（2）迟报、谎报、瞒报、漏报或者授意他人迟报、谎报、瞒报以及阻碍他人报告有关突发事件的信息，或者通报、报送、公布虚假信息，造成后果的；

（3）未按照规定及时发布突发事件警报、采取预警期的措施，导致损害发生的；

（4）未按照规定及时采取措施处置突发事件或者处置不当，造成后果的；

（5）违反法律规定采取应对措施，侵犯公民生命健康权益的；

（6）不服从上级人民政府对突发事件应急处置工作的统一领导、指挥和协调的；

（7）未及时组织开展生产自救、恢复重建等善后工作的；

（8）截留、挪用、私分或者变相私分应急救援资金、物资的；

（9）不及时归还征用的单位和个人的财产，或者对被征用财产的单位和个人不按照规定给予补偿的。

有关单位有下列情形之一，由所在地履行统一领导职责的人民政府有关部门责令停产停业，暂扣或者吊销许可证件，并处五万元以上二十万元以下的罚款；情节特别严重的，并处二十万元以上一百万元以下的罚款：

（1）未按照规定采取预防措施，导致发生较大以上突发事件的；

（2）未及时消除已发现的可能引发突发事件的隐患，导致发生较大以上突发事件的；

（3）未做好应急物资储备和应急设备、设施日常维护、检测工作，导致发生较大以上突发事件或者突发事件危害扩大的；

突发事件发生后，不及时组织开展应急救援工作，造成严重后果的。

其他法律对前款行为规定了处罚的，依照较重的规定处罚。

违反本法规定，编造并传播有关突发事件的虚假信息，或者明知是有关突发事件的虚假信息而进行传播的，责令改正，给予警告；造成严重后果的，依法暂停其业务活动或者吊销其许可证件；负有直接责任的人员是公职人员的，还应当依法给予处分。

单位或者个人违反本法规定，不服从所在地人民政府及其有关部门依法发布的决定、命令或者不配合其依法采取的措施的，责令改正；造成严重后果的，依法给予行政处罚；负有直接责任的人员是公职人员的，还应当依法给予处分。

单位或者个人违反本法关于个人信息保护规定的，由主管部门依照有关法律规定给予处罚。

单位或者个人违反本法规定，导致突发事件发生或者危害扩大，造成人身、财产或者其他损害的，应当依法承担民事责任。

为了使本人或者他人的人身、财产免受正在发生的危险而采取避险措施的，依照《中华人民共和国民法典》《中华人民共和国刑法》等法律关于紧急避险的规定处理。

违反本法规定，构成违反治安管理行为的，依法给予治安管理处罚；构成犯罪的，依法追究刑事责任。

第七节　《公路安全保护条例》相关知识

一、总则

为了加强公路保护，保障公路完好、安全和畅通，根据《中华人民共和国公路法》，制定本条例。

各级人民政府应当加强对公路保护工作的领导，依法履行公路保护职责。

国务院交通运输主管部门主管全国公路保护工作。

县级以上地方人民政府交通运输主管部门主管本行政区域的公路保护工作；但是，县级以上地方人民政府交通运输主管部门对国道、省道的保护职责，由省、自治区、直辖市人民政府确定。

公路管理机构依照本条例的规定具体负责公路保护的监督管理工作。

县级以上各级人民政府发展改革、工业和信息化、公安、工商、质检等部门按照职责分工，依法开展公路保护的相关工作。

县级以上各级人民政府应当将政府及其有关部门从事公路管理、养护所需经费以及公路管理机构行使公路行政管理职能所需经费纳入本级人民政府财政预算。但是，专用公路的公路保护经费除外。

县级以上各级人民政府交通运输主管部门应当综合考虑国家有关车辆技术标准、公路使用状况等因素，逐步提高公路建设、管理和养护水平，努力满足国民经济和社会发展以及人民群众生产、生活需要。

县级以上各级人民政府交通运输主管部门应当依照《中华人民共和国突发事件应对法》的规定，制定地震、泥石流、雨雪冰冻灾害等损毁公路的突发事件（以下简称公路突发事件）应急预案，报本级人民政府批准后实施。

公路管理机构、公路经营企业应当根据交通运输主管部门制定的公路突发事件应急预案，组建应急队伍，并定期组织应急演练。

国家建立健全公路突发事件应急物资储备保障制度，完善应急物资储备、调配体系，确保发生公路突发事件时能够满足应急处置工作的需要。

任何单位和个人不得破坏、损坏、非法占用或者非法利用公路、公路用地和公路附属设施。

二、公路养护相关知识

公路管理机构、公路经营企业应当按照国务院交通运输主管部门的规定对公路进行巡查，并制作巡查记录；发现公路坍塌、坑槽、隆起等损毁的，应当及时设置警示标志，并采取措施修复。

公安机关交通管理部门发现公路坍塌、坑槽、隆起等损毁,危及交通安全的,应当及时采取措施,疏导交通,并通知公路管理机构或者公路经营企业。

其他人员发现公路坍塌、坑槽、隆起等损毁的,应当及时向公路管理机构、公安机关交通管理部门报告。

公路管理机构、公路经营企业应当定期对公路、公路桥梁、公路隧道进行检测和评定,保证其技术状态符合有关技术标准;对经检测发现不符合车辆通行安全要求的,应当进行维修,及时向社会公告,并通知公安机关交通管理部门。

公路管理机构、公路经营企业应当定期检查公路隧道的排水、通风、照明、监控、报警、消防、救助等设施,保持设施处于完好状态。

发生公路突发事件影响通行的,公路管理机构、公路经营企业应当及时修复公路、恢复通行。设区的市级以上人民政府交通运输主管部门应当根据修复公路、恢复通行的需要,及时调集抢修力量,统筹安排有关作业计划,下达路网调度指令,配合有关部门组织绕行、分流。

设区的市级以上公路管理机构应当按照国务院交通运输主管部门的规定收集、汇总公路损毁、公路交通流量等信息,开展公路突发事件的监测、预报和预警工作,并利用多种方式及时向社会发布有关公路运行信息。

第八节　《中华人民共和国环境保护法》相关知识

一、总则

为保护和改善环境,防治污染和其他公害,保障公众健康,推进生态文明建设,促进经济社会可持续发展,制定本法。

本法所称环境,是指影响人类生存和发展的各种天然的和经过人工改造的自然因素的总体,包括大气、水、海洋、土地、矿藏、森林、草原、湿地、野生生物、自然遗迹、人文遗迹、自然保护区、风景名胜区、城市和乡村等。

本法适用于中华人民共和国领域和中华人民共和国管辖的其他海域。

保护环境是国家的基本国策。

国家采取有利于节约和循环利用资源、保护和改善环境、促进人与自然和谐的经济、技术政策和措施,使经济社会发展与环境保护相协调。

环境保护坚持保护优先、预防为主、综合治理、公众参与、损害担责的原则。

一切单位和个人都有保护环境的义务。

地方各级人民政府应当对本行政区域的环境质量负责。

企业事业单位和其他生产经营者应当防止、减少环境污染和生态破坏,对所造成的损害依法承担责任。

公民应当增强环境保护意识,采取低碳、节俭的生活方式,自觉履行环境保护义务。

国家支持环境保护科学技术研究、开发和应用,鼓励环境保护产业发展,促进环境保护信息化建设,提高环境保护科学技术水平。

各级人民政府应当加大保护和改善环境、防治污染和其他公害的财政投入，提高财政资金的使用效益。

各级人民政府应当加强环境保护宣传和普及工作，鼓励基层群众性自治组织、社会组织、环境保护志愿者开展环境保护法律法规和环境保护知识的宣传，营造保护环境的良好风气。

教育行政部门、学校应当将环境保护知识纳入学校教育内容，培养学生的环境保护意识。

新闻媒体应当开展环境保护法律法规和环境保护知识的宣传，对环境违法行为进行舆论监督。

国务院环境保护主管部门，对全国环境保护工作实施统一监督管理；县级以上地方人民政府环境保护主管部门，对本行政区域环境保护工作实施统一监督管理。

县级以上人民政府有关部门和军队环境保护部门，依照有关法律的规定对资源保护和污染防治等环境保护工作实施监督管理。

对保护和改善环境有显著成绩的单位和个人，由人民政府给予奖励。

每年6月5日为环境日。

二、防治污染和其他公害相关知识

国家促进清洁生产和资源循环利用。

国务院有关部门和地方各级人民政府应当采取措施，推广清洁能源的生产和使用。

企业应当优先使用清洁能源，采用资源利用率高、污染物排放量少的工艺、设备以及废弃物综合利用技术和污染物无害化处理技术，减少污染物的产生。

建设项目中防治污染的设施，应当与主体工程同时设计、同时施工、同时投产使用。防治污染的设施应当符合经批准的环境影响评价文件的要求，不得擅自拆除或者闲置。

排放污染物的企业事业单位和其他生产经营者，应当采取措施，防治在生产建设或者其他活动中产生的废气、废水、废渣、医疗废物、粉尘、恶臭气体、放射性物质以及噪声、振动、光辐射、电磁辐射等对环境的污染和危害。

排放污染物的企业事业单位，应当建立环境保护责任制度，明确单位负责人和相关人员的责任。

重点排污单位应当按照国家有关规定和监测规范安装使用监测设备，保证监测设备正常运行，保存原始监测记录。

严禁通过暗管、渗井、渗坑、灌注或者篡改、伪造监测数据，或者不正常运行防治污染设施等逃避监管的方式违法排放污染物。

排放污染物的企业事业单位和其他生产经营者，应当按照国家有关规定缴纳排污费。排污费应当全部专项用于环境污染防治，任何单位和个人不得截留、挤占或者挪作他用。

依照法律规定征收环境保护税的，不再征收排污费。

国家实行重点污染物排放总量控制制度。重点污染物排放总量控制指标由国务院下达，省、自治区、直辖市人民政府分解落实。企业事业单位在执行国家和地方污染物排放标准的同时,应当遵守分解落实到本单位的重点污染物排放总量控制指标。

对超过国家重点污染物排放总量控制指标或者未完成国家确定的环境质量目标的地区,省级以上人民政府环境保护主管部门应当暂停审批其新增重点污染物排放总量的建设项目环境影响评价文件。

国家依照法律规定实行排污许可管理制度。

实行排污许可管理的企业事业单位和其他生产经营者应当按照排污许可证的要求排放污染物;未取得排污许可证的,不得排放污染物。

国家对严重污染环境的工艺、设备和产品实行淘汰制度。任何单位和个人不得生产、销售或者转移、使用严重污染环境的工艺、设备和产品。

禁止引进不符合我国环境保护规定的技术、设备、材料和产品。

各级人民政府及其有关部门和企业事业单位,应当依照《中华人民共和国突发事件应对法》的规定,做好突发环境事件的风险控制、应急准备、应急处置和事后恢复等工作。

县级以上人民政府应当建立环境污染公共监测预警机制,组织制定预警方案;环境受到污染,可能影响公众健康和环境安全时,依法及时公布预警信息,启动应急措施。

企业事业单位应当按照国家有关规定制定突发环境事件应急预案,报环境保护主管部门和有关部门备案。在发生或者可能发生突发环境事件时,企业事业单位应当立即采取措施处理,及时通报可能受到危害的单位和居民,并向环境保护主管部门和有关部门报告。

突发环境事件应急处置工作结束后,有关人民政府应当立即组织评估事件造成的环境影响和损失,并及时将评估结果向社会公布。

生产、储存、运输、销售、使用、处置化学物品和含有放射性物质的物品,应当遵守国家有关规定,防止污染环境。

各级人民政府及其农业等有关部门和机构应当指导农业生产经营者科学种植和养殖,科学合理施用农药、化肥等农业投入品,科学处置农用薄膜、农作物秸秆等农业废弃物,防止农业面源污染。

禁止将不符合农用标准和环境保护标准的固体废物、废水施入农田。施用农药、化肥等农业投入品及进行灌溉,应当采取措施,防止重金属和其他有毒有害物质污染环境。

畜禽养殖场、养殖小区、定点屠宰企业等的选址、建设和管理应当符合有关法律法规规定。从事畜禽养殖和屠宰的单位和个人应当采取措施,对畜禽粪便、尸体和污水等废弃物进行科学处置,防止污染环境。

县级人民政府负责组织农村生活废弃物的处置工作。

各级人民政府应当在财政预算中安排资金,支持农村饮用水水源地保护、生活污水和其他废弃物处理、畜禽养殖和屠宰污染防治、土壤污染防治和农村工矿污染治理等环境保护工作。

各级人民政府应当统筹城乡建设污水处理设施及配套管网,固体废物的收集、运输和处置等环境卫生设施,危险废物集中处置设施、场所以及其他环境保护公共设施,并保障其正常运行。

国家鼓励投保环境污染责任保险。

第九节　《中华人民共和国特种设备安全法》相关知识

一、总则

为了加强特种设备安全工作,预防特种设备事故,保障人身和财产安全,促进经济社会发展,制定本法。

特种设备的生产(包括设计、制造、安装、改造、修理)、经营、使用、检验、检测和特种设备安全的监督管理,适用本法。

本法所称特种设备,是指对人身和财产安全有较大危险性的锅炉、压力容器(含气瓶)、压力管道、电梯、起重机械、客运索道、大型游乐设施、场(厂)内专用机动车辆,以及法律、行政法规规定适用本法的其他特种设备。

国家对特种设备实行目录管理。特种设备目录由国务院负责特种设备安全监督管理的部门制定,报国务院批准后执行。

特种设备安全工作应当坚持安全第一、预防为主、节能环保、综合治理的原则。

国家对特种设备的生产、经营、使用,实施分类的、全过程的安全监督管理。

国务院负责特种设备安全监督管理的部门对全国特种设备安全实施监督管理。县级以上地方各级人民政府负责特种设备安全监督管理的部门对本行政区域内特种设备安全实施监督管理。

国务院和地方各级人民政府应当加强对特种设备安全工作的领导,督促各有关部门依法履行监督管理职责。

县级以上地方各级人民政府应当建立协调机制,及时协调、解决特种设备安全监督管理中存在的问题。

特种设备生产、经营、使用单位应当遵守本法和其他有关法律、法规,建立、健全特种设备安全和节能责任制度,加强特种设备安全和节能管理,确保特种设备生产、经营、使用安全,符合节能要求。

特种设备生产、经营、使用、检验、检测应当遵守有关特种设备安全技术规范及相关标准。

特种设备安全技术规范由国务院负责特种设备安全监督管理的部门制定。

特种设备行业协会应当加强行业自律,推进行业诚信体系建设,提高特种设备安全管理水平。

国家支持有关特种设备安全的科学技术研究,鼓励先进技术和先进管理方法的推广应用,对做出突出贡献的单位和个人给予奖励。

负责特种设备安全监督管理的部门应当加强特种设备安全宣传教育,普及特种设备安全知识,增强社会公众的特种设备安全意识。

任何单位和个人有权向负责特种设备安全监督管理的部门和有关部门举报涉及特种设备安全的违法行为,接到举报的部门应当及时处理。

二、事故应急救援与调查处理相关知识

国务院负责特种设备安全监督管理的部门应当依法组织制定特种设备重特大事故应急预案,报国务院批准后纳入国家突发事件应急预案体系。

县级以上地方各级人民政府及其负责特种设备安全监督管理的部门应当依法组织制定本行政区域内特种设备事故应急预案,建立或者纳入相应的应急处置与救援体系。

特种设备使用单位应当制定特种设备事故应急专项预案,并定期进行应急演练。

特种设备发生事故后,事故发生单位应当按照应急预案采取措施,组织抢救,防止事故扩大,减少人员伤亡和财产损失,保护事故现场和有关证据,并及时向事故发生地县级以上人民政府负责特种设备安全监督管理的部门和有关部门报告。

县级以上人民政府负责特种设备安全监督管理的部门接到事故报告,应当尽快核实情况,立即向本级人民政府报告,并按照规定逐级上报。必要时,负责特种设备安全监督管理的部门可以越级上报事故情况。对特别重大事故、重大事故,国务院负责特种设备安全监督管理的部门应当立即报告国务院并通报国务院安全生产监督管理部门等有关部门。

与事故相关的单位和人员不得迟报、谎报或者瞒报事故情况,不得隐匿、毁灭有关证据或者故意破坏事故现场。

事故发生地人民政府接到事故报告,应当依法启动应急预案,采取应急处置措施,组织应急救援。

特种设备发生特别重大事故,由国务院或者国务院授权有关部门组织事故调查组进行调查。

发生重大事故,由国务院负责特种设备安全监督管理的部门会同有关部门组织事故调查组进行调查。

发生较大事故,由省、自治区、直辖市人民政府负责特种设备安全监督管理的部门会同有关部门组织事故调查组进行调查。

发生一般事故,由设区的市级人民政府负责特种设备安全监督管理的部门会同有关部门组织事故调查组进行调查。

事故调查组应当依法、独立、公正开展调查,提出事故调查报告。

组织事故调查的部门应当将事故调查报告报本级人民政府,并报上一级人民政府负责特种设备安全监督管理的部门备案。有关部门和单位应当依照法律、行政法规的规定,追究事故责任单位和人员的责任。

事故责任单位应当依法落实整改措施,预防同类事故发生。事故造成损害的,事故责任单位应当依法承担赔偿责任。

第十节 《中华人民共和国消防法》相关知识

一、总则

为了预防火灾和减少火灾危害,加强应急救援工作,保护人身、财产安全,维护公共安全,

制定本法。

消防工作贯彻预防为主、防消结合的方针，按照政府统一领导、部门依法监管、单位全面负责、公民积极参与的原则，实行消防安全责任制，建立健全社会化的消防工作网络。

国务院领导全国的消防工作。地方各级人民政府负责本行政区域内的消防工作。

各级人民政府应当将消防工作纳入国民经济和社会发展计划，保障消防工作与经济社会发展相适应。

国务院应急管理部门对全国的消防工作实施监督管理。县级以上地方人民政府应急管理部门对本行政区域内的消防工作实施监督管理，并由本级人民政府消防救援机构负责实施。军事设施的消防工作，由其主管单位监督管理，消防救援机构协助；矿井地下部分、核电厂、海上石油天然气设施的消防工作，由其主管单位监督管理。

县级以上人民政府其他有关部门在各自的职责范围内，依照本法和其他相关法律、法规的规定做好消防工作。

法律、行政法规对森林、草原的消防工作另有规定的，从其规定。

任何单位和个人都有维护消防安全、保护消防设施、预防火灾、报告火警的义务。任何单位和成年人都有参加有组织的灭火工作的义务。

各级人民政府应当组织开展经常性的消防宣传教育，提高公民的消防安全意识。

机关、团体、企业、事业等单位，应当加强对本单位人员的消防宣传教育。

应急管理部门及消防救援机构应当加强消防法律、法规的宣传，并督促、指导、协助有关单位做好消防宣传教育工作。

教育、人力资源行政主管部门和学校、有关职业培训机构应当将消防知识纳入教育、教学、培训的内容。

新闻、广播、电视等有关单位，应当有针对性地面向社会进行消防宣传教育。

工会、共产主义青年团、妇女联合会等团体应当结合各自工作对象的特点，组织开展消防宣传教育。

村民委员会、居民委员会应当协助人民政府以及公安机关、应急管理等部门，加强消防宣传教育。

国家鼓励、支持消防科学研究和技术创新，推广使用先进的消防和应急救援技术、设备；鼓励、支持社会力量开展消防公益活动。

对在消防工作中有突出贡献的单位和个人，应当按照国家有关规定给予表彰和奖励。

二、灭火救援相关知识

县级以上地方人民政府应当组织有关部门针对本行政区域内的火灾特点制定应急预案，建立应急反应和处置机制，为火灾扑救和应急救援工作提供人员、装备等保障。

任何人发现火灾都应当立即报警。任何单位、个人都应当无偿为报警提供便利，不得阻拦报警。严禁谎报火警。

人员密集场所发生火灾，该场所的现场工作人员应当立即组织、引导在场人员疏散。

任何单位发生火灾，必须立即组织力量扑救。邻近单位应当给予支援。

消防队接到火警，必须立即赶赴火灾现场，救助遇险人员，排除险情，扑灭火灾。

消防救援机构统一组织和指挥火灾现场扑救,应当优先保障遇险人员的生命安全。火灾现场总指挥根据扑救火灾的需要,有权决定下列事项:

(1)使用各种水源;

(2)截断电力、可燃气体和可燃液体的输送,限制用火用电;

(3)划定警戒区,实行局部交通管制;

(4)利用临近建筑物和有关设施;

(5)为了抢救人员和重要物资,防止火势蔓延,拆除或者破损毗邻火灾现场的建筑物、构筑物或者设施等;

(6)调动供水、供电、供气、通信、医疗救护、交通运输、环境保护等有关单位协助灭火救援。

根据扑救火灾的紧急需要,有关地方人民政府应当组织人员、调集所需物资支援灭火。

国家综合性消防救援队、专职消防队参加火灾以外的其他重大灾害事故的应急救援工作,由县级以上人民政府统一领导。

消防车、消防艇前往执行火灾扑救或者应急救援任务,在确保安全的前提下,不受行驶速度、行驶路线、行驶方向和指挥信号的限制,其他车辆、船舶以及行人应当让行,不得穿插超越;收费公路、桥梁免收车辆通行费。交通管理指挥人员应当保证消防车、消防艇迅速通行。

赶赴火灾现场或者应急救援现场的消防人员和调集的消防装备、物资,需要铁路、水路或者航空运输的,有关单位应当优先运输。

消防车、消防艇以及消防器材、装备和设施,不得用于与消防和应急救援工作无关的事项。

国家综合性消防救援队、专职消防队扑救火灾、应急救援,不得收取任何费用。

单位专职消防队、志愿消防队参加扑救外单位火灾所损耗的燃料、灭火剂和器材、装备等,由火灾发生地的人民政府给予补偿。

对因参加扑救火灾或者应急救援受伤、致残或者死亡的人员,按照国家有关规定给予医疗、抚恤。

消防救援机构有权根据需要封闭火灾现场,负责调查火灾原因,统计火灾损失。

火灾扑灭后,发生火灾的单位和相关人员应当按照消防救援机构的要求保护现场,接受事故调查,如实提供与火灾有关的情况。

消防救援机构根据火灾现场勘验、调查情况和有关的检验、鉴定意见,及时制作火灾事故认定书,作为处理火灾事故的证据。

参考文献

[1] 江苏省综合交通运输学会. 普通国省干线公路应急物资装备配备规范[M]. 南京:江苏凤凰科学技术出版社,2024.

[2] 交通运输部公路科学研究院. 高速公路突发事件应急救援系统优化研究[R]. 北京:交通运输部公路科学研究院,2023.

[3] 交通运输部职业资格中心. 高速公路应急救援员职业标准[S]. 北京:人民交通出版社,2025.

[4] 交通运输部公路科学研究院. 施工环境下高速公路应急资源调度方法研究[R]. 北京:交通运输部公路科学研究院,2023.

[5] 交通运输部公路科学研究院. 高速公路交通应急救援资源调配决策方法研究[R]. 北京:交通运输部公路科学研究院,2023.

[6] 交通运输部公路科学研究院. 高速公路隧道突发事件应急预案现场处置系统的研究与运用[R]. 北京:交通运输部公路科学研究院,2023.

[7] 聂哲,周晓宏. 大学计算机基础:基于计算思维(Windows 10 + Office 2016)[M]. 北京:中国铁道出版社,2021.

[8] 龚沛曾,杨志强. 大学计算机基础简明教程[M]. 3 版. 北京:高等教育出版社,2021.

[9] 李伟凯. 大学计算机基础[M]. 北京:中国农业出版社,2023.

[10] 朱丽,亓相涛. 大学计算机[M]. 北京:中国铁道出版社,2023.

[11] 方风波,钱亮,杨利. 信息技术基础(微课版)[M]. 北京:中国铁道出版社,2021.

[12] 贾宗福,宗明魁,李欣,等. 新编大学计算机基础教程[M]. 7 版. 北京:中国铁道出版社,2023.

[13] 李培英,刘明利,暴占彪. 信息技术素养[M]. 2 版. 北京:中国铁道出版社,2023.

[14] 王小伟,宁光芳,于景茹. 计算机应用基础[M]. 北京:中国铁道出版社,2023.

[15] 李雁翎. 计算机应用基础(Windows 10 + WPS Office 2019)[M]. 北京:高等教育出版社,2022.

[16] 王移芝,鲁凌云. 大学计算机基础[M]. 6 版. 北京:高等教育出版社,2020.

[17] 吴宁,崔舒宁. 大学计算机基础(Windows 10 + Office 2019)[M]. 北京:人民邮电出版社,2022.

[18] 刘卫国. 大学计算机基础[M]. 5 版. 北京:北京邮电大学出版社,2021.

[19] 战德臣,聂兰顺. 大学计算机:计算思维导论[M]. 3 版. 北京:电子工业出版社,2022.

[20] 陈国良. 计算思维导论[M]. 2 版. 北京:高等教育出版社,2020.

[21] 张莉. 计算机应用基础项目化教程(Windows 10 + Office 2019)[M]. 北京:清华大学出版社,2021.

[22] 杨振山,龚沛曾. 大学计算机基础实验指导[M]. 7 版. 北京:高等教育出版社,2021.

[23] 庞国明. 院前急救指南[M]. 北京:中国医药科技出版社,2011.

[24] 中华人民共和国国家质量监督检验检疫总局,中国国家标准化管理委员会. 化学品分类

和标签规范:GB 30000.2—2013～30000.29—2013[S].北京:中国标准出版社,2013.

[25] 中华人民共和国国家质量监督检验检疫总局,中国国家标准化管理委员会.常用危险化学品的分类及标志:GB 13690—2009[S].北京:中国标准出版社,2009.

[26] 中华人民共和国交通运输部.危险货物道路运输规则:JT/T 617—2018[S].北京:人民交通出版社股份有限公司,2018.

[27] 中华人民共和国国家市场监督管理总局,中国国家标准化管理委员会.危险货物分类和品名编号:GB 6944—2025[S].北京:中国标准出版社,2025.

[28] 中华人民共和国交通运输部令 2023 年第 13 号.道路危险货物运输管理规定[Z].2023.

[29] 交通运输部职业资格中心.道路运输安全[M].北京:北京交通大学出版社,2024.

[30] 国家职业分类大典修订工作委员会.中华人民共和国职业分类大典(2022 年版)[M].北京:中国劳动社会保障出版社,中国人事出版社,2022.

[31] 李灵.职业道德与职业指导[M].北京:电子科技大学出版社,2017.

[32] 人力资源社会保障部教材办公室.职业道德[M].北京:中国劳动社会保障出版社,2023.